园林建筑材料与构造

主　编　祁　鹏　许勤媛　母栒菲

副主编　唐亚男　刘梦茹　刘　平

北京理工大学出版社
BEIJING INSTITUTE OF TECHNOLOGY PRESS

内容提要

本书共分为三个模块，模块一园林建筑材料主要介绍常用园林建筑材料的分类、性质及使用等相关知识；模块二房屋建筑基本构造主要分为房屋建筑构造的基本知识、基础与地下室、柱与墙、楼板层与地面、楼梯、屋顶六大部分；模块三园林建筑基本构造包括亭、廊、花架、景墙、园桥等的构造知识和常见施工方法。

本书可作为高等院校园林工程等相关专业的教材，也可作为园林工程技术人员的培训教材或自学用书。

图书在版编目（CIP）数据

园林建筑材料与构造 / 祁鹏，许勤媛，母枸菲主编
.--北京：北京理工大学出版社，2022.7
ISBN 978-7-5763-1513-4

Ⅰ.①园… Ⅱ.①祁… ②许… ③母… Ⅲ.①园林建筑-建筑材料 ②园林建筑-建筑构造 Ⅳ.①TU986.4

中国版本图书馆CIP数据核字（2022）第124952号

出版发行 / 北京理工大学出版社有限责任公司
社　　址 / 北京市海淀区中关村南大街5号
邮　　编 / 100081
电　　话 /（010）68914775（总编室）
（010）82562903（教材售后服务热线）
（010）68944723（其他图书服务热线）
网　　址 / http：//www.bitpress.com.cn
经　　销 / 全国各地新华书店
印　　刷 / 河北鑫彩博图印刷有限公司
开　　本 / 787毫米×1092毫米　1/16
印　　张 / 15.5
字　　数 / 303千字
版　　次 / 2022年7月第1版　2022年7月第1次印刷
定　　价 / 88.00元

责任编辑 / 封　雪
文案编辑 / 毛慧佳
责任校对 / 刘亚男
责任印制 / 王美丽

前言 PREFACE

按照现代人的理解，园林不仅有游憩的作用，而且具有保护和改善环境的功能。植物可以吸收二氧化碳，放出氧气，净化空气；能够在一定程度上吸收有害气体和吸附尘埃，减轻污染；可以调节空气的温度、湿度，改善小气候；还有减弱噪声和防风、防火等防护作用。更为重要的是园林对人的心理和精神起到的有益作用。游憩在景色优美和安静的园林中，有助于消除长时间工作带来的紧张和疲乏，使脑力、体力得到恢复。另外，园林中的文化、游乐、体育、科普教育等活动，还可以丰富知识和充实精神生活。

园林建筑工程材料的应用能力是相关从业人员必须熟练掌握的专业技能，园林建筑材料的选择直接影响园林工程的质量和造价；而在园林规划设计中进行园林建筑设计，必须具备一定的园林、建筑构造设计的相关技能。本书以园林建筑工程材料的选用和房屋、园林的构造设计为主线进行编写，以能力为导向，确定学习目标；以工作过程为导向，确定学习内容；以学生为主体，以行动为导向，确定教学方法；以岗位能力为导向，进行教学评价。本书包括园林建筑材料、房屋建筑基本构造、园林建筑基本构造三个模块。

模块一园林建筑材料主要介绍常用园林建筑材料的基本分类和性质，以及石材、木材与竹材、玻璃与金属材料、墙体材料与屋面材料、胶凝材料、砂浆、混凝土、陶瓷、合成高分子材料、防水材料与土工合成材料等的性能、分类及使用。实训内容为让学生在指导教师的带领下到建材市场调研，培养学生合理选用建筑园林材料的技能。

模块二房屋建筑基本构造主要分为房屋建筑构造基本知识、基础与地下室、柱与墙、楼板层与地面、楼梯、屋顶六大部分，实训内容为带学生参观相关构造，有利于学生掌握相应的构造原理。

模块三园林建筑基本构造包括亭、廊、花架、景墙、园桥等的构造知识和常见做法。学生实训中参观相关构造，为园林建筑构造设计打下理论和技能基础。

本书由四川交通职业技术学院祁鹏、四川科技职业学院许勤媛、母枸菲担任主编，由四川科技职业学院唐亚男、刘梦茹、刘平担任副主编。具体编写分工为：祁鹏编写模块三，许勤媛编写模块二，母枸菲编写模块一；唐亚男、刘梦茹、刘平参与了本书部分内容的编写。

由于编者水平有限，书中难免存在疏漏之处，敬请广大读者批评指正。若读者在使用本书的过程中有其他意见或建议，请向编者（646309401@qq.com）提出宝贵意见。

编　者

目录

CONTENTS

模块一 园林建筑材料

园林工程中任何建筑物或构筑物都是由各种材料建造而成的。建筑工程中的各种材料的性能对建筑物或构筑物的性能具有非常重要的影响。园林建筑材料不仅影响园林工程的质量和使用性能，还影响整个工程的造价。随着国家对绿色建筑的重视和对环境可持续发展的要求，越来越多的工业废料和新材料亟待回收和利用。为使建筑物或构筑物同时具备安全、可靠、耐久和经济实用的综合性能，必须合理选择并正确使用相关材料。

单元一 园林建筑材料基础知识

在园林工程中，所有建（构）筑物、道路、广场、花池、坐凳、景墙、栏杆等所用基层与饰面材料及其制品统称为园林建筑材料。其所用园林工程材料的种类、规格及质量都直接关系到景观的艺术性、耐久性与适用性，也直接关系到园林工程的成本。

本单元的主要内容是园林工程材料的发展、分类、技术标准，重点对基本性质进行分类归纳。

【知识目标】

1. 熟悉园林材料的历史发展；

2. 掌握园林工程基本建筑材料的分类；

3. 掌握建筑材料技术标准；

4. 掌握建筑材料的基本性质。

【能力目标】

1. 能够对园林工程的发展有所了解；

2. 能够识别不同的园林建筑材料。

【素质目标】

1. 具有良好的职业道德；

2. 具有吃苦耐劳、踏实肯干的工作态度。

一、园林工程材料的发展

材料的应用

材料是人类从事建设活动的物质基础，长期以来随着经验的累积，人类使用的材料不断演变。从天然材料到人造材料，人类文明得以进步。

中国园林工程历史悠久，大约从公元前 11 世纪的奴隶制社会到 19 世纪末封建社会解体，在 3 000 余年漫长而不间断的发展过程中，形成了世界上独树一帜的园林体系——中国古典园林体系（图 1–1）。

图 1–1　中国古典园林体系

中国园林中使用的材料与中国园林的发展相辅相成。园林材料随着园林的发展不断改变与更新，因此，园林材料的发展历程大致可分成以下四个时期（图 1–2）。

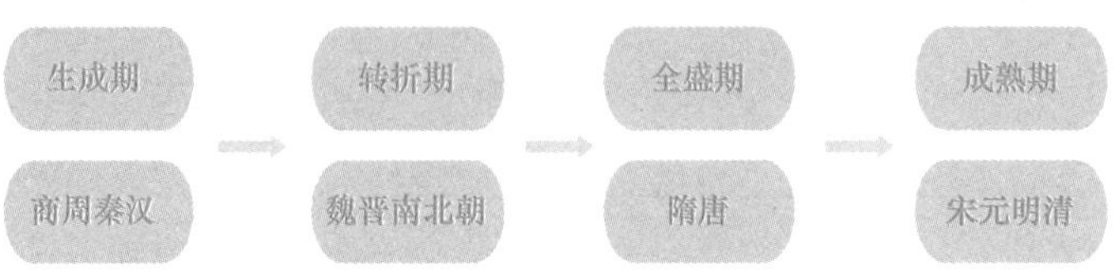

图 1–2　园林材料发展的四个时期

1. 商周时期

商周时期是中国园林产生和成长的幼年期。贵族宫苑是中国古典园林的雏形，也是皇家园林的前身。其规模宏大，气魄恢宏，成为这个时期造园的主流。此时，宫苑游观已经上升到主要地位，建筑、植物成为主要造园要素，建筑结合山水地貌而发挥其观赏作用；同时，出现了以观赏为目的的水体。此时园林材料多是以建筑材料为基础的延伸，并没有成为独立以观赏为目的的园林材料（图 1–3）。

图 1–3　材料在商周时期的应用

总之，商周时期的园林材料处于生成期，园林材料主要以自然材料为主，如夯土、木材、自然石材等，也出现了陶瓦、陶砖、陶管、铜制品等人工材料。

2. 秦汉时期

（1）秦代园林。夯土工程在秦代仍然占重要地位。秦代陶制材料的进一步使用推动了秦代建筑及园林的发展。目前发现的秦瓦有板瓦和筒瓦两类。陶制水管和供给水排水的陶漏斗也有使用。石材在秦代建筑中发现不多，秦代金属材料有铜、铁两类，建筑中首次出现了铁钉。

（2）汉代园林。汉代的材料发展，由于大木结构的运用，建筑比秦代更进一步，斗拱出现并成为我国古代建筑的突出构件。东汉时出现了全部石造的建筑物。汉代的陶瓦使用也十分广泛，但使用的金属材料为数不多，已出土的一些建筑中的零配件，如铺首、套件、纹页、钉等，如图 1–4 所示。

图 1–4　材料在秦汉时期的应用

3．魏晋南北朝时期

魏晋南北朝时期，中国园林建筑初步建立了再现自然山水的基本原则，逐步取消了狩猎、生产方面的内容，而把园林主要作为观赏艺术来对待。除皇家园林外，还出现了私家园林和寺庙园林，并开始出现公共园林的记载。

这一时期，山水艺术的各门类都有很大的发展，筑山理水的技艺达到一定水准，已有用石材堆叠成山的做法，水体形象多样化，理水与园林小品的雕刻物相结合。

魏晋南北朝时期，园林材料的发展主要在砖瓦的产量和质量的提高与金属材料的运用方面。金属材料主要用作装饰，如图 1–5 所示。

图 1–5　材料在魏晋南北朝时期的应用

4．隋唐时期

隋唐时期，雕刻、彩绘及各种园林景观材料的制造加工技术都更加成熟与完善，园林景观材料的种类也更加丰富。

隋唐时期的园林硬质材料包括土、石、转、瓦、琉璃、石灰、木、竹、铜、铁、矿物颜料和油漆等，这些材料的应用技术都已达到熟练的程度，如图 1–6 所示。

图 1–6　材料在隋唐时期的应用

5．两宋时期

宋代主要的人工材料有砖、瓦、金属制品、彩绘等。尤其是在砖的生产和使用方面，比唐代更上一个台阶。

两宋时期是中国古典园林进入成熟期的第一个阶段。这一时期的园林不仅着眼于园林的整体布局，更注重某些细部或局部。如中国历史上最著名的皇家园林之一的“艮岳”，其规模虽然小于唐代，但是规划设计则趋于清新、精致、细密，如图 1–7 所示。

图 1-7　材料在两宋时期的应用

6. 元明清时期

元明清时期是中国古典园林历史发展的高峰期。其造园活动无论在数量、规模或类型方面都达到了空前的水平。园林景观材料的生产和使用更加频繁，园林材料的生产技术和园林的造园技术也相当纯熟了（图 1-8）。

图 1-8　材料在元明清时期的应用

二、园林工程基本建筑材料的分类

园林工程基本建筑材料是指构成园林建筑物或构筑物的基础、梁、板、柱、墙体、屋面、地面及室内外景观装饰工程所用的材料。

现代园林景观常用材料

通常，按照化学成分的不同，基本建筑材料可分为无机材料、有机材料和复合材料，见表 1-1。

表 1-1　建筑材料按化学成分分类

<table>
<tr><th colspan="3">分类</th><th>举例</th></tr>
<tr><td rowspan="6">无机材料</td><td colspan="2">金属材料</td><td>铁、钢、不锈钢、铝和铜及其合金</td></tr>
<tr><td rowspan="5">非金属材料</td><td>天然石材</td><td>砂、石子、砌筑石材、装饰石材</td></tr>
<tr><td>烧土制品</td><td>砖、瓦、陶瓷、琉璃制品</td></tr>
<tr><td>玻璃及熔融制品</td><td>玻璃、玻璃纤维、矿棉、岩棉</td></tr>
<tr><td>胶凝材料</td><td>石灰、石膏、水泥</td></tr>
<tr><td>混凝土及硅酸盐制品</td><td>混凝土、硅酸盐制品</td></tr>
</table>

续表

分类		举例
有机材料	植物材料	竹材、木材、植物纤维及其制品
	沥青材料	石油沥青、煤沥青、沥青制品
	合成高分子材料	塑料、涂料、胶粘剂、合成高分子防水材料
复合材料	无机非金属材料与有机材料复合	玻璃纤维增强塑料、聚合物混凝土、沥青混凝土
	金属材料与无机非金属材料复合	钢筋混凝土、钢纤维增强混凝土
	金属材料与有机材料复合	彩色夹芯复合钢板、塑钢门窗材料

三、建筑材料技术标准

建筑材料技术标准是针对原材料、产品及工程质量、规格、检验方法、评定方法、应用技术等做出的技术规定，如原材料、材料及其产品的质量、规格、等级、性质、要求及检验方法，材料及产品的应用技术规范，材料生产及设计规定，产品质量的评定标准等。材料技术标准的分级见表 1–2；材料技术标准的分类见表 1–3；技术标准所属行业及代号见表 1–4。

表 1–2 材料技术标准的分级

材料技术标准的分级	发布单位	使用范围
国家标准	国家技术监督局	全国
行业标准	中央部委标准制定机构	全国性的某行业
企业标准与地方标准	工厂、公司、院所等单位	某地区内、某企业内

表 1–3 材料技术标准的分类

分类方法	种类
按状态	试行标准、正式标准
按权威程度	强制性标准、推荐性标准
按特性	基础标准、方法标准、原材料标准、能源标准、环保标准、包装标准等

表 1–4 技术标准所属行业及代号

所属行业	标准代号	所属行业	标准代号
国家标准	GB	石油	SY
建材	JC	冶金	YB
建设工程	JG	水利电力	SD
交通	JT	—	—

四、建筑材料的基本性质

1．物理性质

（1）材料与质量的联系。

1）密度。密度是指物质单位体积的质量，单位为 g/cm^3 或 kg/m^3。由于材料所处的体积状况不同，故有实际密度（密度）、表观密度和堆积密度之分。

①实际密度。实际密度是指材料在绝对密实状态下，单位体积所具有的质量。其计算公式为

$$\rho=m/v$$

式中 ρ——实际密度（g/cm^3）；

m——材料在干燥状态下的质量（g）；

v——材料在绝对密实状态下的体积（cm^3）。

②表观密度。表观密度是指材料在自然状态下，单位体积所具有的质量。其计算公式为

$$\rho_0=m/v_0$$

式中 ρ_0——表观密度（g/cm^3 或 kg/m^3）；

m——材料的质量（g 或 kg）；

v_0——材料在自然状态下的体积，或称表观体积（cm^3 或 m^3）。

③堆积密度。颗粒材料在自然堆积状态下单位体积的质量称为堆积密度。其计算公式为

$$\rho_0' = m/v_0'$$

式中 ρ_0'——堆积密度（kg/m^3）；

m——材料质量（kg）；

v_0'——材料的堆积体积（m^3）。

2）密实度、孔隙率与空隙率。

①密实度。材料内部固体物质的体积占总体积的百分率称为密实度。

②孔隙率。材料内部孔隙体积占总体积的百分率称为材料的孔隙率。一般情况下，孔隙率较小的材料，其吸水性小，强度较高，导热系数较小，抗渗性好。

③空隙率。空隙率是指散粒材料在某容器的堆积体积中，颗粒之间的空隙体积占堆积体积的百分数。

（2）材料与水的联系。

1）材料的亲水性与憎水性。当材料在空气中与水接触时可以发现，有些材料能被水润湿，即具有亲水性；有些材料则不能被水润湿，即只有憎水性。亲水性材料易被水润湿，且水能沿着材料表面的连通孔隙或通过毛细管作用而渗入材料内部，如水泥、混凝土、砂、石、砖、木材等。憎水性材料则能阻止水分渗入毛细管，从而降低

材料的吸水性。憎水性材料常被用作防水材料或亲水性材料的覆盖面，以提高其防水、防潮性能，如沥青、石蜡及塑料等为憎水性材料。

2）材料的吸水性与吸湿性。

①吸水性。材料在水中吸收水分的性质称为吸水性。材料的吸水性有质量吸水率和体积吸水率两种表示方式。材料通过连通孔隙吸入水分，吸水性与孔隙率和特征有关，对于细微连通的孔隙，孔隙率越大，吸水率越大。

②吸湿性。材料在空气中吸收水分的性质被称为吸湿性，用含水率表示。吸湿性随着空气湿度和环境温度的变化而变化，当空气湿度较大且温度较低时，材料的含水率较大；反之则较小。

材料的吸水性和吸湿性均会对材料的性能产生不利影响，吸水后自重增加、导热性加大、强度和耐久性有不同程度下降，材料干湿交替还会引起其形状、尺寸变化，从而影响使用。

3）材料的耐水性。材料长期在饱和水作用下，强度不显著降低的性质称为耐水性。一般情况下，材料被水浸湿后，强度会有所降低。长期处于潮湿环境中的结构采用耐水性材料。

4）材料的抗渗性。抗渗性是指材料抵抗压力水渗透的性质，与其孔隙特征有关，孔隙越多，抗渗性越差。材料的抗渗性与材料的亲水性和憎水性有关，憎水性材料的抗渗性优于亲水性材料。抗渗性不仅是决定材料耐久性的重要因素，也是检验防水材料质量的重要指标。

5）材料的抗冻性。材料在吸水饱和状态下，经受多次冻融循环作用而质量损失不大，强度无显著降低的性质称为抗冻性。材料的抗冻性取决于其孔隙率和孔隙特征、充水程度和材料对结冰膨胀所产生的冻胀应力的抵抗能力。抗冻性常作为考察材料耐久性的一项重要指标，要确保建筑物的耐久性，常对材料提出一定的抗冻性要求。

（3）材料与温度的联系。为了降低建筑物的使用能耗，以及为生产和生活创造适宜的条件，常要求建筑工程材料具有一定的热工性质以维持室内温度，通常考虑的热工性质有材料的导热性、热容量和比热容等。

1）导热性是指材料传导热量的能力，材料的导热系数越小，表示其保温隔热性能越好。保温隔热材料应经常处于干燥状态，以利于发挥材料的保温隔热效果。

2）热容量是指材料受热时吸收热量或冷却时发出热量的性质。

3）比热容是反映材料的吸热或放热能力大小的物理量，不同材料比热容不同，比热容大的材料，能缓和室内的温度波动。

2．力学性质

材料的力学性质是指材料在外力作用下的变形和抵抗破坏的性质。

（1）强度与强度等级。材料在外力作用下抵抗破坏的能力称为强度。根据外力作用形式的不同，材料的强度有抗压强度、抗拉强度、抗弯折强度和抗剪强度之分。

各种材料的强度差别很大。建筑材料按其强度值的大小划分为若干个强度等级，等级的划分对生产和使用有重要的意义，它可使生产时控制质量有据可依，使用时方便掌握材料的性能指标，便于合理选用材料。

（2）弹性与塑性。材料在外力作用下变形，外力撤除后变形消失并能完全恢复到原始状态的性质称为弹性，是一种可恢复的可逆变形，具有这种性质的材料称为弹性材料；外力撤除后不能恢复变形的性质称为塑性，具有这种性质的材料称为塑性材料。

（3）脆性与韧性。材料受外力作用达到一定值时，材料突然破坏，而无明显的塑性变形的性质称为脆性，具有这种性质的材料称为脆性材料。建筑工程材料中大部分无机非金属材料均属于脆性材料，如天然岩石、陶瓷、玻璃、普通混凝土等。材料在冲击或振动荷载作用下吸收较多的能量，产生较大变形而不破坏的性质称为韧性，具有这种性质的材料称为韧性材料。在建筑过程中，对于要求承受冲击荷载和有抗震要求的结构，如吊车梁、桥梁、路面等所用的材料均应具有较高的韧性。

（4）硬度与耐磨性。硬度是指材料表面抵抗硬物压入或刻划的能力；耐磨性是材料表面抵抗磨损的能力，与材料的组成成分、结构、强度、硬度有关。一般强度高且密实的材料的硬度较大，其耐磨性较好。

3. 化学性质

化学性质是物质在化学变化中表现出来的性质，如酸性、碱性、氧化性、还原性、热稳定性及一些其他性质。

（1）耐腐蚀性。金属材料抵抗周围介质腐蚀破坏作用的能力称为耐腐蚀性，由材料的成分、化学性能、组织形态等决定。化学腐蚀是金属与周围介质直接化学作用的结果。它包括气体腐蚀和金属在非电解质中的腐蚀两种形式。其特点是腐蚀过程不产生电流，而且腐蚀产物沉积在金属表面。

（2）耐燃性和耐火性。

1）耐燃性是指材料在火焰或高温作用下可否燃烧的性质。材料按耐燃性的不同可分为不燃性材料（如钢铁、砖、石等）、难燃性材料（如石膏板、水泥刨花板等）、可燃性材料（如木材、竹材等）、易燃性材料（如塑料、纤维织物等），见表 1–5。

表 1–5　材料按燃烧性能分类

等级	燃烧性能	燃烧特征
A	不燃性	在空气中受到火烧或高温作用时不起火、不燃烧、不碳化的材料，如金属材料及无机矿物材料等
B1	难燃性	在空气中受到火烧或高温作用时难起火、难燃烧、难碳化，当离开火源后，燃烧或微燃立即停止的材料，如沥青混凝土、水泥刨花板等
B2	可燃性	在空气中受到火烧或高温作用时立即起火或微燃，且离开火源后还继续燃烧或微燃的材料，如木材、部分塑料制品等
B3	易燃性	在空气中受到火烧或高温作用时立即起火，并迅速燃烧，且离开火源后仍继续迅速燃烧的材料，如部分未经阻燃处理的塑料、纤维织物等

2）耐火性是指材料在火焰或高温作用下，保持其不破坏、性能不明显下降的能力、用其耐受时间来表示。耐燃的材料不一定耐火，但耐火的材料一般都耐燃。

※习　题

一、填空题

1. 建筑材料的标准可分为__________、__________、__________和__________。

2. 建筑工程材料是指应用于建筑工程建设中的__________、__________和__________的总称。

3. 建筑材料燃烧性能可分为__________、__________、__________和__________。

二、简答题

1. 建筑材料的分类有哪些方式?

2. 材料的物理性质有哪些?

3. 材料的化学性质有哪些?

4. 材料的耐久性越高越好吗？如何理解材料的耐久性与其应用价值之间的关系?

单元二

石　　材

石材是古老的建筑、景观材料之一，人类自古以来就有用石材作为室内外装饰使用的历史。随着建筑设计的发展，建筑石材早就已经成为建筑、装饰、道路、桥梁建设的重要原料之一。建筑石材主要可分为天然石材和人造石材。本单元介绍了天然石材和人工石材的组成、分类、主要性质及其工程工艺等。

【知识目标】

1．熟悉石材的主要技术性质；
2．掌握天然石材的主要分类及其用途；
3．了解人造石材的基本性质。

【能力目标】

能够正确区分和使用天然石材和人造石材。

【素质目标】

1．提高组织、沟通和协作的能力和技巧；
2．培养能够运用专业理论、方法和技能解决实际问题的能力。

【实验实训】

到当地有关市场识别与选购各种石材。

一、石材的主要技术性质

1．表观密度

石材按表观密度大小可分为重石与轻石两类。重石表观密度大于 1 800 kg/m^3；轻石表观密度小于 1 800 kg/m^3。

重石可用于建筑的基础、贴面、地面、不采暖房屋外墙、桥梁及水工构筑物等；轻石主要用于采暖房屋外墙。

2. 石材的强度

石材的抗压强度很大，而抗拉强度很小，后者为前者的 1/20 ～ 1/10。石材是典型的脆性材料，还是石材区别于钢材和木材的主要特征之一，也是限制石材作为结构材料使用的主要原因。

岩石属于非均质的天然材料，由于生成的原因不同，大部分石材呈现出各向异性。一般情况下，加压方向垂直于节理面或裂纹的抗压强度大于加压方向平行于节理面或裂纹的抗压强度。

天然石材采用边长为 70 mm 的正方体试件，用标准试验方法测得的抗压强度值作为评定其强度等级的标准，具体可分为 MU20、MU30、MU40、MU50、MU60、MU80、MU100 七个等级。

3. 石材的吸水性与吸水率

（1）吸水性。吸水性是石材在水中吸收水分的性质，用质量吸水率或体积吸水率来表示。两者分别是指石材在吸水饱和状态下，所吸收水的质量占石材绝对干燥状态下质量的百分数，或所吸水的体积占材料自然状态下体积的百分数。吸水率主要与石材的孔隙率有关，特别是开口孔隙率有关，并与材料的亲水性和憎水性有关。石材的孔隙率越大，体积密度就越小，特别是开口孔隙率大的亲水性石材具有较大的吸水率。石材的吸水率可直接或间接反映石材内部结构及其性质，即可根据材料吸水率的大小对材料的孔隙率、孔隙状态及材料的性质做出粗略的评价。

（2）吸水率。吸水率越小，石材越紧密坚硬；吸水率越大，则其工程性质就越差。吸水率低于 1.5% 为低吸水性岩石；吸水率高于 3.0% 为高吸水性岩石；吸水率为 1.5% ～ 3.0% 的为中吸水性岩石。例如，坚硬的火成岩吸水率往往不超过 1%，一些密实的沉积岩为 3% 左右，一些疏松的沉积岩则常达 8% 或以上。园林景观中常见石材的质量吸水率为：花岗石 0.07% ～ 0.30%，大理石 0.06% ～ 0.45%，石英石 0.10% ～ 2.00%。

石材受潮产生霉菌和青苔如图 1–9 所示。

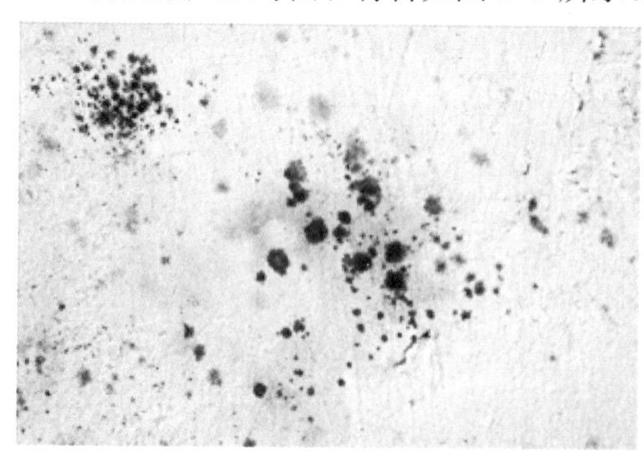

图 1–9　石材受潮产生霉菌和青苔

4. 石材的耐水性

石材的耐水性按软化系数可分为高、中、低三等。

（1）高耐水性的石材软化系数大于 0.9。

（2）中耐水性的软化系数为 0.7 ～ 0.9。

（3）低耐水性的软化系数为 0.6 ～ 0.7。

一般，软化系数低于 0.6 的石材不允许用于重要建筑。

5. 石材的抗冻性

抗冻性是石材抵抗冻融循环作用，保持其原有性质的能力。对结构石材主要是指保持强度的能力。石材的抗冻性用冻融循环次数来表示，即石材在水饱和状态下能经受规定条件下一定次数冻融循环，而强度降低值不超过 25%，质量损失不超过 5% 时，则认为抗冻性合格。石材的抗冻性与其矿物组成、晶粒大小及分布均匀性、胶结物的胶结性等有关。石材在冻融循环作用下产生破坏，是由于其内部毛细空隙及大孔隙中的水结冰时体积膨胀造成的。

6. 石材的耐磨性

耐磨性是指石材在使用条件下，抵抗摩擦、边缘剪切及撞击等复杂作用而不被磨损（耗）的性质，以单位面积磨耗量来表示。

对用于容易遭受磨损部位（如道路、地面、踏步等场合）的石材，均应选用耐磨性好的品种。

知识拓展

石材的分类

石材作为一种高档建筑装饰材料，广泛应用于室内外装饰设计、幕墙装饰和公共设施建设。目前，市场上常见的石材主要可分为天然石和人造石、大理石。天然石材按物理化学特性品质又可分为板岩和花岗石两种。人造石按工序可分为水磨石和合成石。水磨石是以水泥、混凝土等原料锻压而成的；合成石是以天然石的碎石为原料，加上胶粘剂等经加压、抛光而成。人造石为人工制成，所以强度没有天然石材高。由于使用天然饰面石材装饰的部位不同，所以选用的石材类型也不同。用于室外建筑物装饰时，需经受长期风吹、雨淋、日晒，因为花岗石不含有碳酸盐，吸水率小，抗风化能力强，所以最好选用各种类型的花岗石石材；用于厅堂地面装饰的饰面石材，要求其物理化学性能稳定，机械强度高，应首选花岗石类石材；用于墙裙及家居卧室地面的装饰，机械强度稍差，用具有美丽图案的大理石。随着科技的不断发展和进步，人造石的产品也不断日新月异，质量和美观已经不逊色于天然石材。

二、天然石材

1. 定义

天然石材是指采自天然岩石，未经加工或经加工石材的总称。

2. 分类

（1）砌筑用石材。用于砌筑工程的石材主要有毛石、料石等。

1）毛石。毛石为形状不规则的天然石块，主要用于砌筑基础、勒脚、墙身、挡土墙、堤岸及护坡等，如图 1-10 所示。建筑用毛石一般要求中部厚度不小于 150 mm，长度为 300 ～ 400 mm，质量为 20 ～ 30 kg；抗压强度应在 10 MPa 以上，软化系数应大于 0.80。

图 1-10　毛石挡土墙和天然毛石

2）料石。料石为经加工形状比较规则的六面体石材，略经加工凿琢而成。料石按其加工后的外形规则程度可分为毛料石、粗料石和细料石三种（图 1-11）。

(a)　(b)　(c)

图 1-11　料石

（a）毛料石；（b）粗料石；（c）细料石

①毛料石：外观大致方正，一般不加工或稍加调整。料石的宽度和厚度不宜小于 200 mm，长度不宜大于厚度的 4 倍。叠砌面和接砌面的表面凹入深度不大于 25 mm。毛料石主要应用于生态景区的挡土墙砌筑。

②粗料石：规格尺寸同毛料石，叠砌面和接砌面的表面凹入深度不大于 20 mm；外露面及相接周边的表面凹入深度不大于 20 mm。粗料石主要应用于建筑物的基础、勒脚、墙体部位。

常见花岗石品种

③细料石：通过细加工，规格尺寸不同，叠砌面和接砌面的表面凹入深度不大于 10 mm，外露面及相接周边的表面凹入深度不大于 2 mm。细料石主要用作地面和墙面的饰面材料。

（2）饰面石材。天然饰面石材是指从天然岩体中开采出来，并且经加工形成的块状或板状，主要用于建筑表面装饰和保护作用的石材。其有天然花岗石和天然大理石两类。

1）天然花岗石。建筑工程上的花岗石包括各类以石英、长石为主要的组成矿物，并含有少量云母和暗色矿物的岩浆岩和花岗质的变质岩，如花岗石、辉绿岩、辉长岩、玄武岩、橄榄岩等。从外观特征看，花岗石常呈整体均粒装结构，称为花岗结构。

①特征。花岗石构造致密、强度高、密度大、吸水率极低、质地坚硬、耐磨，属酸性硬石材。

花岗石为典型的火成岩，其矿物组成主要为长石、石英及少量暗黑色矿物和云母，其中长石含量为 40% ～ 60%，石英含量为 20% ～ 60%。因此，其耐酸、抗风化、耐久性好，使用年限长。花岗石所含石英在高温下会发生晶变，体积膨胀而开裂，因此不耐火。

②分类、等级及技术要求。天然花岗石板材按形状可分为毛光板（MG）、普型板（PX）、圆弧板（HM）和异型板（YX）四类；按其表面加工程度可分为细面板（YC）、镜面板（JM）、粗面板（CM）三类。

根据《天然花岗石建筑板材》（GB/T 18601—2009），天然花岗石板材的等级，毛光板按厚度偏差、平面度公差、外观质量等划分，普型板按规格尺寸偏差、平面度公差、角度公差及外观质量等划分，圆弧板按规格尺寸偏差、直线度公差、线轮廓度公差及外观质量等划分，可分为优等品（A）、一等品（B）、合格品（C）三个等级。

③应用。花岗石板材主要应用于大型公共建筑或装饰等级要求较高的室内外装饰工程。花岗石因不易风化，外观色泽可保持百年以上，所以，粗面和细面板材常用于室外地面、墙面、柱面、勒脚、基座、台阶（图 1-12 和图 1-13）；镜面板材主要用于室内外地面、墙面、柱面、台面、台阶等，尤其适宜做大型公共建筑大厅的地面。

图 1-12　花岗石用于外墙

图 1-13　花岗石用于户外场地

2）天然大理石。大理石是地壳中的原有岩石经过地壳内高温高压作用形成的变质岩。大理石主要由方解石、石灰石、蛇纹石和白云石组成。大理石矿物成分简单，易加工，多数质地细腻，镜面效果较好。其缺点是质地较花岗石软，被硬、重物体撞击时易受损。

石雕制品

天然大理石板材可分为以下两类：

①普通型板材（代号 N），即正方形或长方形的板材。

②异型板材（代号 S），即其他形状的板材。按照板材的规格尺寸允许偏差、平面度允许极限公差、角度允许极限公差、外观质量、镜面光泽度可分为优等品（A）、一等品（B）、合格品（C）三个等级。

天然大理石板材常用规格为 300 mm×150 mm、300 mm×300 mm、400 mm×200 mm、400 mm×400 mm、600 mm×300 mm、600 mm×600 mm、900 mm×600 mm、1 070 mm×750 mm、1 200 mm×600 mm、1 200 mm×900 mm 等，厚度为 20 mm。

天然大理石可制成高级装饰工程的饰面板，适用于纪念性建筑、大型公共建筑，如宾馆、展览馆、影剧院、商场、机场、车站等的室内墙面、柱面、地面、楼梯踏步等，有时也可作为楼梯栏杆、服务台、门脸、墙裙、窗台板、踢脚板等，是理想的高级室内装饰材料（图 1-14 和图 1-15）。此外，天然大理石还可用于制作大理石壁画、大理石生活用品等。天然大理石板材的光泽易被酸雨侵蚀，故不宜用作室外装饰，只有少数质地纯正的汉白玉、艾叶青可用于外墙饰面。

图 1-14　华盛顿纪念碑

图 1-15　圆明园修复的大理石亭子

三、人造石材

人造石材，学名高分子矿物填充型复合材料。人造石材是以不饱和聚酯树脂为胶粘剂，配以天然大理石或方解石、白云石、硅砂、玻璃粉等无机物粉料，以及适量的阻燃剂、颜色等，经配料混合、瓷铸、振动压缩、挤压等方法成型固化制成的，具有无毒性、无放射性、不沾油、不渗污、抗菌防霉、耐冲击、易保养、拼接无缝、任意造型等优点。作为一种换代型的新型材料，目前深受消费者喜爱。

与天然石材相比，人造石材具有色彩艳丽、光洁度高、颜色均匀、抗压耐磨、韧性好、结构致密、坚固耐用、密度小、不吸水、耐侵蚀风化、色差小、不褪色、放射性低等优点。作为一种换代型的新型材料，具有资源综合利用的优势，在环保节能方面有不可低估的作用，也是名副其实的绿色环保建材产品，已成为当代园林景观中普遍应用的装饰材料。

1．分类

（1）按表面纹理及质感不同分类。

1）人造大理石。有类似于天然大理石的质感和花纹，具有更好的力学性能、良好的抗水解性能。

2）人造花岗石。有类似于天然花岗石的花色和质感，具有更好的力学性能、良好的抗水解性能。

3）人造玛瑙石。有类似于天然玛瑙花纹的质感，具有半透明性，填料有很高的细度和纯度。

4）人造玉石。有类似于天然玉石的色泽，呈半透明状，填料有很高的细度和纯度。

（2）按所用原料不同分类。

1）树脂型人造石材。树脂型人造石材以不饱和聚酯树脂为胶粘剂，故而产品光泽好、颜色艳丽丰富、可加工性强、装饰效果好。树脂型人造石材主要应用于室内装饰。树脂型人造石材物理和化学机能最好，易于成型，光泽好，固化快，花纹多样，且具有重现性，适合多种用处，但价格相对较高，如图 1–16 所示。

2）水泥型人造石材。水泥型人造石材以各种水泥为黏结材料，在配制过程中，混入色料，可制成彩色水泥石。水泥型石材的生产取材方便，价格低，无辐射。在现代园林景观中，设计师利用其经济环保性做出许多创意性的水泥砖，用作花台、装饰小品等。水泥型人造石材最经济，但耐腐化性能较差，容易呈现微龟裂（图 1–17）。

图 1–16　树脂型人造石材

图 1–17　水泥型人造石材

3）烧结型人造石材。烧结型人造石材的生产方法与陶瓷工艺相似，均为高温焙烧坯料。烧结型人造石材的装饰性好，性能稳定，但需要经高温焙烧，因而能耗较大，造价高。在现代园林景观中，烧结型石材常用于园路、广场铺装。烧结型人造石材需要经高温焙烧，因此能耗大，造价高，而且固定只用黏土做胶粘剂，产品破损率高（图 1–18）。

4）复合型人造石材。复合型人造石材采用的胶粘剂中，既含有无机材料，又含有机高分子材料。对板材而言，底层用性能稳定而价格低的无机凝胶材料，面层用聚酯和大理石粉制作。复合型人造石材综合了聚酯型人造石材和水泥型人造石材的长处，既有良好的物化性能，成本也较低，但它受温差影响后聚酯面易产生剥落或开裂（图 1–19）。

图 1–18　烧结型人造石材

图 1–19　复合型人造石材

（3）按结合方式分类。

1）块状材料。块状材料具有透气性能好、拼图艺术感强、灵活性高、品种多样、易于施工等特点，如陶瓷砖、水泥砖等（图 1–20）。

2）整体材料。色彩图案与混凝土融为一体，保持坚硬、耐用的特性，更增添了华丽的艺术效果。但整体性铺装材料使用范围相对较局限，仅用于地面铺装，而且需要现场施工（图 1–21）。

图 1–20　块状材料

图 1–21　整体材料

2. 特点

（1）高性能。综合来讲就是人造石材强度高、硬度高和耐磨性能好，厚度薄、质量轻、加工性能好。

（2）花色多样。人造复合石材由于在加工过程中石块粉碎的程度不同，再配以不同的色彩，可以生产出多种花色品种，每个系列又有许多种颜色可供选择。

（3）用途广泛。人造石材作为一种质感佳、色彩多的饰材，不仅能美化室内外环境，满足其设计上的多样化需求，更能为建筑师和设计师提供较为广泛的设计空间。

（4）经济环保。人造石材产业属资源循环利用的环保利废产业，发展人造石材产业本身不直接消耗原生的自然资源，也不破坏自然环境。

（5）适合设计。人造石材具备多样性，没有一种建筑材料像人造石材这样具有丰富的色彩和品种，且石材表面处理方式不受限制，建筑师和建筑设计师可以利用它们尽情地发挥自己的想象。

（6）技术革新。随着石材专用施工机具的配套开发，人造石材在建筑中的应用技术不断趋于成熟。

※ 实训一

1. 实训目的

让学生自主地到建筑装饰材料市场和施工现场进行考察，了解常用装饰石材的价格，熟悉装饰石材的应用情况，能够准确识别各种常用装饰石材的名称、规格、种类、价格、使用要求及适用范围等。

2. 实训方式

（1）建筑装饰材料市场的调查分析。

1）学生分组：以 3 ～ 5 人为一组，自主地到建筑装饰材料市场进行调查分析。

2）重点调查：各种装饰石材的材料价格、特点、性能及应用。

3）调查方法：以咨询为主，认识各种石材，调查材料价格、收集材料样本图片、掌握材料的选用要求。

（2）对建筑装饰施工现场装饰材料使用的调研。

1）学生分组：以 10 ～ 15 人为一组，由教师或现场负责人指导。

2）重点调研：不同用途装饰石材的技术要求，如干挂石材时石材的厚度及最大规格，面石材铺设时的厚度要求等。

3）调研方法：结合施工现场和工程实际情况，在教师或现场负责人的指导下，熟知装饰石材在工程中的使用情况和注意事项。

3. 实训内容及要求

（1）认真完成调研日记。

（2）填写材料调研报告。

（3）写出实训小结。

※ 习　题

一、单项选择题

1. 大理岩属于（　　）。

A. 酸性变质岩　B. 碱性沉积岩　C. 酸性沉积岩　D. 碱性变质岩

2. 下列各种装饰石材中，均属于大理石的是（　　）。

A. 汉白玉、雪花白、莱阳绿　B. 墨玉、云灰、将军红

C. 铁岭红、苍白玉、泰安绿　D. 雪花白、奶油白、济南青

3. 天然花岗石板材的吸水率不大于（　　）。

A. 0.2　　B. 0.4　　C. 0.6　　D. 0.8

二、多项选择题

1. 建筑装饰工程上所指的大理石是广义的，除指大理石外，还泛指具有装饰功能，可以磨平、抛光的各种碳酸盐类的（　　）和（　　）。

A. 火成岩　　B. 变质岩　　C. 沉积岩　　D. 喷出岩

E. 火山岩

2. 花岗石的特性包括（　　）。

A. 碱性　　B. 酸性　　C. 强度高　　D. 吸水率高

E. 质地坚硬

三、简答题

1. 由于天然石材具有放射性，使用时应如何选取和操作？

2. 天然岩石有哪几种分类？具体内容包括哪些？花岗石和大理石分别属于哪一类？

单元三

木材与竹材

木材与竹材在园林工程中被广泛使用，正确认识并合理选用木材与竹材是提高园林工程质量、降低成本的重要措施之一。本单元介绍了木材与竹材的定义、性质、分类及应用等，重点讲解这些材料在园林景观工程中的应用形式。

【知识目标】

1. 熟悉木材的分类与构造及园林景观中各种常用木材种类；
2. 掌握木材的基本性能及常见的缺陷，了解竹材的特性；
3. 掌握木材饰品及应用；
4. 掌握木材、竹材制品在园林工程中的应用。

【能力目标】

1. 能够对常见木材进行分类；
2. 学会挑选园林景观工程中的各类木材。

【素质目标】

1. 具有严谨的工作作风；
2. 培养学生的团队协助、团队互助的意识。

【实验实训】

1. 到当地有关市场识别与选购各种木材；
2. 到当地园林景观工程了解各种木材的使用情况。

一、木材

木材外观朴实、性能稳定，具有良好触觉效果，用木材建造的生活空间给人亲切、放松感。自古以来，木材是人类重要的建筑材料之一，时至今日，木材在园林中也运用广泛，古建筑中的亭、台、楼、阁多为木结构，山西应县木塔（图 1–22）、蓟州区独乐寺（图 1-23）堪称木结构的杰作。在园林设施中，木结构有木栈道、木平台、木种植器、木桌椅等。

图 1-22　应县木塔

图 1-23　蓟州区独乐寺

在规则式的园林中，常用的油漆或涂料将木材染色，借以强化木质铺装的地位，突出了规则式园林的严谨。在自然式园林中，经常使用的是木质铺装的天然色彩，这样不仅与设计风格完美结合，观赏价值也很高，而且可与格架、围栏粗犷的轮廓形成对比。

常见针叶树介绍

常见阔叶树介绍

1. 木材的分类、构造与缺陷

（1）木材的分类。

1）按树种，木材可分为针叶树和阔叶树，见表 1-6，如图 1-24 和图 1-25 所示。

表 1-6　木材按树种分类

种类	特点	用途	树种
针叶树（软材）	树叶细长，呈针状，多为常绿树；纹理顺直，木质较软，强度较高，表观密度小；耐腐蚀性较强，胀缩变形小	建筑工程中主要使用的树种，多用作承重构件、门窗等	松树、杉树、柏树等
阔叶树（硬材）	树叶宽大，叶脉呈网状，大多为落叶树；木质较硬，加工较难；表观密度大，胀缩变形大	常用作内部装饰、次要的承重构件和胶合板等	榆树、樟树、楠木、桦树、梧桐、水曲柳等

图 1-24　松树（针叶树）

图 1-25　榆树（阔叶树）

知识拓展

常绿树在园林景观中的优缺点

常绿树四季常绿，四季有景可观，有些还有吸收二氧化硫的作用。它与落叶树的区别在于，落叶树在秋冬季时会多数或全数落叶，常绿树在四季都有落叶，但同时它也有再长新叶。常绿树落叶树在秋季具有观赏价值，如枫香、红枫、红叶李等。但是有时落叶很难处理，一般不作为行道树，以免影响行人通行。

2）按加工程度和用途不同分类。木材按加工程度和用途不同可分为原条、原木、锯材和枕木四类。

①原条是指已经修枝、剥皮，但尚未加工造材的木材，主要用于建筑的脚手架、家具等（图 1–26）。

②原木是指伐倒后，经修枝并截成规定长度的原木段，常用于建筑工程、桩木、电杆、胶合板等（图 1–27）。

③锯材又称板方材，是指按一定尺寸锯解、加工成的板材和方材。由原木纵向锯成的板材和方材的统称。宽度为厚度三倍以上的木材称为“板材”；宽度不足厚度三倍的矩形木材称“方材”（图 1–28）。

④枕木是按枕木断面和长度加工而成的方材，主要用于铁路工程（图 1–29）。

图 1–26　原条

图 1–27　原木

图 1–28　锯材

图 1–29　枕木

（2）木材的构造。因树木生长的环境不同，木材的构造也不同。木材的构造是决定木材性能的主要因素，为合理使用木材，必须研究木材的构造，掌握木材的基本性质。研究木材的构造通常从宏观和微观两个层次进行。

1）木材的宏观构造。木材的宏观构造是指用肉眼或借助放大镜（通常为 10 倍）能观察到的构造特征。木材在各个方向上的构造是不一致的，为了解木材构造，人们一般将树干切成三个不同切面进行观察，分别为横切面（垂直于树轴）、径切面（重合于树轴）和弦切面（平行于树轴），如图 1-30 所示。

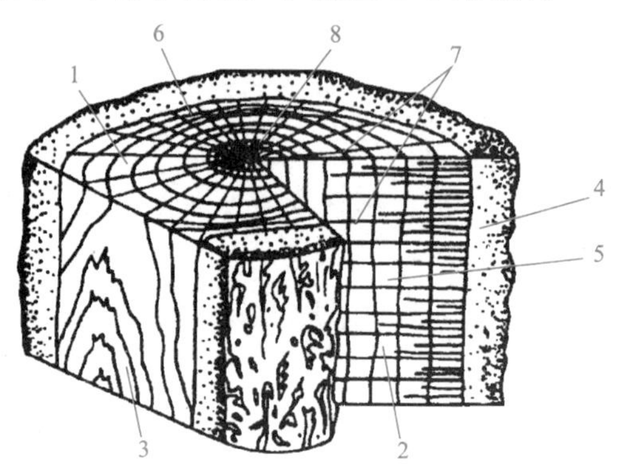

图 1-30　树干切面示意

1—横切面；2—径切面；3—弦切面；4—树皮；5—木质部；6—年轮；7—髓线；8—髓心

①年轮、早材和晚材。

a. 年轮是指从横切面上可以看到深浅相间的同心圆，横切面上单位长度年轮越多，分布越均匀，材质越好。

b. 早材是指形成层的活动受季节影响很大，温带和寒带树木在一年的早期形成的木材，或热带树木在雨季形成的木材，由于环境温度高，水分足，细胞分裂速度快，细胞壁薄，形体较大，材质较松软，材色浅，称为早材。

c. 晚材是指到了温带和寒带的秋季或热带的旱季，树木的营养物质流动缓慢，形成层细胞的活动逐渐减弱，细胞分裂速度变慢并逐渐停止，形成的细胞腔小而壁厚，材色深，组织较致密。晚材含量越高，木材强度越大，木材质量越好。

②树皮。树皮是指树木木质部以外所有组织的总称。树皮的层次可分为外皮和内皮。外皮是指树皮外层已死的组织，一般颜色较浅，也称死皮；内皮是指树皮内层活的组织，颜色较深，也称活皮。树皮是识别木材的重要依据，在工程中应用价值不大。园林中常用的松树皮做地表覆盖材料。

③边材和心材。在木材横切面或径切面上观察，靠髓心，材色较深部分称为心材；靠树皮材色较浅部分称为边材。心材含水量较少，不易翘曲变形，抗蚀性较强；边材含水量高，易干燥，也易被湿润，所以容易翘曲变形，抗蚀性也不如心材。

④髓心和髓线。第一年轮组成的初生木质部分称为髓心，也称为树心。从髓心呈放射状横穿过年轮的条纹称为髓线，也称木射线。髓心材质松软，强度低，易腐朽开裂。髓线与周围细胞联结软弱，在干燥过程中，木材易沿髓线开裂。

2）木材的微观结构。在显微镜下所见的木材组织称为微观结构。木材是由无数管状细胞紧密结合而成的。多数纵向排列，少数横向排列。每一个细胞由细胞壁和细胞腔两部分组成。细胞壁由纤维构成。木材的细胞壁越厚，腔越小，木材越密实，表观密度和强度也越大，但其胀缩变形也大。

木材细胞因功能不同可分为管胞、导管、木纤维、髓线等。管胞在树木中起支撑和输送养分的作用；木质素的作用是将纤维素、半纤维素黏结在一起，构成坚韧的细胞壁，使木材具有强度和硬度。

针叶树的显微结构简单而规则，主要是由管胞和髓线组成的。其髓线较细小，不明显。阔叶树的显微结构较复杂，主要由导管、木纤维及髓线组成，其髓线很发达，粗大而明显。导管是壁薄而腔大的细胞，大的管孔肉眼可见。有无导管和髓线粗细是鉴别阔叶树和针叶树的重要特征，如图 1–31 所示。

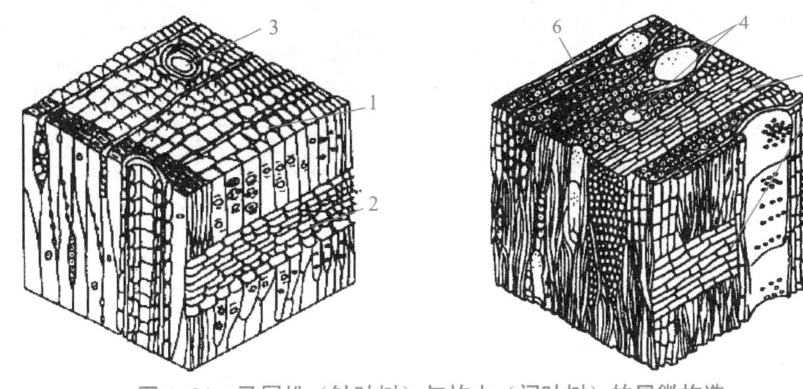

图 1–31　马尾松（针叶树）与柞木（阔叶树）的显微构造

1—管胞；2—髓线；3—树脂道；4—导管；5—髓线；6—木纤维

（3）木材的缺陷。《原木检验术语》（GB/T 15787—2017）中对于木材缺陷的定义：凡呈现在原木上能降低质量、影响使用的各种缺点，称为木材缺陷。木材主要缺陷包括节子、腐朽、裂纹、蛀孔、弯曲、偏枯、外夹皮等。

1）节子。节子是指埋在树干内部的活枝条或枯死枝条的基部，如图 1–32 所示。节子主要可分为以下三种：

①活节：节子与周围木材紧密连生，质地坚硬，构造正常；

②死节：节子与周围木材大部分或全部脱离，在板材中有时脱落形成空洞的节子；

③漏节：节子本身腐朽并已深入树干内部的腐朽。

节子对材质及加工利用的影响：节子破坏了木材结构的均匀性及完整性，使木材某些强度如顺纹抗拉、抗弯强度降低，不利于木材的有效利用。活节与死的健全节给加工造成困难，如使木材纹理紊乱，增大刀具的切削阻力，制浆造纸时节子难熬煮，减慢纤维的分离过程，混脏木浆，影响纸张颜色等。

图 1–32　节子

2）腐朽。木材受木腐菌侵蚀后，不但颜色发生改变，而且其物理、力学性质也发生改变，最后木材结构变得松软、易碎，呈筛孔状或粉末状等形态，这种现象称为腐朽。腐朽严重地影响木材的物理、力学性质，使木材质量减轻，吸水性增大，强度和硬度降低。通常在褐腐后期，木材的强度基本丧失，如图 1–33 所示。

3）裂纹。裂纹是指木材纤维与纤维之间分离所形成的裂隙，也称开裂，如图 1–34 所示。裂纹，尤其是贯通裂纹破坏了木材的完整性，降低了木材的强度，影响木材的利用和装饰价值。

图 1–33 腐朽

图 1–34 裂纹

知识拓展

木材干裂的修补

（1）注入胶液，对较窄的木材裂纹，可将聚醋酸乙烯乳液用塑料吸管注入缝隙进行填补，为填满裂纹，可分 2 ～ 3 次注入，操作时应注意胶液的浓度要适当。

（2）木片填塞。对稍宽的裂纹，可用刨花片、术片或木丝涂以胶液进行填塞，待胶液固化后将表面修平刨光。

（3）端裂黏结。在裂纹内部清洁时，可注入胶粘剂并按图示箭头方向反复按压裂纹，使缝隙反复张合以促使胶粘剂扩散，在注满胶粘剂后，用任一种方式将裂纹固定压紧，使胶粘剂固化，最后进行修整。

（4）锯开拼接。在裂纹较长时，可将木料沿裂纹锯开并刨平，重新拼合黏结。

4）蛀孔。蛀孔（图 1–35）是由于各种昆虫为害而形成的木材缺陷，昆虫蛀蚀木材形成的孔道，称为虫眼（虫孔），分为表面虫眼和虫沟、小虫眼、大虫眼等。

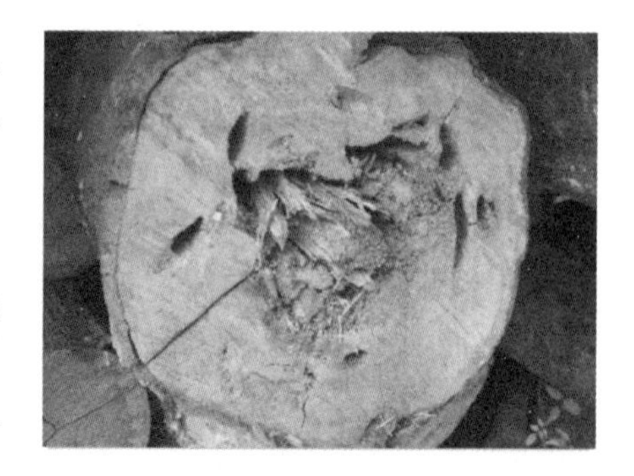

图 1–35 蛀孔

5）弯曲。弯曲是指树干的轴线不在一条直线上，向任何方向偏离两个端面中心的连线。

6）偏枯。偏枯是指树木在生长过程中，树干局部受创伤或烧伤后，树皮剥落导致表层木质部枯死的部分。偏枯沿树干轴向伸展，在树干表面成凹沟状，常伴有树脂漏、变色及腐朽。

7）外夹皮。外夹皮是树木受伤后，由于树木继续生长，将受伤部分全部或局部包入树干中而形成，有时还伴有树脂漏和腐朽。夹皮分为内夹皮和外夹皮，前者即受伤部分隐藏在树干内部，在树干断面上呈弧状或环状裂隙；后者即受伤部分显露在树干外部，在树干侧呈条沟状。夹皮破坏木材的完整性，使附近木材年轮弯曲。

2．木材的物理特性

本部分主要介绍木材的密度与表观密度、吸湿率和含水率、湿胀干缩等。

（1）密度与表观密度。

1）木材的密度各树种相差不大，一般为 1.49 ～ 1.57 g/cm^3；

2）木材的表观密度则随木材孔隙率、含水量及其他因素的变化而不同。一般有气干表观密度、绝干表观密度和饱水表观密度之分。木材的表观密度越大，其湿胀干缩率也越大。大多数木材的表观密度为 400 ～ 600 kg/m^3，平均为 500 kg/m^3。

（2）吸湿率和含水率。木材内所含的水，根据其存在形式可分为以下三类：

1）自由水是存在于细胞腔和细胞间隙中的水。

2）吸附水是存在于细胞壁中的水分。

3）化合水是木材化学组成中的结合水。

当自由水蒸发完毕，而吸附水还在饱和状态时，木材的含水率称为“纤维饱和点”，一般为 25% ～ 35%，平均为 30%。纤维饱和点是所有木材性质的转折点，如强度、干缩湿胀等。

木材从周围的湿空气中吸收水分能力的大小称为吸湿性。木材的含水率将随周围空气的湿度变化而变化，直到木材含水率与周围空气的湿度达到平衡时为止，此时的含水率称为平衡含水率。平衡含水率随周围大气的温度和相对湿度而变化。新伐木材的含水率一般在 35% 以上，长期处于水中的木材含水率更高，风干木材含水率为 15% ～ 25%，室内干燥的木材含水率为 8% ～ 15%。

（3）湿胀干缩。木材含水率在纤维饱和点以内进行干燥时，会产生长度和体积的收缩，即干缩；而含水率在纤维饱和点以内受到潮湿时，则会产生长度和体积的膨胀，即湿胀。只有吸附水的改变才影响木材的变形。木材各向变形大小不同，可分为纵向干缩、径向干缩、弦向干缩。纵向干缩是沿着木材纹理方向的干缩，其收缩率数值较小，仅为 0.1% ～ 0.35%，对木材的利用影响不大；径向干缩是横切面上沿直径方向的干缩，其收缩率数值为 3% ～ 6%；弦向干缩是沿着年轮切线方向的干缩，其收缩率数值为 6% ～ 12%，是径向干缩的 2 倍左右。

木材干缩和湿胀对木材加工和使用的影响如下：

1）变形。木材干燥后，因为各部分的不均匀干缩导致其形状改变，称为变形。

①板方材横断面上的变形。生材或湿材干燥时，由于木材弦向干缩远大于径向干缩及两者干缩不一致的共同影响，促使原木解锯后的方材、板材、圆柱等的端面发生多种形变。

②板方材长度方向上纵切面的变形。原木锯成板材后，如不合理干燥，会导致其长度方向（纵切面）上发生很大的变形，表现形式主要为弯曲，其形状与其在木材横

切面上的位置有很大的关系。

2）开裂。木材因干燥的不均匀与各方干缩的差异，造成开裂，裂缝大多垂直于年轮而平行于木射线，此乃木材纵向分子与木射线相交之处的结合力弱所致。木材的湿胀干缩对木材的使用有严重影响，干缩使木结构构件连接处产生隙缝而使接合松弛，湿胀则会造成凸起。减少木材干缩、湿胀的方法如下：

①高温干燥、降低木材吸湿性。高温干燥处理木材是目前减少木材干缩湿胀的主要方法，应用广泛。高温干燥主要是使木材干缩微纤丝之间的距离逐渐缩小，减少非晶区纤维素分子链状分子上游离羟基数目，形成新的氢键结合；同时，半纤维素降解物与木素分子上基团聚合封闭羟基，降低木材吸湿性。

②利用径切板。木材径向干缩是弦向干缩的一半，利用径切板可比弦切板木材干缩小一半。

③利用胶合木。将细木条（顺纹）用合成树脂粘成胶合木，这样不过分考虑木材的年轮方向，杂乱相粘，结果总是趋于径切板，很少为弦切板。此种方式已广泛用于地板、木芯板及木材工业生产。

④利用胶合板（机械抑制）。胶合板中将单板纵横交错用胶压合而成，这样就能以干缩极小的纵向，机械地抑制横纹干缩，将胀缩降到最小。同时，木材横纹方向强度小，顺纹方向木材强度高，可以弥补木材横纹方向强度小的特点，使材料趋于均匀一致。

⑤表面涂饰油漆。利用涂料、油漆涂刷木材表面，减少木材与湿空气接触，阻碍水分的渗入，从而使纤维表面包裹起来，可以降低木材对大气湿度变化敏感性，延缓木材吸湿速度，减小胀缩。

⑥综合树脂处理。利用综合树脂浸渍薄木，再将薄木重叠在高温、高压下而成，称为木材的层积塑料。其不仅可防止木材的收缩，而且可以增加木材的强度和坚固性。

（4）其他物理性质。除以上木材外还有一些特性，如木材的导热系数随其表观密度的增加而增大；顺纹方向的导热系数大于横纹方向；干木材具有很高的电阻；当木材的含水率提高或温度升高时，电阻会降低；木材具有较好的吸声性能等。

（5）木材的特点。木材主要具有以下特点：

1）轻质高强，对热、声和电的传导性能比较低；

2）有良好的弹性和塑性、能承受冲击和振动等作用；

3）容易加工、木纹美观；

4）在干燥环境或长期置于水中均有很好的耐久性；

5）构造不均匀，各向异性；

6）易吸湿吸水；

7）易燃、易腐、天然疵病较多；

8）长期处于干湿交替环境中，耐久性变差。

3. 木材的力学性能

与一般钢材、混凝土及石材等材料不同，木材属生物材料，其构造的各向异性导致其力学性质的各向异性。因此，木材力学性质指标有顺纹、横纹、径向、弦向之分。木材物理性质（干缩性、热、电、声学等）构造性质各向异性，同样木材力学性质也存在着各向异性。木材大多数细胞轴向排列，仅少量木射线径向排列。木材由中空的管状细胞组成，其各个方向施加外力，木材破坏时产生的极限应力不同。如顺纹抗拉强度可达 120.0 ～ 150.0 MPa，而横纹抗拉强度仅为 3.0 ～ 5.0 MPa（C–H，H–O），在顺纹方向，木材的抗拉和抗压强度都比横纹方向要高得多。

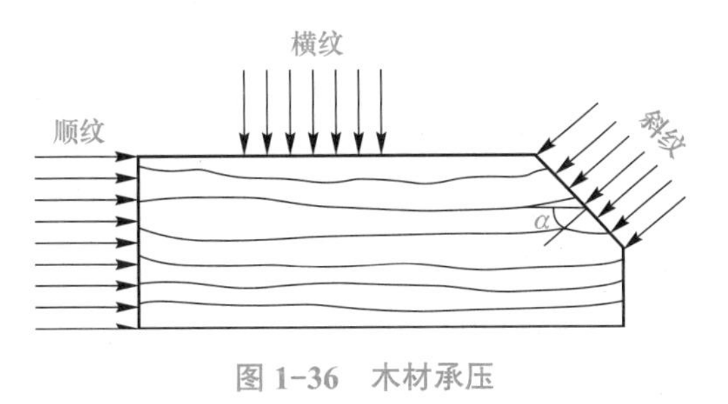

图 1–36　木材承压

（1）木材的强度。按受力状态，木材的强度可分为抗拉、抗压、抗弯和抗剪四种强度。顺纹是指作用力与纤维方向平行；横纹是指作用力与纤维方向垂直，如图 1–36 和表 1–7 所示。

表 1–7　木材各种强度的大小关系

抗压		抗拉		抗弯	抗剪	
顺纹	横纹	顺纹	横纹	顺纹	顺纹	横纹
1	1/10 ～ 1/3	2 ～ 3	1/20 ～ 1/3	3/2 ～ 2	1/7 ～ 1/3	1/2~1

（2）影响木材强度的主要因素。

1）含水率的影响。木材的含水率对木材强度影响很大，当细胞壁中水分增多时，木纤维相互间的连接力减小，使细胞软化。含水率在纤维饱和点以上变化时，只有自由水的变化，因而不影响木材强度，在纤维饱和点以下时，随含水率降低，吸附水减少，细胞壁趋于紧密，木材强度增大。木材含水率的变化对木材各种强度的影响程度是不同的，对抗弯和顺纹抗压影响较大，对顺纹抗剪影响较小，而对顺纹抗拉几乎没有影响。

2）负荷时间的影响。木材抵抗长期荷载的能力低于抵抗短期荷载的能力。木材在长期荷载下不致引起破坏的最大强度，称为持久强度。木材的持久强度比短期荷载作用下的极限强度小得多，一般仅为极限强度的 50% ～ 60%。

3）温度的影响。当环境温度升高时，木材中的胶结物质处于软化状态，其强度和弹性均降低。当温度降到 0 ℃以下时，木材中的水分结冰，木材强度增大，但变得较脆。一旦解冻，木材中的各项强度都将比未解冻时的强度低。

4）疵病的影响。木材在生长、采伐、保存过程中，所产生的内部和外部的缺陷，统称为疵病。木材的疵病主要有木节、裂纹、腐朽和虫害等。

①木节是木材中最常见的疵病。木节可分为活节、死节、松软节和腐朽节几种。

②裂纹、腐朽、虫害等疵病，会造成木材构造的不连续或其组织的破坏，严重影响木材的力学性质，有时甚至能使木材完全失去使用价值。

5）试件部位。不同部位的木材强度也不相同，试件部位的选择也会影响木材强度的测定。

6）晚材含量。一般晚材率大的木材具有更高的强度，因此，可以根据晚材率的大小，判断木材的力学强度。晚材率与年轮的关系密切（年轮致密则晚材率高），所以晚材带的宽度直接影响木材的力学强度。

（3）木材的韧性。木材的韧性较好，因而木结构具有良好的抗震性。木材的韧性受很多因素影响，如木材的密度越大，冲击韧性越好；高温会使木材变脆，韧性降低；而负温会使湿木材变脆，韧性降低；任何缺陷的存在都会严重降低木材的冲击韧性。

（4）木材的硬度和耐磨性。木材的硬度是指木材抵抗其他物体压入木材的能力，木材端面的硬度最大，弦面次之，径面稍小；木材的耐磨性是指木材抵抗磨损的能力。用于木地板的国产阔叶材树种中以荔枝叶红豆耐磨性最大，南方的泡桐树耐磨性为最小。木材的硬度和耐磨性主要取决于细胞组织的紧密度。木材在各个截面上的耐磨性相差悬殊。木材横截面的硬度和耐磨性都较径切面和弦切面为高。髓线发达的木材其弦切面的硬度和耐磨性均比径切面高，阔叶材的耐磨性较针状材的耐磨性强。

4. 木材的干燥、防腐和防火

（1）木材的干燥。木材在采伐后和使用前通常都应经干燥处理。这样可防止木材受细菌等腐蚀，减少木材在使用中发生收缩裂缝，提高木材的强度和耐久性。干燥处理的方法有自然干燥和人工干燥两种方法。

（2）木材的防腐。

1）木材的腐朽原因。木材腐朽主要因为木材是天然有机材料，易受真菌、昆虫的侵害而腐朽变质。真菌的种类很多，常见的有霉菌、变色菌和腐朽菌三种。霉菌、变色菌影响木材的外观，而不影响木材的强度；腐朽菌对木材危害严重。蛀蚀木材的昆虫有白蚁、天牛、蠹虫等。

2）木材腐朽的条件。真菌的生存和繁殖必须具备的条件是适宜的温度、足够的空气和适当的湿度。温度为 25 ℃～ 30 ℃，含水率在纤维饱和点以上的 50%，又有一定量的空气，最适合真菌的繁殖。当温度高于 60 ℃或低于 5 ℃，真菌不能生长。如含水率小于 20% 或将木材浸泡在水中，真菌也难以存在。

3）木材的防腐措施。木材常用的防腐措施有通风、干燥、水浸泡、深埋于地下和表面涂油漆等。另外，还可以采用化学有毒药剂，经喷淋、浸泡或注入等方法，从而抑制或杀死菌类、虫类，达到防腐的目的。防腐剂的种类很多，常用的有水溶性防腐剂、油剂防腐剂和复合防腐剂。

（3）木材的防火。木材的防火是指将木材经过具有阻燃性能的化学物质处理后，变成难燃的材料，以达到遇小火能自熄，遇大火能延缓或阻止燃烧蔓延，从而赢得补救时间。要阻止和延缓木材燃烧可有以下几种措施：

1）抑制木材在高温下的热分解。

2）阻止热传递。

3）增加隔氧作用。

木材防火的处理方法如下：

1）表面涂敷法，即在木材表面涂敷防火涂料，既具有防火又具有防腐和装饰作用。

2）溶液浸注法，可分为常压浸注和加压浸注两种。浸注处理前，要求木材必须达到充分气干，并经初步加工成型，以免防火处理后进行大量锯、刨等加工，使木料中浸有阻燃剂的部分被除去。

5. 木材饰品及应用

（1）木地板。木地板是由硬木树种和软木树种经加工处理而制成的木板面层，如图 1-37 所示。

图 1-37　木地板

知识拓展

怎样挑选木地板

（1）看纹理。选择木地板时，纹理的好坏也是判断地板好坏的标准，要选择纹理有规则，并且美观大方的。

（2）看颜色。实木地板的颜色比较自然，而且木纹也是清晰可见的。若颜色较深，则有可能是为了掩盖缺陷，故意涂的漆层。

（3）看裂痕。实木地板都会有裂痕，但裂痕太大的就不建议购买了。若裂痕较小，并且不会延伸，则可以放心使用。

（4）看节子。实木地板一般都有节子，可分为活节和死节。若节子分布得很合理，还会使木地板更加美观。

木地板可分为实木地板、强化木地板、实木复合地板、竹材地板和软木地板。

实木地板可分为平口实木地板，企口实木地板，拼方、拼花实木地板，竖木地板，指接地板，集成地板等，如图 1-38 和图 1-39 所示。

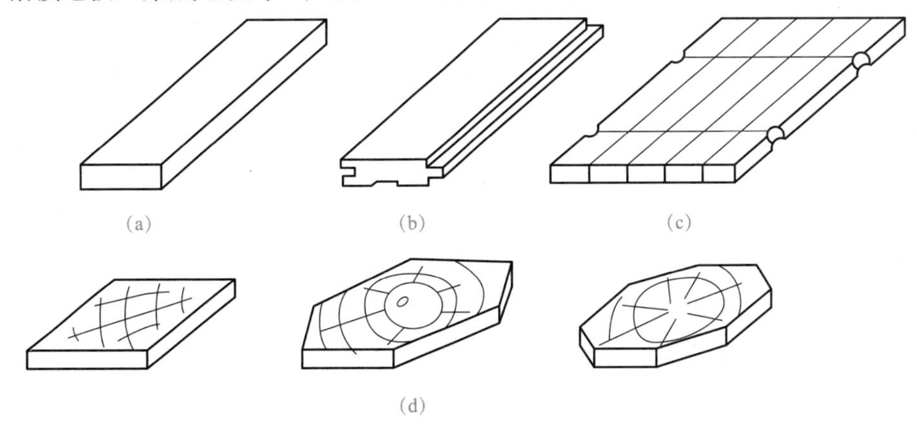

图 1-38　木地板块

（a）平口实木地板；（b）企口实木地板；（c）拼花实木地板；（d）竖木地板

图 1-39　木地板的拼装图案

1）平口实木地板。平口实木地板指的是六面均为平直的长方体及六面体或工艺形多面体木地板。其主要规格有 155 mm×22.5 mm×8 mm、250 mm×50 mm×10 mm、300 mm×60 mm×10 mm，平口实木地板除可做地板外，也可做拼花板、墙裙装饰及吊顶等室内装饰。

2）企口实木地板（又称榫接地板或龙冈地板）。企口实木地板的板面呈长方形，其中一侧为榫，另一侧有槽，其背面有抗变形槽。由于铺设时榫和槽必须结合紧密，因而生产技术要求较多，木质也要求要好，不易变形。实木长条企口地板被公认为是良好的室内地面装饰材料，适用于办公室、会议室、会客室、休息室、旅馆客房、住宅起居室、卧室、幼儿园及仪器室等场所。

3）拼方、拼花实木地板。拼方、拼花实木地板由多块条状小木板以一定的艺术性和规律性的图案拼接成方形。拼花木地板的木块尺寸一般为长 250 ～ 300 mm，宽 40 ～ 60 mm，板厚 20 ～ 25 mm，有平头接缝地板和企口拼接地板两种，适用于高级楼宇、宾馆、别墅、会议室、展览室、体育馆和住宅等的地面装饰。

4）竖木地板。竖木地板以木材的横切面为板面，呈矩形，正方形，正五、六、八边形等正多面体或圆柱体拼成的木地板称为竖实木地板，简称竖木地板。目前，竖木地板一般采用整张化工序制成。不仅可做木地板，还可做顶棚、墙裙装饰材料，用于宾馆、饭店、招待所、影剧院、体育场、办公室和家庭住宅等场所。

5）指接地板。指接地板由宽度相等、长度不等的小木板条黏结而成的木地板。不易变形并开有榫和槽，与企口实木地板的结构基本相同。实木指接企口地板常见的规格有（1 830 ～ 4 000）mm×（40 ～ 75）mm×（12 ～ 18）mm。

6）集成地板（又称拼接地板、横拼地板）。集成地板由宽度相等的小木板条指接起来，再将多片指接体横向拼接而成的木地板。该木地板幅面大，性能稳定，不易变形，给人一种天然的美感。集成企口实木地板规格为（1 830 ～ 4 000）mm×（150 ～ 200）mm×（12 ～ 18）mm，常见的规格为 1 830 mm×150 mm×15 mm。

7）强化木地板。强化木地板是由耐磨层、装饰层、芯层、防潮层胶合而成的木地板。强化木地板的耐磨层是采用 Al_2O_3 或碳化硅覆盖在装饰纸上。强化木地板的芯层也称基材层，多采用高密度纤维板（HDF）、中密度纤维板（MDF）或特殊形态的优质刨花板，以前两者居多。防潮层也称底层，其作用是防潮和防止强化木地板变形。强化木地板的优点是耐磨耗、花色品种多、色彩典雅大方、规格尺寸大、稳定性好、强度高、抗静电、耐污染、耐腐蚀、耐香烟灼烧等。

8）实木复合地板。实木复合地板是利用优质阔叶材或其他装饰性很强的合适材料做表层，以材质软的速生材或人造材做基材，经高温、高压制成多层结构。实木复合地板可分为三层实木复合地板、多层实木复合地板和细木工贴面地板。三层实木复合地板由三层实木交错层压而成，表层为优质硬木规格板条镶拼板，芯层为软木板条，底层为旋切单板；多层实木复合地板是以多层胶合板为基材，其表层以优质硬木片镶拼板或刨切单板为面板，涂布脲醛树脂胶，经热压而成；细木工贴面地板是以细木工板作为基材板层，表面用名贵硬木树种作为表层，经过热压机热压而成。实木复合地板有规格尺寸大、不易变形、不易翘曲、板面具有较好的尺寸稳定性、整体效果好、铺设工艺简捷方便、阻燃、绝缘、隔潮、耐腐蚀等优点。但也存在以下缺点：第一，胶粘剂中含有一定量的甲醛，必须严格控制，严禁超标。第二，实木复合地板结构不对称，生产工艺复杂，成本较高等。

（2）木饰面板。装饰单板贴面胶合板简称为木饰面板，是将天然木材或科技木刨切成一定厚度的薄片，黏附于胶合板表面，然后热压而成的一种用于室内装修或家具表面的装饰材料。木饰面板按主要原料不同可分为两类：一类是薄木装饰板，此类板材主要由原木加工而成，经选材干燥处理后用于装饰工程；另一类是人工合成木制品，它主要由木材加工过程中的下脚料或废料经过机械处理而成。

1）胶合板。胶合板是用原木旋切成薄片，再用胶粘剂按奇数层数以各层纤维互相垂直的方向黏合热压而成的人造板材，如图 1-40 所示。

图 1-40　胶合板

胶合板具有改变木材的各向异性、材质均匀、吸湿变形小、幅面大、不易翘曲、美丽的花纹等优点，是使用非常广泛的装饰板材之一。胶合板按胶合的层数可分为三夹板、五夹板、七夹板和九夹板，前两种最为常用。胶合板按胶粘性能可分为四类，详见表 1-8。

表 1-8　胶合板分类

按胶粘性能分类	特点及使用范围
Ⅰ类（耐气候胶合板）	耐久、耐沸煮或蒸汽处理；能在室外使用
Ⅱ类（耐水胶合板）	耐冷水浸泡或短时间热水浸泡，不耐沸煮；在室内使用
Ⅲ类（耐潮胶合板）	耐短时间冷水浸泡；在室内使用
Ⅳ类（不耐潮胶合板）	主要在室内使用

2）细木工板。细木工板为芯板用板拼接而成，两面胶粘一层或二层单板的实心板材（图 1-41）。细木工板按结构不同可分为芯板不胶拼的和芯板胶拼的两种；按表面加工状况可分为一面砂光、两面砂光和不砂光三种；按所使用的胶粘剂不同，可分为Ⅰ类胶细木工板、Ⅱ类胶细木工板两种；按面板的材质和加工工艺质量不同可分为一、二、三等。

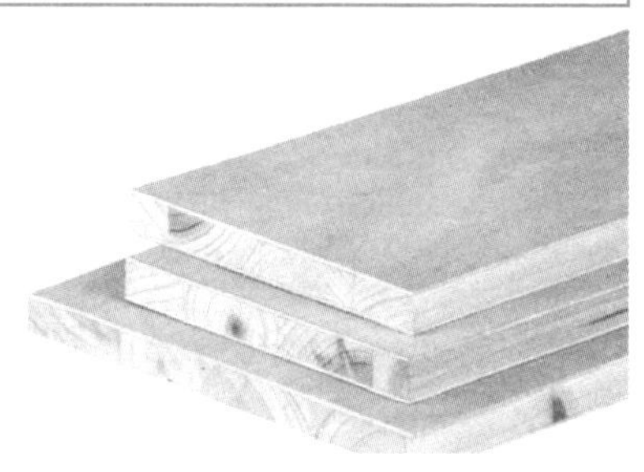

图 1-41　细木工板

3）纤维板。纤维板以木质纤维或其他植物纤维材料为主要原料，经破碎、浸泡、研磨成木浆，再加入一定的胶料，经热压成型、干燥等工序制成的一种人造板材（图 1-42）。按纤维板的体积密度不同可分为硬质纤维板、中密度纤维板、软质纤维板三种；按表面可分为一面光板和两面光板两种；按原料不同可分为木材纤维板和非木材纤维板。硬质纤维板的强度高，耐磨、不易变形，可用于墙壁、门板、地面、家具等。

图 1-42　纤维板

4）刨花板。刨花板是利用施加胶料和辅助料或未施加胶料和辅助料的木材或非木材植物制成的刨花材料压制成的板材（图 1-43）。刨花板按原料不同可分为木材刨花板、甘蔗渣刨花板、亚麻屑刨花板、棉秆刨花板、竹材刨花板、水泥刨花板、石膏刨花板；按表面可分为未饰面刨花板和饰面刨花板；按用途可分为家具、室内装饰等一般用途的刨花板和非结构建筑用刨花板。刨花板属于中低档装饰材料，且强度较低，一般主要用作绝热、吸声材料，用于地板的基层（实铺），还可用于吊顶、隔墙、家具等。

图 1-43　刨花板

5）装饰木材。装饰木板是由各种原木经锯切、刨光加工而成的板材。可用来制作装饰木材的树木品种很多，常见的有柚木、水曲柳、红松、榉木、樱桃木、白松、樟子松、鱼鳞松等。装饰木板用于室内墙面装饰中时，板材的厚度一般为 9.5 ～ 18 mm，宽度为 19 ～ 35 mm，长度为 1 ～ 8 m。

6）薄木贴面装饰板。薄木贴面装饰板是采用珍贵木材，通过精密加工而成的非常薄的装饰面板。薄木按厚度不同可分为厚薄木和微薄木；按制造方法不同可分为旋切薄木、刨切薄木和半圆旋切薄木。

（3）木装饰线条。木装饰线条简称为木线，是选用质硬、结构细密、材质较好的木材，经过干燥处理后，再机械加工或手工加工而成，如图 1-44 所示。木线在室内装饰中主要起着固定、连接、加强装饰饰面的作用。

图 1-44　木条装饰线

知识拓展

木制装饰线条选购技巧

（1）要先看整根木线是否光洁、平实，通过触感感觉表面是否平滑。选购木线时千万不能选外表带有毛刺或是刀的痕迹，注意木线是否有腐朽、开裂、节子、虫眼等现象。

（2）要选择已上漆木线，可以从背面辨别木质、毛刺多少，注意表面是否光洁，上漆涂抹是否均匀，颜色是否一致，是否出现色差、变色等情况。

（3）可以根据装修的“压线，填线”来定规格、花式，木线的长宽分为各式各样，所以购买之前一定要量好尺寸，计算精确，避免造成不必要的损失。

木线按材质不同可分为硬度杂木线、进口洋杂木线、白元木线、水曲柳木线、山樟木线、核桃木线、柚木线等；按功能可分为压边线、柱角线、压角线、墙角线、墙腰线、上楣线、覆盖线、封边线、镜框线等；按外形可分为半圆线、直角线、斜角线、指甲线等；从款式上可分为外凸式、内凹式、凹凸结合式、嵌槽式等。

木线具有表面光滑，棱角、棱边、弧面弧线垂直，轮廓分明，耐磨、耐腐蚀，不劈裂，上色性好、黏结性好等特点，在室内装饰中应用广泛，主要用于顶棚线和顶棚角线。

※ 实训二

1. 实训目的

让学生自主地到建筑装饰材料市场和建筑装饰施工现场进行考察与实训，了解常用装饰木材的价格，熟悉装饰木材的应用情况，能够准确识别各种常用装饰木材的名称、规格、种类、价格、使用要求及适用范围等。

2. 实训方式

（1）建筑装饰材料市场的调查分析。

学生分组：以 3 ～ 5 人为一组，自主地到建筑装饰材料市场进行调查分析。

重点调查：各类装饰板材的常用规格，以及其外观分等的允许缺陷。

调查方法：以咨询为主，认识各种装饰木材，调查材料价格，收集材料样本图片，掌握材料的选用要求。

（2）建筑装饰施工现场装饰材料使用的调研。

学生分组：以 10 ～ 15 人为一组，由教师或现场负责人指导。

重点调研：施工现场装饰木材、板材防腐和防火的操作及检测方法。

调研方法：结合施工现场和工程实际情况，在教师或现场负责人指导下，熟知装饰木材在工程中的使用情况和注意事项。

3. 实训内容及要求

（1）认真完成调研日记。

（2）填写材料调研报告。

（3）写出实训小结。

二、竹材

竹材源于竹类植物的地上秆茎，由纤维素、半纤维素和木质素等主要成分组成。

竹材的利用有原竹利用和加工利用两种。在园林景观中，竹子常被做成篱笆，起到分割空间、装饰环境的作用；使用竹子材料制成的凉亭、绿廊、花架也具有独特的造型装饰效果；竹子还能制作胶合板、地板、贴面板、花窗及各种样式的家具等，应用十分广泛（图 1–45 和图 1–46）。

图 1–45　竹林

图 1–46　竹制装饰板

1. 竹材的特性

（1）物理性质。

1）含水率：竹子生长时含水率很高，平均为 80% ～ 100%，通常龄期越小，其新鲜竹材的含水率越高。

2）密度：竹材的基本密度为 0.40 ～ 0.90 g/cm^3，其实质密度为 1.481 ～ 1.514 g/cm^3，

平均密度约为 1.500 g/cm^3。竹子的绝干密度为 0.79 ～ 0.83 g/cm^3，主要取决于维管束的密度及其构成。其密度随竹种、年龄、秆茎部位、立地条件和竹种的变化而变化。

（2）化学性质：竹材主要化学成分为有机组成，是天然的高分子聚合物，主要由纤维素（约 55%）、木质素（约 25%）和半纤维素（约 20%）构成。竹材的纤维素含量随着龄期的增加而略减，不同秆茎部位含量也存在差异：从下部到上部略减；从内层到外层是渐增的。

（3）力学性质：竹材是一种非均质各向异性材料，密度小，强度高，也是轻质高强材料。在某些方面优于木材，如顺纹抗拉强度约比密度相同的木材高 1/2。顺纹抗压强度高 10% 左右。若竹材基本密度大，则纤维含量大，机械性能高，力学强度大。

2．竹材的特点

竹材的特点详见表 1-9。

表 1-9　竹材的特点

项目	竹材
环保	竹子生长周期短（4 ～ 6 年就可砍伐利用），栽植容易，是可再生的绿色资源。竹材深加工产品为天然材质产品，不会对室内的环境造成污染
隔声	竹子是天然的隔声材料
耐磨性能、抗刮划能力	竹材由于材质坚硬、密度大而有很高的耐磨抗划能力
防水性能	竹材防水性能好，坚硬、遇水膨胀和干燥收缩系数小，不易变形
生虫	竹材内含丰富的糖分、脂肪、淀粉、蛋白质等营养物质，在潮湿环境中容易生虫、发霉、腐朽
发霉	
腐朽	

3．竹材的加工

竹集成材是由一片片或一根根竹条经胶合压制而成的方材和板材。重组竹材的方法是先将竹材疏解成通长的、相互交联并保持纤维原有排列方式的疏松网状纤维束，再经过干燥、施胶、组坯成型、冷压或热压而成的板状或其他形式的材料。

三、木材、竹材在园林工程中的应用

1．木材在园林工程中的应用

（1）木质构筑物。景观中的重要构筑物，如亭、廊架、园桥、景墙等，对于丰富景观空间层次，烘托主景和点明主题都起到举足轻重的作用，木质景观构筑物尤其能凸显它的自然、朴实、生态、健康和高品位特性。木材经常与各种钢、石、砖或混凝土、玻璃等材料结合。经过合理的组合，创造出新艺术形象的构筑物——将美感、灵性、韵律集一体，使木质构筑物真正成为具备“生命”的物质形态。它在公共绿地、庭院及小区环境中得到了广泛应用，已成为人们活动环境的向往和标准，如图 1-47 所示。

图 1-47　木质构筑物

1）木亭、木屋。小型园林建筑在现代景观中占有很重要的位置，常起到聚焦游人视线的作用，通常称为景观中的焦点。木质的亭质朴自然，与周边环境能较好的融合，外型上点缀了园景，功能上满足了人们遮阳挡雨及休憩的需要，如图 1-48 所示。

木屋不仅冬暖夏凉、抗潮保湿、透气性强，还蕴含着醇厚的文化气息，淳朴典雅。同时，木屋又有着亲和自然、低碳环保、设计灵活、施工方便等特点。木屋在城市景观中应用得非常普遍，常见的形式有售票小卖部、值班室等，在实现了使用功能的同时，也不会破坏景区自然和谐的环境。

图 1-48　木亭、木屋

2）廊架、亭廊。廊架也称为绿廊或花架，木质的廊架是最易于施工的，而且施工速度快。廊架作为一种过渡空间存在于城市景观，它往往连接一个景点和另一个景点，如一建筑内或水池、院落中，或存在于景观中点缀空间，营造出一种别致的景观。亭廊是古典园林中常见的构筑物，是古典园林重要的组成部分。木亭廊可以充分体现古典园林的人文特点，给人厚重、大气的感觉，如图 1-49 所示。

图 1-49　廊架、亭廊

3）园桥。园林中的桥可以连接风景点的水陆交通，组织游览线路，变换观赏视线，点缀水景，增加水面层次，兼有交通和艺术欣赏的双重作用。园桥在造园艺术上的价值，往往超过交通功能。平桥贴水，过桥有凌波信步亲切之感；沟壑断崖上危桥高架，能显示山势的险峻。水体清澈明净，园桥的轮廓需要考虑倒影；地形平坦，桥的轮廓宜有起伏，以增加景观的变化，如图 1–50 所示。

图 1–50　园桥

（2）木质设施。在居住小区、广场、公园、旅游区或度假村内，随处可见各种类型的木质景观设施。它们满足了公共空间内使用功能和装饰功能，成为区内不可缺少的重要部分。木材的可塑性较强，设计师经艺术处理制作与环境特色相呼应的景观设施，如不同形状的凳子或长椅、标识系统、护栏、电话亭、垃圾桶等，它们将成为整个景观环境中的亮点，如图 1–51 所示。

图 1–51　多边形凳、护栏

（3）木质铺装。木质铺装最大的优点就是给人以柔和、亲切的感觉，舒适性是它的最大特点。尤其是在安静休憩区内，当需要营造宜人、舒适的氛围时，与坚硬冰冷的石质材料相比，木质材料优势则更加明显。木质的平台、栈道、踏步、铺地都用木板作为铺地。作为铺面材料，木材与其他材料相比更为柔软和富于弹性，更容易让人感觉亲切，愿意停留。木材透气和点支撑的基础可适应较复杂的基地条件使其适宜在地表生态敏感的风景区中建造做架空的木板路，可尽量减少人类活动对环境的影响，如图 1-52 所示。

图 1-52　栈道

（4）其他形式。木材是制作植物支架的最佳选材，可以做成非常稳固的三脚架和木桩，上面爬满蔓生蔷薇或藤蔓，形成优美的植物景观。光滑的木桩通过漆绘、上釉，或加上金属饰物、木球、风向标等，也可以增加它们的观赏价值。木材也是制作栅栏的常用材料，起到分隔和围合空间的作用，通过巧妙的植物配置，可以使栅栏的感观变得柔和一些。木平台可以造得很复杂，有栏杆、有楼梯、有高低层次，甚至还有亭子。利用木材原木、原色建造大型码头平台、港口主景建筑或水上大型平台，则更能营造出气势恢宏的生态景观。木材不仅可以用作平面的铺装材料，而且可用于建筑立面，可直接用木材作墙面或隔断，也可在廊架中可以将木材作顶面。

知识拓展

木材在园林景观中的优势

木材的低导热性与钢结构和天然石材形成了明显的反差，木质园林带来的冬暖夏凉和健康舒适的感觉正是园林“以人为本”的精神体现。木材的天然性与环保性，也是其他硬质材料所不及的。

2. 竹材造景

竹园中的功能性或非功能性建筑或小品等均可采用竹材，如竹亭、竹椅、竹桥、竹水车等，组合于园林风景之中，很有韵味。如云南的竹楼，瓦、墙、梁、柱等均以竹子制成。竹楼往往建在临水竹林丛中，竹楼依着水波，风光艳丽动人。浙江千岛湖有全部用竹子建造的水上旅馆，高雅别致，吸引了众多游客。在当代园林造景中，竹材应用更为广泛，如可制成各式各样的竹篱板、竹片、竹篱

常见竹子介绍

笆等，以辟得一处富有生活情趣的环境，回味旧时的乡情，如图 1-53 所示。

（a）

（b）

图 1-53　竹楼和竹林

（a）竹楼；（b）竹林

※ 实训三

1．实训目的

让学生课后自主了解优秀景观设计作品，并且到就近的景观公园进行考察和实训，了解景观常用的木材，能够准确地说出各种常用木材的名称、规格、种类、使用要求及适用范围等。

2．实训方式

（1）优秀园林景观设计作品调查分析。

1）学生分组：以 3 ～ 5 人为一组，自主地在网络上对优秀园林景观设计作品进行调查分析。

2）重点调查：各类园林工程造景特点及木材使用情况。

3）调查方法：以网络查询为主，查找国内外优秀园林工程，收集图片，了解此类工程中所用木材，归纳常用木材的种类。

（2）园林工程现场材料使用的调研。

1）学生分组：以 10 ～ 15 人为一组，由教师或现场负责人指导。

2）重点调研：周边园林工程调研，了解木材使用情况，并且能够进行分类。

3）调研方法：结合施工现场和工程实际情况，在教师或现场负责人指导下，熟知木材在园林工程现场中的使用情况和注意事项。

3. 实训内容及要求

（1）认真完成调研日记。

（2）填写调研报告。

（3）写出实训小结。

※习　题

一、选择题

影响木材强度和胀缩变形的主要因素是什么？（　　）

A. 自由水　　B. 吸附水　　C. 化合水　　D. 游离水

二、简答题

1. 说明原条、原木和枕木的特点。

2. 常见的木质建筑物有哪些?

单元四

玻璃与金属材料

随着现代工业技术的日益更新，玻璃与金属材料的品种也越来越多，因此在园林工程中的应用也越来越广泛，其主要应用于构筑物结构、构筑物装饰及景观小品等。本单元介绍了这两种材质的成分、分类、特性及在景观工程应用中的技术措施，着重讲解了玻璃与金属材料的性质和用途。

【知识目标】

1. 熟悉玻璃的生产工艺、组成和分类；
2. 掌握平板玻璃、安全玻璃、节能玻璃和常用的装饰玻璃的特点、技术标准及制品的应用；
3. 了解常见金属制品的性质、用途。

【能力目标】

1. 能够熟知几种常见玻璃的应用；
2. 能够对常见的钢材进行分类及选用。

【素质目标】

1. 具有良好的组织、沟通和协作的能力；
2. 具有诚实守信的职业精神。

【实验实训】

到当地有关市场识别与选购各种装饰玻璃。

一、玻璃

玻璃的发展史

1. 玻璃的基础知识

随着现代科学技术的发展和建筑对玻璃使用功能要求的提高，建筑玻璃不仅要满足采光和装饰的需要，而且要向控制光线、调节温度、保温、隔声等各种特殊方向发展，兼具装饰性与功能性的玻璃新品种不断问世，从而为现代建筑设计提供更大的选择空间。如平板玻璃已由过去单纯作为采光材料，向控制光线、调节热量、节约能源、控制噪声，以及降低结构自重、改善环境等多功能方向发展，同时，增添着色、磨光等方法提高装饰效果。

玻璃的组分

建筑玻璃是以石英砂、纯碱、石灰石、长石等为主要原料，经 1 550 ℃～1 600 ℃高温熔融、成型、冷却并裁割而得到的有透光性的固体材料。其主要成分是二氧化硅（含量为 72% 左右）和钙、钠、镁、钾等的氧化物。

（1）玻璃的特性。玻璃属于均质非晶体材料，具有各向同性的特点。

1）玻璃具有较高的化学稳定性。通常情况下对水、酸及化学试剂或气体具有较强的抵抗能力，能抵抗除氢氟酸外的多种酸类的侵蚀。但是，碱液和金属碳酸盐能溶蚀玻璃。

2）玻璃的抗压强度高，抗拉强度很小。玻璃在冲击作用下易破碎，是典型的脆性材料。脆性是玻璃的主要缺点，脆性大小可用脆性指数来评定。脆性指数越大，说明玻璃越脆。

3）玻璃具有优良的光学性质。特别是透明性和透光性，故广泛用于建筑、景观中的采光和装饰。它将封闭的室内与外部景观通过艺术的再造，默契地调和为一体，使人们置身于室内而又仿若与自然息息相关。利用玻璃这一特性可以赋予空间更多生命力，在心理上扩展空间的深度和高度。玻璃中的氧化硅、氧化硼可提高其透明性，而氧化铁会使透明性降低（图 1-54）。

图 1-54　利用玻璃的透光性赋予空间生命力

（2）玻璃的计量单位。计算玻璃用料及成本的计量单位为“质量箱”或称“质箱”，英文为 Weight Case 或 Weight Box，一个质量箱等于 2 mm 厚的平板玻璃 10 m^2 的质量

（约 50 kg）。

2. 玻璃的分类

（1）按加工工艺分类。按照生产工艺，玻璃可分为浮雕玻璃、锻打玻璃、晶彩玻璃、琉璃玻璃、夹丝玻璃、聚晶玻璃、玻璃马赛克、钢化玻璃、夹层玻璃、中空玻璃、调光玻璃、发光玻璃等（图 1–55）。

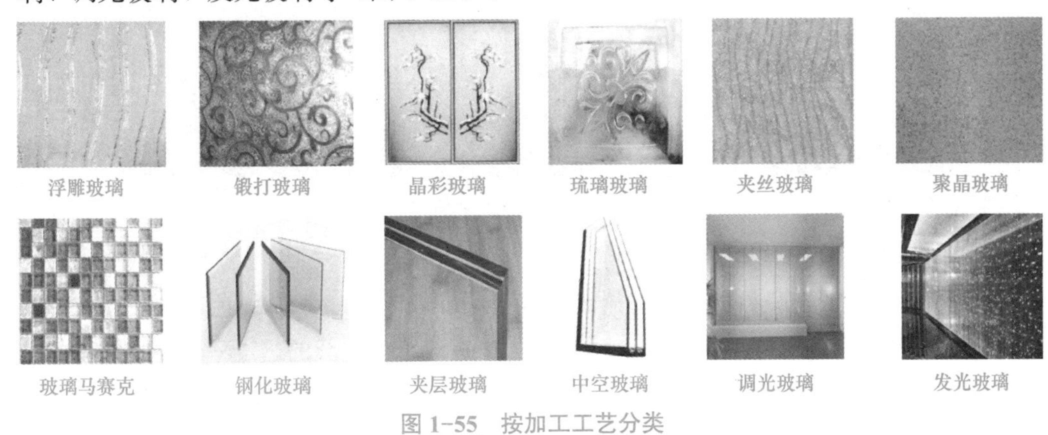

图 1–55　按加工工艺分类

（2）按生产方式分类。按生产方式，玻璃可分为平板玻璃和深加工玻璃。平板玻璃也称白片玻璃或净片玻璃，它具有透光、透明、保温、隔声、耐磨、耐气候变化等性能。平板玻璃可主要可分为引上法平板玻璃（分有槽 / 无槽两种）、平拉法平板玻璃和浮法玻璃三种。玻璃二次制品即深加工玻璃，是利用一次成型的平板玻璃（浮法玻璃、普通引上法平板玻璃、平拉玻璃、压延玻璃）为基本原料，根据使用要求，采用不同的加工工艺制成的具有特定功能的一种玻璃产品。而特种玻璃品种众多。

（3）按性能分类。玻璃按性能特点又可分为钢化玻璃、多孔玻璃（即泡沫玻璃，孔径约为 40 mm，用于海水净化、病毒过滤等方面）、导电玻璃（用作电极和飞机风挡玻璃）、微晶玻璃（作为新型材料多用于航天及天文光学）、乳浊玻璃（用于照明器件和装饰物品等）、中空玻璃（用作门窗玻璃）等。

3. 平板玻璃的应用

人们习惯将窗用玻璃、压花玻璃、磨砂玻璃、磨光玻璃、有色玻璃等统称为平板玻璃（图 1–56）。平板玻璃的生产方法有两种：一种是将玻璃液通过垂直引上或平拉、延压等方法而成，称为普通平板玻璃；另一种是将玻璃液漂浮在金属液（如锡液）面上，让其自由摊平，经牵引逐渐降温退火而成，称为浮法玻璃。

玻璃的艺术特性

（1）分类及规格。平板玻璃按颜色属性可分为无色透明平板玻璃和本体着色平板玻璃。按生产方法不同，平板玻璃可分为普通平板玻璃和浮法玻璃两类。根据《平板玻璃》（GB 11614—2009）的规定，平板玻璃按其公称厚度，可分为 2 mm、3 mm、4 mm、5 mm、6 mm、8 mm、10 mm、12 mm、15 mm、19 mm、22 mm、25 mm，即共 12 种规格。

图 1-56　平板玻璃

（2）特性。

1）平板玻璃具有良好的透视、透光性能（3 mm 和 5 mm 厚的无色透明平板玻璃的可见光透射比分别为 88% 和 86%）。对太阳光中近红外热射线的透过率较高，但对可见光射至室内墙顶地面和家具、织物而反射产生的远红外长波热射线能够有效阻挡，故可产生明显的“温室效应”。无色透明平板玻璃对太阳光中紫外线的透过率较低。

2）隔声，同时有一定的保温性能；抗拉强度远小于抗压强度，是典型的脆性材料。

3）有较高的化学稳定性，通常情况下，对酸、碱、盐及化学试剂与气体有较强的抵抗能力，但长期遭受侵蚀性介质的作用也会导致变质和破坏，如玻璃的风化和发霉都会导致外观的破坏和透光能力的降低。

4）热稳定性较差，急冷急热下易发生炸裂。

（3）用途。

1）窗用平板玻璃。窗用平板玻璃也称平光玻璃或净片玻璃，简称玻璃，是平板玻璃中生产量最大、使用最多的一种，也是进一步加工成多种技术玻璃的基础材料。未经加工的平板玻璃，主要装配于门窗、廊架、遮雨棚等，起透光，挡风雨、保温，隔声等作用。

窗用平板玻璃的厚度一般有 2、3、4、5、6（mm）五种。其中 2 mm 和 3 mm 厚的窗用平板玻璃常用于民用建筑；4 ～ 6 mm 厚的窗用平板玻璃主要用于工业及高层建筑。普通窗用玻璃无色而透明，并有多种规格（图 1-57）。

图 1-57　窗用平板玻璃

2）磨砂玻璃。磨砂玻璃又称毛玻璃，是用机械喷砂、手工研磨或使用氢氟酸溶液等方法，将普通平板玻璃表面处理为均匀毛面而得。该玻璃表面粗糙，使光线产生漫反射，具有透光不透视的特点，且使室内光线柔和。除透明度外，磨砂玻璃的规格、质量等均同于窗用玻璃，它常被用于浴室、走廊隔断等，也广泛应用于景观之中（图 1–58）。

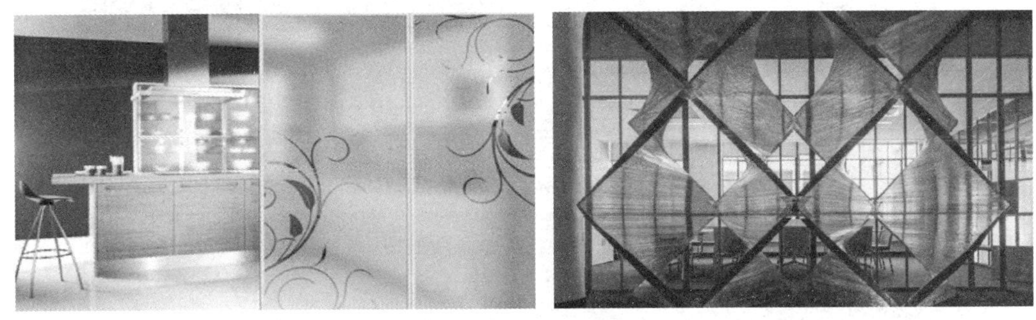

图 1–58　磨砂玻璃

3）彩色玻璃。彩色玻璃也称有色玻璃，是在原料中加入适当的着色金属氧化剂，生产出透明色彩的玻璃。另外，在平板玻璃的表面镀膜处理后也可制成透明的彩色玻璃。彩色玻璃可拼成各种花纹、图案，适用于公共建筑的内外墙、门窗装饰及采光有特殊要求的部位（图 1–59）。

图 1–59　彩色玻璃

4）彩绘玻璃。彩绘玻璃是一种用途广泛的高档装饰玻璃产品。屏幕彩绘技术能将原画逼真地复制到玻璃上，这是其他装饰方法和材料很难比拟的。它不受玻璃厚度、规格大小的限制，可在平板玻璃上做出各种透明度的色调和图案，而且彩绘涂膜附着力强，耐久性好，可擦洗，易清洁。彩绘玻璃可用于娱乐场所门窗、顶棚吊顶、壁饰、灯箱屏风等，利用其不同的图案和画面来达到较高的艺术情调与装饰效果（图 1–60）。

图 1-60　彩绘玻璃

4. 安全玻璃的分类和应用

普通平板玻璃抗冲击性差、质地脆、热稳定性较差，原因来自材料本身和制造工艺，随着科技的进步，人们通过对普通玻璃进行改性而得到安全玻璃。与普通玻璃相比，安全玻璃受力强度较大，抗冲击的能力较好，被击碎时不会飞溅伤人，并兼有防火功能，安全玻璃根据玻璃的生产工艺及特点，可分为防火玻璃、钢化玻璃、夹丝玻璃、夹层玻璃。

（1）防火玻璃。防火玻璃是经特殊工艺加工和处理、在规定的耐火试验中能保持其完整性和隔热性的特种玻璃。防火玻璃原片可选用浮法平板玻璃、钢化玻璃、复合防火玻璃原片制造，还可选用单片防火玻璃制造（图 1-61）。

防火玻璃按结构可分为复合防火玻璃（以 FFB 表示）、单片防火玻璃（以 DFB 表示）；按耐火性能可分为隔热型防火玻璃（A 类）、非隔热型防火玻璃（C 类）；按耐火极限可分为 0.50 h、1.00 h、1.50 h、2.00 h、3.00 h 五个等级。

防火玻璃主要用于有防火隔热要求的建筑幕墙、隔断等构造和部位。

（2）钢化玻璃。钢化玻璃是用物理的或化学的方法，在玻璃的表面上形成一个压应力层，而内部处于较大的拉应力状态，内外拉、压应力处于平衡状态。其生产工艺有两种：一种是将平板玻璃在钢化炉中加热到玻璃软化温度（约 650 ℃），然后迅速冷却，从而在玻璃表面形成预加压应力；另一种是将平板玻璃通过离子交换法处理而制得。钢化玻璃弹性好，抗冲击强度高（普通平板玻璃的 4 ～ 6 倍），抗弯强度高（普通平板玻璃的 3 倍）（图 1-62）。

由于钢化玻璃具有较好的性能，故在建筑、景观工程及其他工业得到广泛应用。常被用作高层建筑的门、窗、幕墙、商店橱窗、桌面玻璃等。钢化玻璃不能切割、磨削，边角不能碰击挤压，使用时需按现成规格尺寸选用或提出具体设计图纸进行加工定制。

图 1-61　防火玻璃

图 1-62　钢化玻璃

（3）夹丝玻璃。夹丝玻璃也称防碎玻璃或钢丝玻璃，是采用压延法制成的，即在玻璃熔融状态时将经预热处理的钢丝或钢丝网压入玻璃中间，经退火、切割而成。夹丝玻璃表面可以是压花的或磨光的，颜色可以制成无色透明的或彩色的。夹丝玻璃强度高，不易破碎；即使破碎，碎片附着在金属丝网上，不易脱落，使用起来比较安全。夹丝玻璃受热炸裂后，仍能保持原形（图 1-63）。

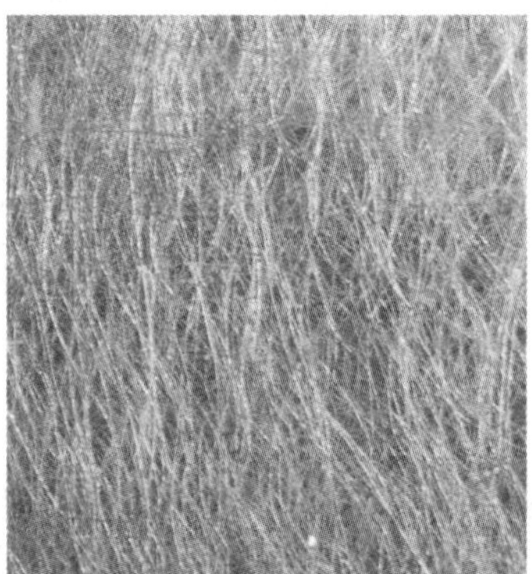

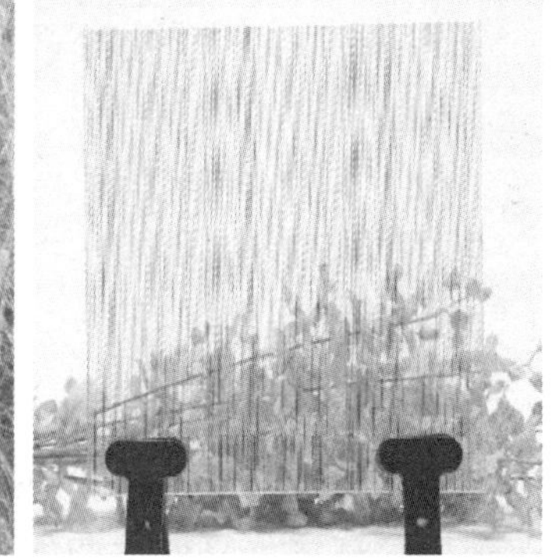

图 1-63　夹丝玻璃

夹丝玻璃的特性包括安全性、防火性、防盗抢性。

1）安全性：夹丝玻璃由于其中钢丝网的骨架作用，不仅提高了玻璃的强度，而且遭受到冲击或温度骤变而破坏时，碎片也不会飞散，避免了碎片对人的伤害作用。

2）防火性：当遭遇火灾时，夹丝玻璃受热炸裂，但由于金属丝网的作用，玻璃仍能保持固定，可防止火焰蔓延。

3）防盗抢性：当遇到盗抢等意外情况时，夹丝玻璃虽然玻璃易碎但金属丝仍可保持一定的阻挡性，起到防盗、防抢的安全作用。

（4）夹层玻璃。夹层玻璃是将两层或多层平板玻璃之间嵌夹透明塑料薄衬片，经加热、加压，黏合而成的平面或曲面的复合玻璃制品。夹层玻璃的层数通常有 3 层、5 层、7 层，最多可达 9 层。夹层玻璃也属安全玻璃。

夹层玻璃的透明度好，抗冲击性能要比平板玻璃高几倍；破碎时不裂成分离的碎块，只有辐射的裂纹和少量碎玻璃屑，且碎片贴在薄衬片上，不至于伤人。使用不同的玻璃原片和中间夹层材料，还可获得耐光、耐热、耐湿、耐寒等特性。

夹层玻璃的特性包括以下四点：

1）透明度好。

2）抗冲击性能要比一般平板玻璃高好几倍，用多层普通玻璃或钢化玻璃复合起来，可制成抗冲击性极高的安全玻璃。

3）由于黏结用中间层（PVB 胶片等材料）的黏合作用，玻璃即使破碎，碎片也不会散落伤人。

4）通过采用不同的原片玻璃，夹层玻璃还可具有耐久、耐热、耐湿、耐寒等性能。

夹层玻璃有着较高的安全性，一般在建筑上用作高层建筑的门窗、天窗、楼梯栏板和有抗冲击作用要求的商店、银行、橱窗、隔断及水下工程等安全性能高的场所或部位等。夹层玻璃不能切割，需要选用定型产品或按尺寸定制（图 1-64）。

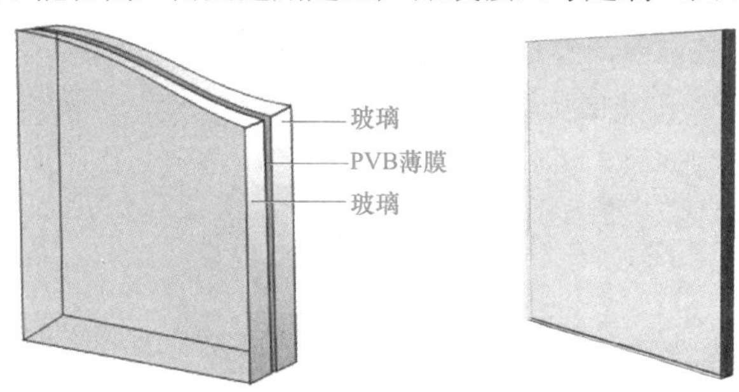

图 1-64　夹层玻璃

5. 节能玻璃的分类和用途

节能玻璃（图 1-65）是兼具采光、调节光线、调节热量进入或散发、防止噪声、改善居住环境、降低空调能耗等多种功能的建筑玻璃。其种类有中空玻璃、真空玻璃、吸热玻璃、热反射玻璃、低辐射玻璃等。

图 1-65　节能玻璃

节能玻璃要具备保温性和隔热性两个节能特性。

玻璃的保温性（K值）要达到与当地墙体相匹配的水平。对于我国大部分地区，按现行规定，建筑物墙体的K值应小于1。因此，玻璃窗的K值也要小于1才能“堵住”建筑物“开口部”的能耗漏洞。在窗户的节能上，玻璃的K值起主要作用。而对于玻璃的隔热性（遮阳系数），则要与建筑物所在地阳光辐照特点相适应。不同用途的建筑物对玻璃隔热的要求是不同的。对于人们居住和工作的住宅及公共建筑物，理想的玻璃应该使可见光大部分透过，如在北京，最好冬天红外线多透入室内，而夏天少透入室内，这样就可以达到节能的目的。

（1）中空玻璃。中空玻璃是由两片或多片玻璃以有效支撑均匀隔开并周边黏结密封，使玻璃层间形成有干燥气体空间，从而达到保温隔热效果的节能玻璃制品。中空玻璃按玻璃层数有双层和多层之分，一般是双层结构。可采用无色透明玻璃、热反射玻璃、吸热玻璃或钢化玻璃等作为中空玻璃的基片。

中空玻璃的特性包括以下四点：

1）光学性能良好。由于中空玻璃所选用的玻璃原片可具有不同的光学性能，因而制成的中空玻璃其可见光透过率、太阳能反射率、吸收率及色彩可在很大范围内变化，从而满足建筑设计和装饰工程的不同要求。

2）保温隔热、降低能耗。中空玻璃间层干燥气体导热系数极小。故有良好的隔热作用，能够有效保温隔热、降低能耗。以6 mm厚玻璃为原片，玻璃间隔（空气层厚度）为9 mm的普通中空玻璃，大体相当于100 mm厚普通混凝土的保温效果。中空玻璃适合用在寒冷地区和需要保温隔热、降低采暖能耗的建筑物中。

3）防结露。中空玻璃的露点很低，因玻璃层间干燥气体层起着良好的隔热作用。在通常情况下，中空玻璃的内层玻璃接触室内高湿度空气时，由于玻璃表面温度与室内接近，不会结露；而外层玻璃虽然温度低，但接触的空气湿度也低，所以也不会结露。

4）良好的隔声性能。中空玻璃具有良好的隔声性能，一般可使噪声下降30～40 dB。

中空玻璃主要用于保温隔热、隔声等功能要求较高的建筑物，如宾馆、住宅、医院、商场、写字楼等，也广泛用于车船等交通工具。内置遮阳中空玻璃制品是一种新型的中空玻璃制品，这种制品在中空玻璃内安装遮阳装置，可控遮阳装置的功能动作在中空玻璃外面操作，大大提高了普通中空玻璃保温隔热、隔声等性能，并增加了这些性能的可调控性（图1–66）。

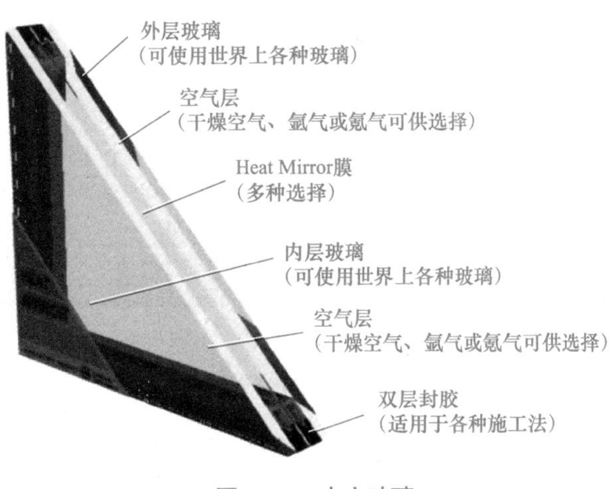

图1–66　中空玻璃

（2）真空玻璃。真空玻璃是将两片平板玻璃四周密闭起来，将其间隙抽成真空并密封排气孔，两片玻璃之间的间隙为 0.1 ～ 0.2 mm。组成真空玻璃的两片平板玻璃中一般至少有一片是低辐射玻璃，这样就将通过真空玻璃的传导、对流和辐射方式散失的热量降到最低，其工作原理与玻璃保温瓶的保温隔热原理相同。真空玻璃是玻璃工艺与材料科学、真空技术、物理测量技术、工业自动化及建筑科学等，多种学科、多种技术、多种工艺协作配合的硕果。

（3）吸热玻璃。吸热玻璃是一种能吸收太阳能的平板玻璃，也是利用玻璃中的金属离子对太阳能进行选择性的吸收，同时呈现出不同的颜色。有些夹层玻璃胶片中也掺有特殊的金属离子，用这种胶片可生产出吸热的夹层玻璃。吸热玻璃一般可减少进入室内的太阳热能的 20% ～ 30%，降低了空调负荷。吸热玻璃的特点是遮蔽系数比较低，太阳能总透射比、太阳光直接透射比和太阳光直接反射比都较低，见光透射比、玻璃的颜色可以根据玻璃中金属离子的成分和浓度变化。可见光反射比、传热系数、辐射率则与普通玻璃的差别不大（图 1–67）。

图 1–67　吸热玻璃

（4）热反射玻璃。热反射玻璃是对太阳能有反射作用的镀膜玻璃，其反射率为 20% ～ 40%，甚至更高。其表面镀有金属、非金属及其氧化物等各种薄膜，这些膜层可以对太阳能产生一定的反射效果，从而达到阻挡太阳能进入室内的目的。在低纬度的炎热地区，夏季可节省室内空调的能源消耗，还可使室内光线柔和舒适。另外，这种反射层的镜面效果和色调对建筑物的外观装饰效果较好。热反射玻璃的遮蔽系数、太阳能总透射比、太阳光直接透射比和可见光透射比都较低。太阳光直接反射比、可见光反射比较高，而传热系数、辐射率与普通玻璃差别不大（图 1-68）。

图 1-68　热反射玻璃

知识拓展

功能玻璃与建筑应用

近年来，随着电子学、通信技术、能源技术等各学科的发展，玻璃已被赋予了更多的性能，如自洁净、节能等，形成了各种功能玻璃，如光功能玻璃、热功能玻璃、机械功能玻璃、生物玻璃及近些年发展起来的自洁净玻璃。当前比较热门的应用于建筑物的功能玻璃主要有自洁净玻璃、热功能玻璃（如低辐射玻璃）和光功能玻璃（如光色玻璃）。

自洁净玻璃是通过在玻璃表面镀上一层 TiO_2 光催化膜而实现的。当镀 TiO_2 薄膜的表面与油污接触时，能够利用薄膜的光催化氧化作用分解聚集在表面上的油污，同时因该表面有超亲水性，污物不易在表面附着，即使附着也是同表面的外层水膜结合，在水淋冲力的作用下，能自动从 TiO_2 表面剥离下来，而且干后也不会留下难看的水痕。利用阳光中的紫外线，就能维持 TiO_2 薄膜的光催化氧化作用和超亲水性，从而达到自清洁的目的。

二、金属材料

金属是指那些原子与自由电子结合形成晶体结构的化学元素。金属具有光泽（对可见光强烈反射）；富有延展性、导电性、导热性等。金属材料由金属加工而成，其自身具有一定的优势。例如，它与砖石相比，质量轻，延展性好，韧性强。

近年来，随着园林景观事业的蓬勃发展，金属材料在现代园林景观中的应用也越来越广泛。虽然在中国传统园林中已经出现金属材料，但随着现代加工工艺的发展，金属正以更多样的形式呈现于景观设计中，为现代景观设计带来形式上的创新（图 1–69）。

图 1–69　金属材料

1．金属的分类

（1）按密度来分类，密度高于 4 500 kg/m³ 的为重金属，如金、银、铜、铅等；密度低于 4 500 kg/m³ 的为轻金属，如铝、锌等。

（2）按实用分类法来分类，金属可分为黑色金属和有色金属。黑色金属有铁、铬、锰三种；有色金属有铝、镁、钾、钠、钙、锶、钡等。这种划分方法显示了铁与铁合金在与其他金属比较时的重要性。

2．黑色金属——钢铁

钢铁包括生铁和钢材，是应用最广、产量最大的金属材料，也称为黑色金属材料。生铁是铁矿石在高炉内通过焦炭还原而得的铁碳合金。钢由生铁冶炼而成，它是将生铁（及废钢）在熔融状态下进行氧化，除去过多的碳及杂质而形成的材料（图 1–70）。

图 1–70　生铁和钢材

纯铁质软、易加工，但强度低，几乎不能用于工业制造。生铁抗拉强度低、塑性差，尤其是炼钢生铁硬而脆，不易加工，更难以使用。铸铁虽可加工，但不能承受冲击及振动荷载，使用范围有限。钢材则具有良好的物理及机械性能，应用范围极其广泛。

建筑、景观用钢材应具有优良的机械性能，可焊接、铆接和螺栓连接。用钢筋和混凝土组成的钢筋混凝土结构强度高，耐久性好，适用范围广。

知识拓展

钢材是建筑工程中最重要的金属材料。在工程中应用的钢材主要是碳素结构钢和低合金高强度结构钢。钢材具有强度高、塑性及韧性好、可焊可铆、易于加工、装配等优点，已被广泛应用于各工业领域。近年来迅速发展的低合金高强度结构钢，是在碳素结构钢的基本成分中加入一定的合金元素的新型材料，北京的“鸟巢”（国家体育场）用的就是这种材料。

钢材是消耗量大而且价格浮动较大的建筑材料，所以如何经济、合理地使用并且降低成本也是非常重要的课题。

（1）钢材的生产与性能。

1）钢铁的生产。炼铁的原料之一是铁矿石，铁矿石主要成分是 Fe_2O_3，没有碳。炼铁的原料之二是焦炭。炼铁过程中部分焦炭留在铁水中，导致铁水中含碳。

钢铁的生产流程：先由铁矿石炼生铁；再由生铁为原料炼钢；炼钢的过程主要是除碳的过程，但不能将碳除尽，钢需要有一定量的碳，性能才能达到最佳。

2）钢材的性能。材料的使用性能包括机械性能（也称力学性能）、化学性能（耐腐蚀性、抗氧化性）及工艺性能（材料适应冷、热加工方法的能力）。

①力学性能。力学性能又称机械性能，是指金属材料在外力作用下所表现出来的特性。钢材的力学性能主要有抗拉屈服强度、抗拉极限强度、伸长率、硬度和冲击韧性等。

a. 强度：材料在外力（荷载）作用下，抵抗变形和断裂的能力。材料单位面积受荷载称应力。

b. 硬度：是指材料抵抗另一更硬物体压入其表面的能力。钢材的硬度常用压痕的深度或压痕单位面积上所受压力作为衡量指标。硬度的大小，既可用以判断钢材的软硬，又可用以近似地估计钢材的抗拉强度。一般来说，硬度高，耐磨性较好，其脆性也大。

c. 屈服点：也称屈服强度，是指材料在拉伸过程中，所受应力达到某临界值时，荷载不再增加，变形却继续增加或产生 0.2% L 时的应力值，单位用牛顿 / 平方毫米（N/mm^2）表示。

d. 抗拉极限强度：是指试件破坏前，能承受的最大应力值，也称抗拉强度。钢材的抗拉屈服强度与极限强度的比值（屈服强度 / 极限强度）是钢结构和钢筋混凝土结构中用以选择钢材的一个质量指标。比值小者，结构安全度大，不易因局部超载而造成破坏；但太小时，钢材的有效利用率小，不经济。

e. 延伸率：材料在拉伸断裂后，总伸长与原始标距长度的百分比。工程上常将 $\beta \geqslant 5\%$ 的材料称为塑性材料，如常温静载的低碳钢、铝、铜等，而把 $\beta \leqslant 5\%$ 的材料称为脆性材料，如常温静载下的铸铁、玻璃、陶瓷等。

f. 延展性：延性是指材料的结构、构件或构件的某个截面从屈服开始到达最大承载能力或到达以后而承载能力还没有明显下降期间的变形能力；展性是指物体可以压成薄片的性质。金是金属中延性及展性最高的。

g. 冲击韧性：材料抵抗冲击荷载的能力；单位为焦耳 / 平方厘米（J/cm^2）。同一种钢材的冲击韧性通常随温度下降而降低。钢材的化学成分、结晶粒度对冲击韧性有很大影响。另外，冶炼或加工时形成的微裂隙及晶界析出物等，都会使冲击韧性显著下降。因此，对一切承受动荷载并可能在负温下工作的建筑钢材，都必须通过冲击韧性试验。

②化学性能。化学性能是指金属材料与周围介质接触时抵抗发生化学或电化学反应的性能。

a. 耐腐蚀性：指金属材料抵抗各种介质侵蚀的能力。

b. 抗氧化性：指金属材料在高温下抵抗产生氧化反应的能力。

c. 工艺性能：指材料承受各种加工、处理的性能，可分为铸造性能、焊接性能、顶气段性能、冷弯性能、冲压性能、锻造性能。

铸造性能是指金属或合金是否适合铸造的工艺性能，主要包括流动性、充满铸模能力、收缩性、铸件凝固时体积收缩的能力、偏析（指化学成分不均性）；焊接性能是指金属材料通过加热、加压或两者并用的焊接方法，把两个或两个以上金属材料焊接在一起，接口处能满足使用目的的特性；顶气段性能是指金属材料能承受顶段而不破裂的性能；冷弯性能是指金属材料在常温下能承受弯曲而不破裂的性能；弯曲程度一般用弯曲角度 α（外角）或弯心直径 d 对材料厚度 a 的比值表示，α 越大或 d/a 越小，则材料的冷弯性越好；冲压性能指的是金属材料承受冲压变形加工而不破裂的能力，在常温进行冲压称为冷冲压；冲压性能一般用杯突试验进行检验；锻造性能是指金属材料在锻压加工中能承受塑性变形而不破裂的能力。

（2）钢材的分类与应用。

1）按含碳量分类。铁碳合金分为钢与生铁两大类。

①钢是含碳量为 0.03% ～ 2% 的铁碳合金。碳钢是最常用的普通钢，冶炼方便、加工容易、价格低，而且在大多数情况下能满足使用要求，故应用十分普遍。按含碳量不同，碳钢又可分为低碳钢、中碳钢和高碳钢。随含碳量升高，碳钢的硬度提高、韧性下降。合金钢又可称为特种钢，在碳钢的基础上加入一种或多种合金元素，使钢的组织结构和性能发生变化，从而具有一些特殊性能，如高硬度、高耐磨性、高韧性、耐腐蚀性等。

②生铁是含碳量为 2% ～ 4.3% 的铁碳合金。生铁硬而脆，但耐压耐磨。根据生铁中碳存在的形态不同，生铁又可分为白口铁、灰口铁和球墨铸铁。白口铁中碳以 Fe_3C 形态分布，断口呈银白色，质硬而脆，不能进行机械加工，是炼钢的原料，故又称炼钢生铁；碳以片状石墨形态分布的称灰口铁，断口呈银灰色，易切削、易铸、耐磨；若碳以球状石墨分布则称球墨铸铁，其机械性能、加工性能接近于钢。在铸铁中加入特种合金元素可得特种铸铁，如加入 Cr，则可大幅度提高耐磨性，这种方式在特种条件下有十分重要的应用（图 1–71）。

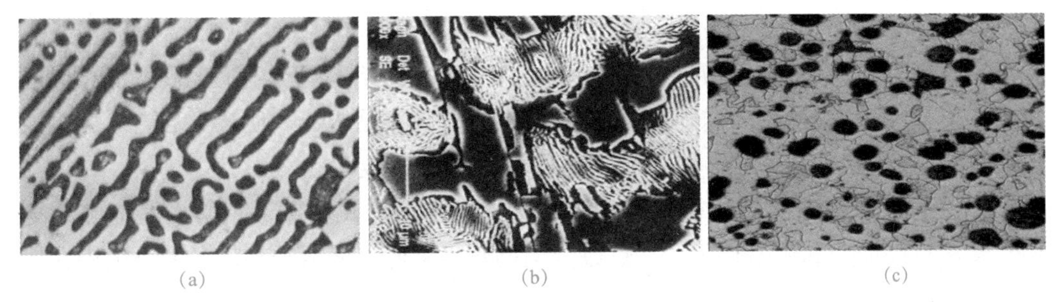

（a）　　（b）　　（c）

图 1-71　白口铁、灰口铁和球墨铸铁显微组织

（a）白口铁；（b）灰口铁；（c）球墨铸铁

2）按化学成分分类。

①碳素钢。碳素钢是指钢中除铁、碳外，还含有少量的锰、硅、硫、磷等元素的铁碳合金。

a. 低碳钢：含碳量≤ 0.25%；

b. 中碳钢：含碳量为 0.25% ～ 0.60%；

c. 高碳钢：含碳量＞ 0.06%。

②合金钢。合金钢是指在冶炼碳素钢的基础上，加入一些合金元素如铬钢、锰钢、铬锰钢、铬镍钢等而炼成的钢。

a. 低合金钢：合金元素总含量≤ 5%；

b. 中合金钢：合金元素总含量为 5% ～ 10%；

c. 高合金钢：合金元素总含量＞ 10%。

钢材如图 1-72 所示。

图 1-72　钢材

3）按冶炼设备分类。

①转炉钢。转炉钢是用转炉吹炼的钢，可分为底吹、侧吹、顶吹和空气吹炼、纯氧吹炼等。根据炉衬的不同，又可分为酸性和碱性两种。

②平炉钢。平炉钢是用平炉炼制的钢，按炉衬材料的不同可分为酸性和碱性两种，平炉钢通常为碱性的。

③电炉钢。电炉钢是用电炉炼制的钢，可分为电弧炉钢、感应炉钢及真空感应炉钢等。工业上大量生产的是碱性电弧炉钢。

4）按浇注前脱氧程度分类。

①沸腾钢。沸腾钢属脱氧不完全的钢，浇注时在钢锭模里产生沸腾现象。其优点是冶炼损耗少、成本低、表面质量及深冲性能好；缺点是成分和质量不均匀、抗腐蚀性和力学强度较差，一般用于轧制碳素结构钢的型钢和钢板。

②镇静钢。镇静钢属脱氧完全的钢，浇注时在钢锭模里钢液镇静，没有沸腾现象。其优点是成分和质量均匀；缺点是金属的收得率低，成本较高。一般合金钢和优质碳素结构钢都为镇静钢。

5）按钢的品质分类。

①普通钢。钢中含杂质元素较多，含硫量一般≤ 0.05%，含磷量≤ 0.045%，如碳素结构钢、低合金结构钢等。

②优质钢。钢中含杂质元素较少，含硫及磷量一般均≤ 0.04%，如优质碳素结构钢、合金结构钢、碳素工具钢和合金工具钢、弹簧钢、轴承钢等。

③高级优质钢。钢中含杂质元素极少，含硫量一般≤ 0.03%，含磷量≤ 0.035%，如合金结构钢和工具钢等。高级优质钢在钢号后面，通常加符号“A”或汉字“高”以便识别。

6）按制造加工形式分类。

①铸钢。铸钢是指采用铸造方法生产出来的一种钢铸件。铸钢主要用于制造一些形状复杂、难于进行锻造或切削加工成型而又要求较高强度和塑性的零件。

②锻钢。锻钢是指采用锻造方法生产出来的各种锻材和锻件。锻钢件的质量比铸钢件高，能承受大的冲击力作用，塑性、韧性和其他方面的力学性能也都比铸钢件高，因此，凡是一些重要的机器零件都应当采用锻钢件。

③热轧钢。热轧钢是指用热轧方法生产出来的各种热轧钢材。大部分钢材是采用热轧轧成的，热轧常用来生产型钢、钢管、钢板等大型钢材，也用于轧制线材。

④冷轧钢。冷轧钢是指用冷轧方法生产出来的各种冷轧钢材。与热轧钢相比，冷轧钢的特点是表面光洁、尺寸精确、力学性能好。冷轧常用来轧制薄板、钢带和钢管。

⑤冷拔钢。冷拔钢是指用冷拔方法生产出来的各种冷拔钢材。冷拔钢的特点是精度高、表面质量好。冷拔主要用于生产钢丝，也用于生产直径在 50 mm 以下的圆钢和六角钢，以及生产直径在 76 mm 以下的钢管。

3. 其他黑金属材料

（1）铸铁。铸铁是含碳量大于 2% 的铁碳合金，是现代工业中极其重要的材料。工业上使用的铸铁，一般含碳量为 2.5% ～ 4%。与钢相比，铸铁所含的杂质较多，机械性能较差，性脆，不能进行碾压的锻造；但它具有良好的铸造性能，可铸成形状复杂的零件。另外，它的减震性、耐磨性和切削加工性能较好，抗压强度高，成本低，因而常用在机械行业。

在建筑景观工程中，铸铁适用于排水管、暖气管、浴用管道、各种室外井盖、路面排水的水篦子和树坑的透水树箅子等。纽约艺术家卡尔 · 莱恩利用废旧的铁制品雕刻图案、丰富的细部掩饰了锈迹斑斑的粗犷。在她手中，冰冷坚硬的铸铁被雕琢成精美绝伦的艺术品置于景观之中，令人惊叹（图 1-73）。

图 1-73　园林用钢铁

（2）不锈钢。不锈钢是不锈耐酸钢的简称，耐空气、蒸汽、水等弱腐蚀介质或具有不锈性的钢种称为不锈钢；而将耐化学介质腐蚀（酸、碱、盐等化学侵蚀）的钢种称为耐酸钢。由于两者在化学成分上的差异而使它们的耐蚀性不同，普通不锈钢一般不耐化学介质腐蚀，而耐酸钢一般均具有不锈性。不锈钢含铬 12% 以上，较好的钢种还含有镍。添加钼可进一步改善大气腐蚀性，特别是耐含氯化物大气的腐蚀。

不锈钢的出现，使设计师们表达语言更为丰富。由于不锈钢表面处理形式不同，呈现出不同的外观。不锈钢有轧制法、机械法、化学法、网纹法和彩色法五种加工方法，形成了抛光（镜面）、拉丝、蚀刻、网纹、电解着色、涂层着色等不同效果。

不锈钢在景观工程中，既可用于室内，也可用于室外；既可作非承重的纯粹装饰、装修制品，也可作承重构件，如工业建筑的屋顶、侧墙、幕墙、安全栏杆、防水雕塑小品等。

4. 有色金属

有色金属通常是指除去铁（有时也除去锰和铬）和铁基合金以外的所有金属。有色金属可分为重金属（如铜、铅、锌）、轻金属（如铝、镁）、贵金属（如金、银、铂）及稀有金属（如钨、钼、锗、锂、镧、铀）。在景观工程中，金属雕花构件常用到铜、铝等；金属构件防锈会采取镀锌的工艺处理；陶砖会采用重金属离子着色。

（1）铝。铝的密度小，只有铁和钢的 1/3，它的这一特性被广泛应用到建筑中。铝材可被碾压、锯开和钻孔，其密度小，易成型、易操作、可以抛光。成型是通过轧制、拉伸变形、冲压、冷拉、锻造和顶锻进行的。铝比钢的韧性高，故生产挤压部件仅需要非常少的能源。

在建筑景观领域使用的铝合金通常被简称为铝。这些合金包含 2% ～ 5% 的硅、镁、铜、锰等元素。用于支撑框架、窗户和立柱横梁立面的挤压铝部件是铝在建筑领域中最重要的应用形式（图 1-74）。

（2）锌合金与钛锌合金。

1）锌合金（如 99.995% 的锌加上 0.003% 的钛制成的钛锌合金）比相对脆弱的锌本身强度更高。钛锌合金可焊接或钎焊，且比锌的热膨胀系数低。

由于这个原因，建筑业几乎只使用钛锌合金。锌能抵御气候的影响，与铅类似，遇到空气时形成一层保护层，因此经常用于保护其他金属，如钢、铜等（图 1-75）。

图 1-74　园林用铝

图 1-75　锌合金的使用

2）钛锌合金板也适用于屋面、屋顶排水沟及管道。锌可以被十分精确地铸造，制成精密的模件。许多锌合金也广泛应用在建筑业中，例如，制作小五金的压铸锌、黄铜及钎焊的焊料。

（3）铜。铜具有闪亮的颜色，而且十分耐磨。它易于操作、成型、焊接与钎焊，但难以铸造。铜具有良好的导电性和导热性。柔软的纯铜难以发挥作用，但是铜合金的形式可以大大提高它的强度（图 1-76）。

图 1-76　铜的使用

传统的金属加工技术同样适用于铜和铜合金的生产。但是铜材料的导热性高，因此很难被焊接，不过使用胶粘剂可以很容易地将其钎焊和黏结。

薄铜板适用于建筑立面、屋顶、栏杆等，可用于防水，因为它能与沥青黏结，铜还可用来生产管道，如供暖设备，同时也广泛应用于电机工程。

建筑钢材作为主要结构材料，具有良好的力学性能。通过拉伸试验可测得钢材的弹性模量、屈服强度值、抗拉强度，以及反映钢材塑性能力的指标断后伸长率与断面收缩率。在低温及动荷载下工作的结构，还应检验钢材的冲击韧度。钢材的工艺性能也是钢材的可加工性，主要包括冷弯性能和可焊接性能。钢材的化学成分是影响其性能的内在因素，其中碳是影响钢性能的主要元素。热轧钢筋是最常用的一种钢筋混凝土结构用钢。钢筋表面与周围介质发生化学反应导致钢筋锈蚀，因此应采取一些方法进行防护。

※ 实训四

1．实训目的

让学生自主地到建筑装饰材料市场和建筑装饰施工现场进行考察与实训，了解常用钢材的价格，熟悉玻璃钢材的应用情况，能够准确识别各种常用玻璃、钢材的名称、规格、种类、价格、使用要求及适用范围等。

2．实训方式

（1）建筑装饰材料市场的调查分析。

学生分组：以 3 ～ 5 人为一组，自主地到建筑装饰材料市场进行调查分析。

调查方法：以咨询为主，认识各种钢材，调查材料价格，收集材料样本图片，掌握材料的选用要求。

（2）建筑装饰施工现场装饰材料使用的调研。

学生分组：以 10 ～ 15 人为一组，由教师或现场负责人指导。

调查方法：结合施工现场和工程实际情况，在教师或现场负责人的指导下，熟知玻璃、钢材在工程中的使用情况和注意事项。

3．实训内容及要求

（1）认真完成调研日记。

（2）填写材料调研报告。

（3）写出实训小结。

※ 习　题

一、选择题

1. 阳光控制镀膜玻璃的单向透视性表现为（　　）。

A. 光强方至光弱方呈透明　　B. 光弱方至光强方呈透明

C. 直射方至散射方呈透明　　D. 散射方至直射方呈透明

2. 着色玻璃（　　）具有较强的吸收作用。

A. 对红外线、可见光的长波光、可见光的短波光

B. 对热射线、室内反射长波射线、可见光的长波光

C. 对红外线、紫外线、可见光的短波光

D. 仅对热射线

3. 有抗冲击作用要求的商店、银行、橱窗、隔断及水下工程等安全性能高的场所或部位应采用（　　）。

A. 钢化玻璃　　B. 夹丝玻璃　　C. 安全玻璃　　D. 夹层玻璃

4. 单面压花玻璃具有透光而不透视的特点，具有私密性。作为浴室、卫生间门窗玻璃时，应注意将其压花面（　　）。

A. 朝向光强面　　B. 朝内

C. 朝外　　D. 朝向光弱面

5. C 类防火玻璃要满足（　　）的要求。

A. 耐火隔热性　　B. 热辐射强度

C. 热辐射刚度　　D. 耐火完整性

6. 夹层玻璃是在两片或多片玻璃原片之间，用（　　）树脂胶片经加热、加压黏合而成的平面或曲面的复合安全玻璃制品。

A. 聚乙烯醇缩丁醛　　B. 聚乙烯醇缩甲醛

C. 聚乙烯醇　　D. 聚甲烯醇

二、简答题

1. 简述玻璃的组成及特性。

2. 如何在园林景观中应用玻璃的艺术特性？

3. 园林景观中常见的玻璃有哪几类？特征分别是什么？

4. 简述钢铁的特性。

5. 简述钢铁的锈蚀原因及防锈措施。

6. 简述铸铁与不锈钢的特性及应用。

7. 简述有色金属的分类及各自的应用。

单元五

墙体材料与屋面材料

本单元分别介绍了园林工程中常用的墙体及屋面材料的特点与性质，重点讲解了材料的尺寸、构造要求及实际应用方法。

【知识目标】

1. 熟悉墙体材料的分类；
2. 掌握砖墙、砌块的分类、性能与应用；
3. 熟悉常用墙用板材的应用；
4. 掌握常见屋面材料的特性与应用。

【能力目标】

1. 能够对常见的墙体材料进行分类；
2. 学会挑选园林景观工程中的各类墙体材料。

【素质目标】

具有爱岗敬业的职业精神。

园林景观中的建筑物与构筑物大多采用砌体结构来完成其墙体的建造。砌体结构是指由块材和砂浆砌筑而成的墙、柱作为建筑物、构筑物主要受力构件的结构。其包括砖砌体（图 1-77）、砌块砌体（图 1-78）、石砌体和墙板砌体。砌体结构可分为无筋砌体结构和配筋砌体结构。砌体结构在我国应用广泛，原因是它可以就地取材，具有很好的耐久性及较好的化学稳定性和大气稳定性。

图 1-77　砖砌体

图 1-78　砌块砌体

常用于墙体的材料主要有砌墙砖、砌块和板材三类。砌墙砖可分为普通砖和空心砖两大类；砌块是用于砌筑的，一种体积比砖大、比大板小的新型墙体材料；板材可分为混凝土板、石膏板、加气混凝土板、玻纤水泥板、植物纤维板及各种复合墙板等。

一、砌墙砖

凡以黏土、工业废料或其他地方资源为主要原料，以不同工艺制成的在建筑物、构筑物中用于承重墙和非承重墙的砖统称为砌墙砖。

根据孔洞率的大小，砌墙砖可分为普通砖、多孔砖和空心砖。其中，孔洞率 <15% 的砖为普通砖；15% ≤孔洞率 <35% 的砖为多孔砖；孔洞率≥ 35% 的砖为空心砖。根据生产工艺的不同，砌墙砖可分为烧结砖与非烧结砖。经焙烧制成的砖为烧结砖，主要有黏土砖（N）、页岩砖（Y）、煤矸石砖（M）、粉煤灰砖（F）等。非烧结砖有碳化砖、常压蒸汽养护（或高压蒸汽养护）硬化而成的蒸养（压）砖（如粉煤灰砖、炉渣砖、灰砂砖等）。

（一）烧结普通砖

凡以黏土、页岩、煤矸石和粉煤灰等为主要原料，经成型、焙烧而成的实心或孔洞率不大于 15% 的砖称为烧结普通砖。

烧结普通砖是一种传统的墙体材料，具有较高的强度和耐久性，又因其多孔而具有保温绝热、隔声吸声等优点，因此适宜做建筑围护结构，被大量应用于砌筑建筑物的内墙、外墙、柱、拱、烟囱、沟道及其他构筑物，也可在砌体中配置适当的钢筋或钢丝以代替混凝土构造柱和过梁（图 1–79）。

图 1–79　烧结普通砖

规格：240 mm×115 mm×53 mm

特点：强度高；隔声性好；保温隔热。

1. 技术性能指标

根据《烧结普通砖》（GB/T 5101—2017）的规定，强度和抗风化性能合格的砖，根据砖的尺寸偏差、外观质量、泛霜和石灰爆裂的程度可将其分为合格品和不合格品两个质量等级。

（1）尺寸。烧结普通砖的外形为直角六面体，公称尺寸是 240 mm×115 mm×53 mm，砖的尺寸允许偏差应符合相应的规定。

（2）外观质量。烧结普通砖的外观质量包括两条面高度差、弯曲、杂质凸出高度、缺棱掉角、裂纹、完整面、颜色等内容。

（3）强度等级。烧结普通砖是通过取 10 块砖样进行抗压强度试验，根据抗压强度平均值和标准值方法或抗压强度平均值和最小值方法来评定砖的强度等级。烧结普通砖分为 MU30、MU25、MU20、MU15、MU10 共 5 个等级，见表 1-10。

表 1-10　烧结普通砖强度等级　MPa

强度等级	抗压强度平均值	强度标准值	单块最小抗压强度值
MU30	30.0	22.0	25.0
MU25	25.0	18.0	22.0
MU20	20.0	14.0	16.0
MU15	15.0	10.0	12.0
MU10	10.0	6.5	7.5

（4）泛霜和石灰爆裂。泛霜是指在新砌筑的砖砌体表面，有时会出现一层白色的粉状物。国家标准严格规定烧结制品中优等产品不允许出现泛霜，一等产品不允许出现中等泛霜，合格产品不允许出现严重泛霜。石灰爆裂是烧结砖的原料中夹杂着石灰石，焙烧时石灰石被烧成生石灰块，在使用过程中生石灰吸水熟化转变为熟石灰，其体积增大近一倍造成制品爆裂的现象。

（5）抗风化性能。风化指数是指日气温从正温降至负温或从负温升至正温的每年平均天数，与每年从霜冻之日起至消失霜冻之日止，这一期间降雨总量（单位以 mm 计）的平均值的乘积。抗风化性能是指材料在干湿变化、温度变化、冻融变化等物理因素作用下不破坏并保持原有性质的能力。

我国按风化指数将各省市划分为严重风化区和非严重风化区。黄河以北区域属严重风化区，风化指数≥12 700；黄河以南地区属非严重风化区，风化指数＜12 700。

2．应用

烧结普通砖具有较高的强度、较好的耐久性、保温、隔热、隔声、不结露、价格低等优点，加之原料广泛、工艺简单，因此，它是应用历史最久、应用范围最广的墙体材料。烧结普通砖可用于建筑维护结构，可砌筑基础、柱、拱及沟道等，可与隔热材料配套使用，砌成轻体墙，可配置适当的钢筋代替钢筋混凝土柱、过梁等。

在园林景观中，烧结普通砖优等品适用于清水墙和墙体装饰，也可应用于地面铺贴。一等品、合格品可用于混水墙，中等泛霜的砖不能用于潮湿部位。

（二）烧结多孔砖和烧结空心砖

用多孔砖或空心砖代替实心砖可使建筑物自重减轻 1/3 左右，节约原料 20% ～ 30%，节省燃料 10% ～ 20%，且烧成率高，造价降低 20%，施工效率提高 40%，并能改善砖的绝热和隔声性能，在相同的热工性能要求下，用空心砖砌筑的墙体厚度可减薄半砖左右。

1．烧结多孔砖

烧结多孔砖以黏土、页岩、煤矸石和粉煤灰为主要原料，经焙烧而成，孔洞率不大于35%，砖内孔洞内径不大于22 mm，是主要用于承重部位的砖。强度和抗风化性能合格的烧结多孔砖，根据尺寸偏差、外观质量、孔形及孔洞排列、泛霜、石灰爆裂情况可分为优等品（A）、一等品（B）和合格品（C）三个质量等级。

（1）外形尺寸。烧结多孔砖的外形为直角六面体，孔多而小，孔洞垂直于受压面（图1-80）。砖的主要规格有M形（190 mm×190 mm×90 mm）与P形（240 mm×115 mm×90 mm）。

图1-80　烧结多孔砖

（2）产品特点。该产品是以水泥为胶结材料，与砂、石等经加水搅拌、成型和养护而制成的一种具有多排小孔的混凝土制品，是继普通与轻集料混凝土小型空心砌块之后又一个墙体材料新品种。产品具有生产能耗低、节土利废、施工方便和体轻、强度高、保温效果好、耐久、收缩变形小、外观规整等特点，是一种替代烧结黏土砖的理想材料。其使用范围、设计方法、施工和工程验收等可参照现行砌体标准，可直接替代烧结黏土砖用于各类承重、保温承重和框架填充等不同建筑墙体结构，具有广泛的推广应用前景。该产品的应用，将有助于减少和杜绝烧结黏土砖的生产使用，对于改善环境，保护土地资源和推进墙体材料革新与建筑节能，以及“禁实”工作的深入开展具有十分重要的社会和经济意义。

2．烧结空心砖

烧结空心砖是以黏土、页岩、煤矸石或粉煤灰为主要原料，经焙烧而成的具有竖向孔洞（孔洞率不小于25%，孔的尺寸小而数量多）的砖。主要用于非承重墙体。

（1）外形尺寸。根据《烧结空心砖和空心砌块》（GB/T 13545—2014）的规定，烧结空心砖的外形为直角六面体，在大面和条面上应设有均匀分布的深度不小于2 mm的粉刷槽或类似结构（图1-81），其尺寸有290 mm×190 mm×90 mm和240 mm×180 mm×115 mm两种。

图1-81　烧结空心砖

（2）强度等级。烧结空心砖根据体积密度可分为800、900、1 000、1 100四个密度级别。每个密度级别根据孔洞及其排数、尺寸偏差、外观质量、强度等级和物理性能情况分合格品与不合格品两个产品等级。

（三）非烧结砖

不经焙烧而制成的砖均为非烧结砖，如碳化砖、免烧免蒸砖、蒸压砖等，目前应用较广的是蒸压（养）砖。

1. 蒸压灰砂砖

蒸压灰砂砖是用磨细生石灰和天然砂，经混合、搅拌、陈化（使生石灰充分熟化）、轮碾、加压成型、蒸压养护而成。灰砂砖的外形尺寸与烧结普通砖相同，颜色有彩色和本色两类（图 1-82）。

根据《蒸压灰砂实心砖和实心砌块》（GB/T 11945—2019）的规定，灰砂砖按其抗压强度和抗折强度由大到小可分为 MU30、MU25、MU20、MU15 及 MU10 五个级别。

2. 蒸压粉煤灰砖

蒸压粉煤灰砖是以粉煤灰、石灰和水泥为主要原料，掺入适量的石膏、外加剂、颜料和集料，经坯料制备、压制成型、高压或常压蒸汽养护而制成的实心砖（图 1-83）。

根据《蒸压粉煤灰砖》（JC/T 239—2014）的规定，按抗压强度和抗折强度由大到小划分为 MU30、MU25、MU20、MU15、MU10 五个强度等级。

3. 炉渣砖

炉渣砖是以炉渣为主要原料，加入适量的石灰、石膏等材料，经混合、压制成型、蒸汽或蒸压养护而制成的实心砖，颜色呈黑灰色（图 1-84）。

图 1-82 蒸压灰砂砖

图 1-83 蒸压粉煤灰砖

图 1-84 炉渣砖

（四）砖墙的砌法

砖墙的厚度多以砖的倍数称呼，由于砖的长度为 240 mm，因此厚度为一砖的墙又称为“二四”墙，厚度为一砖半的墙又称为“三七”墙，厚度为半砖的墙又称为“一二”墙或半砖墙。砖墙的水平灰缝厚度和竖向灰缝宽度一般为 10 mm，不能小于 8 mm，也不能大于 12 mm。灰缝的砂浆应饱满，水平灰缝的砂浆饱满度不低于 80%。

砖墙的常用砌法有一顺一丁、三顺一丁、梅花丁、条砌法等（图 1-85）。

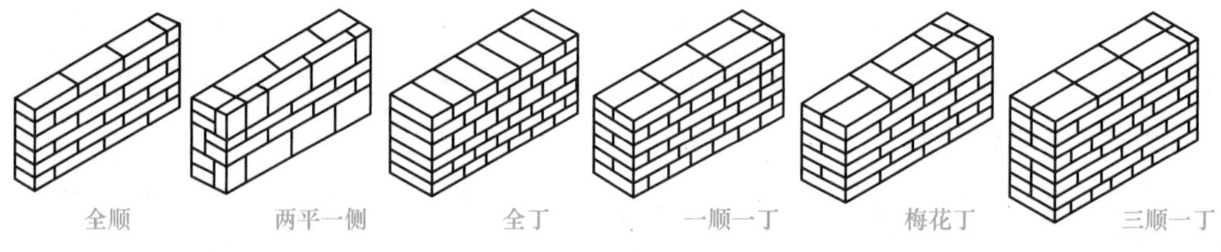

图 1-85　砖墙的常用砌法

砖砌外墙如图 1-86 所示。

图 1-86　砖砌外墙

二、砌块

根据材料不同，常用的砌块可分为普通混凝土小型砌块、轻集料混凝土小型空心砌块、粉煤灰小型空心砌块、蒸压加气混凝土砌块等。

（一）普通混凝土小型砌块

1. 基本概念及种类

根据《普通混凝土小型砌块》（GB/T 8239—2014）的规定，普通混凝土小型砌块是指以水泥、矿物掺合料、砂、石、水等为原材料，经搅拌、振动成型、养护等工艺制成的小型砌块。其包括空心砌块和实心砌块。

普通混凝土小型砌块

普通混凝土小型砌块根据外观可分为主块型砌块和辅助砌块。主块型砌块是指外形为直角六面体，长度尺寸为 400 mm（减砌筑时竖灰缝厚度），砌块高度尺寸为 200 mm（减砌筑时水平灰缝厚度），条面封闭完好的砌块；辅助砌块是指与主块型砌块配套使用的特殊形状与尺寸的砌块，可分为空心和实心两种，包括各种异型砌块，如圈梁砌块、一端开口的砌块、七分头块、半块等（图 1-87）。

图 1-87　普通混凝土小型砌块

砌块按空心率可分为空心砌块（空心率不小于 25%，代号为 H）和实心砌块（空心率小于 25%，代号为 S）。

砌块按使用时砌筑墙体的结构和受力情况，可分为承重结构用砌块（简称“承重砌块”，代号为L）、非承重结构用砌块（简称“非承重砌块”，代号为N）。

砌块按抗压强度可分为MU5.0、MU7.5、MU10.0、MU15.0、MU20.0、MU25.0、MU30.0、MU35.0、MU40.0九个强度等级。

2. 主要特点

优点：质量轻，热工性能好，抗震性能好，砌筑方便，墙面平整度好，施工效率高等。不仅可以用于非承重墙，较高强度等级的砌块也可用于多层建筑的承重墙。可充分利用我国各种丰富的天然轻集料资源和一些工业废渣为原料，对降低砌块生产成本和减少环境污染具有良好的社会和经济双重效益。

缺点：块体相对较重、易产生收缩变形、易破损、不便砍削加工等，处理不当，砌体易出现开裂、漏水、人工性能降低等质量问题。

（二）轻集料混凝土小型空心砌块

根据《轻集料混凝土小型空心砌块》（GB/T 15229—2011）的规定，轻集料混凝土是指用轻粗集料、轻砂（或普通砂）、水泥和水等原材料配制而成的干表观密度不大于1 950 kg/m^{3}的混凝土，用轻集料混凝土制成的小型空心砌块就是轻集料混凝土小型空心砌块。

轻集料混凝土小型空心砌块按砌块孔的排数可分为单排孔、双排孔、三排孔和四排孔等。其主规格尺寸（长×宽×高）为390 mm×190 mm×190 mm，其他规格尺寸可由供需双方商定。

轻集料混凝土小型空心砌块密度等级可分为700、800、900、1000、1100、1200、1300和1400八级（除自燃煤矸石掺量不小于砌块质量35%的砌块外，其他砌块的最大密度等级为1 200）。

砌块强度等级分为MU2.5、MU3.5、MU5.0、MU7.5、MU10.0五级。

（三）粉煤灰小型空心砌块

1. 基本概念及分类

根据《粉煤灰混凝土小型空心砌块》（JC/T 862—2008）的规定，粉煤灰混凝土小型空心砌块是指以粉煤灰、水泥、集料、水为主要组分（也可以加入外加剂等）制成的混凝土小型空心砌块，代号为FHB。

粉煤灰混凝土小型空心砌块按砌块孔的排数可分为单排孔（1）、双排孔（2）和多排孔（D）三类，主规格尺寸与轻集料混凝土小型空心砌块一致，为390 mm×190 mm×190 mm，其他规格尺寸可由供需双方商定。粉煤灰混凝土小型空心砌块按抗压强度可分为MU3.5、MU5、MU7.5、MU10、MU15和MU20六个强度等级；按密度可分为600、700、800、900、1 000、1 200和1 400七个等级。

粉煤灰混凝土小型空心砌块按下列顺序进行标记：代号（FHB）、分类、规格尺寸、密度等级、强度等级、标准编号。例如，FHB2 390×190×190 800 MU5 JC/T 862—2008，表示规格尺寸为 390 mm×190 mm×190 mm，密度等级为 800 级，强度等级为 MU5 的双排孔砌块。

2．特点及应用

粉煤灰小型空心砌块是黏土砖的替代产品，符合国家墙体材料改革和建筑节能的要求，可用于一般工业和民用建筑的承重墙体与非承重墙体，但不适用于有酸性介质侵蚀、长期受高温影响、经常受潮的承重墙和经受较大振动影响的建筑物。

（四）蒸压加气混凝土砌块

蒸压加气混凝土砌块是用钙质材料（如水泥、石灰）和硅质材料（如砂子、粉煤灰、矿渣）的配料中加入铝粉作加气剂，经加水搅拌、浇注成型、发气膨胀、预养切割，再经高压蒸汽养护而成的多孔硅酸盐砌块。蒸压加气混凝土砌块用代号 ACC-B 表示。

根据《蒸压加气混凝土砌块》（GB/T 11968—2020）的规定，蒸压加气混凝土砌块的主要规格尺寸见表 1-11；如需其他规格尺寸，由供需双方协商确定。

表 1-11　蒸压加气混凝土砌块的规格尺寸　　单位：mm

长度 L	宽度 B	高度 H
600	100、120、125、150、180、200、240、250、300	200、240、250、300

1．特点

蒸压加气混凝土砌块的单位体积质量是黏土砖的 1/3，保温性能是黏土砖的 3 ～ 4 倍，隔声性能是黏土砖的 2 倍，抗渗性能是黏土砖的 1 倍以上，耐火性能是钢筋混凝土的 6 ～ 8 倍。砌块的砌体强度约为砌块自身强度的 80%（红砖为 30%）。蒸压加气混凝土砌块的施工特性也非常优良，它不仅可以在工厂内生产出各种规格，还可以像木材一样进行锯、刨、钻、钉。另外，由于它的体积比较大，施工速度也非常快，可作为各种建筑的填充材料使用。

2．应用

蒸压加气混凝土砌块主要用于建筑物的外填充墙和非承重内隔墙，也可与其他材料组合成为具有保温隔热功能的复合墙体，但不宜用于最外层。不同干密度和强度等级的加气混凝土砌块不应混砌，也不得与其他砖和砌块混砌。

蒸压加气混凝土砌块如无有效措施，不得用于下列部位：建筑物标高 ±0.000 以下的部位；长期浸水、经常受干湿交替或经常受冻融循环的部位；受酸碱化学物质侵蚀的部位及制品表面温度高于 80 ℃的部位。

蒸压加气混凝土砌块适用于各类建筑地面（标高 ±0.000）以上的内外填充墙和地面以下的内填充墙（有特殊要求的墙体除外）。蒸压加气混凝土砌块不应直接砌筑在楼面、地面上。对于卫浴间、露台、外阳台，以及设置在外墙面的空调机承托板与砌体接触部位等经常受干湿交替作用的墙体根部，宜浇筑宽度同墙厚、高度不小于 0.2 m

的C20素混凝土墙垫；对于其他墙体，宜用蒸压灰砂砖在其根部砌筑高度不小于0.2 m的墙垫。

三、墙用板材

（一）水泥类墙体板材

水泥类墙用板材具有较好的耐久性和力学性能，生产技术成熟，产品质量可靠，可用于承重墙、外墙和复合墙体的外层面。但其表观密度大、抗拉强度低，多采用空心化来减轻自重。

1. GRC轻质多孔隔墙条板

GRC轻质多孔隔墙条板全称玻璃纤维增强水泥轻质多孔隔墙条板，又称“GRC空心条板”，是以耐碱玻璃纤维与低碱度水泥为主要原料的预制非承重轻质多孔内隔墙条板。GRC轻质多孔隔墙条板如图1–88所示。

图1–88　GRC轻质多孔隔墙条板

GRC轻质多孔隔墙条板的性能应符合《玻璃纤维增强水泥轻质多孔隔墙条板》（GB/T 19631—2005）中的相关规定。GRC轻质多孔隔墙条板按板的厚度分为90型、120型；按板型分为普通板（代号PB）、门框板（代号MB）、窗框板（代号CB）、过梁板（代号LB）。

GRC轻质多孔隔墙条板按其外观质量、尺寸偏差及物理力学性能分为一等品（B）、合格品（C）。根据规定，GRC轻质多孔隔墙条板90型的长度为2 500～3 000 mm，120型的长度为2 500～3 500 mm；宽度都为600 mm。

GRC轻质多孔隔墙条板的标志顺序为产品代号、规格尺寸、等级、标准代号。产品代号由产品主材料的简称GRC与板型类别代号组成。例如，GRC–MB 2 650×600 × 90 B，表示板长为2 650 mm、宽为600 mm、厚为90 mm的一等品门框板。

GRC轻质多孔条板具有密度小、韧性好、耐水、不燃、易加工的特点，可用于工业与民用建筑的分室、分户、厨房、卫浴间、阳台等非承重的内隔墙和复合墙体的外墙面。

2. 纤维增强低碱度水泥建筑平板

建筑用纤维增强水泥平板是以纤维与水泥作为主要原料，经制浆、成坯、养护等工序而制成的板材。按使用的纤维品种可分为石棉水泥板、混合纤维水泥板、无石棉纤维水泥板三类；按产品使用的水泥品种可分为普通水泥板和低碱度水泥板；按密度可分为高密度板（加压板）、中密度板（非加压板）和轻板（板中含有轻集料）。

根据《纤维增强低碱度水泥建筑平板》（JC/T 626—2008），纤维增强低碱度水泥建筑平板按尺寸偏差和物理力学性能分为优等品（A）、一等品（B）和合格品（C）。

掺石棉纤维增强低碱度水泥建筑平板代号为TK，无石棉纤维增强低碱度水泥建筑平板代号为NTK。标记由分类、规格、等级和标准编号组成。例如，TK 1 800×900×6A，表示规格为1 800 mm×900 mm×6 mm掺石棉纤维增强低碱度水泥建筑平板，优等品。

纤维增强低碱度水泥建筑平板具有防水、防潮、防蛀、防霉、不易变形的特点，以及良好的可加工性，适用于各类建筑物室内的非承重内隔墙和吊顶平板等。

3．水泥木屑板

水泥木屑板又称为水泥刨花板，以普通硅酸盐水泥和矿渣硅酸盐水泥为胶凝材料，木屑为主要填料，木丝或木刨花为加筋材料，加入水和外加剂，经平压成型、保压养护、调湿处理等工艺制成的建筑板材。水泥木屑板具有轻质、隔声、隔热、防火、抗虫蛀，以及可钉、可锯、可装饰的特点，在生产和使用中无污染。

（二）石膏类墙体板材

由于石膏具有防火、轻质、隔声、抗震性好等特点，石膏类板材在内墙板中占有较大的比例。石膏类墙体板材表面平整，光滑细腻，可装饰性好，具有特色的呼吸功能，其原料丰富、制作简单，得到了广泛的应用。主要品种有纸面石膏板、石膏空心条板和石膏纤维板等。

1．纸面石膏板

纸面石膏板是以建筑石膏为主要原料，加入纤维、外加剂和适量的轻质填料等制成芯材，然后表面牢固粘贴护面纸的建筑板材，与龙骨相配合构成墙面或墙体的轻质面板，可分为普通纸面石膏板（P）、耐水纸面石膏板（S）和耐火纸面石膏板（H）三种。纸面石膏板如图1-89所示。

图1-89　纸面石膏板

纸面石膏板表面平整、尺寸稳定，具有质量轻、保温隔热、隔声、防火、抗震、可调节室内湿度、加工性好、施工方便等优点。纸面石膏板可用作室内隔墙，也可直接粘贴在砖墙上。在厨房、卫生间及空气湿度大于70%的潮湿环境中使用时，必须采取相应的防潮措施，否则石膏板受潮后会下垂，而且纸面受潮后与芯板之间黏结力削弱，会导致纸的隆起和剥离，可以用耐水纸面石膏板。耐火纸面石膏板主要用于耐火要求较高的室内隔墙。

纸面石膏板与轻钢龙骨组成的轻质墙体称为轻钢龙骨石膏板墙体体系。其适用于多层及高层建筑的分室墙。

2．石膏空心条板

石膏空心条板是石膏板的一种，以建筑石膏为主要材料，掺加适量水泥或粉煤灰，同时加入少量增强纤维（如玻璃纤维、纸筋等），也可以加入适量的膨胀珍珠岩及其他掺加料，经料浆拌和、浇注成型、抽芯、干燥等工序制成的空心条板，是一种轻质板材。主要用于建筑的非承重内墙，其特点是无须龙骨。石膏空心条板如图1-90所示。

石膏空心条板形状与混凝土空心楼板类似，规格尺寸一般为（2 400 ～ 3 000）mm×600 mm×（60 ～ 120）mm，7 孔或 9 孔的条形板材。主要品种包括石膏珍珠岩空心条板、石膏粉煤灰硅酸盐空心条板和石膏空心条板等。

图 1-90　石膏空心条板

与传统的实心黏土砖或空心黏土砖相比，用石膏空心条板作建筑内隔墙，除有与石膏砌块相同的优点外，其单位面积内的质量更轻，从而使建筑物质量减轻，基础承载变小，可有效降低建筑造价，条板长度随建筑物的层高确定，因此施工效率也更高。石膏空心条板具有质量轻、强度高、隔热、隔声、防水等性能，可锯，可刨，可钻，施工简便。与纸面石膏板相比，石膏用量少、不用纸和胶粘剂、不用龙骨，工艺设备简单，所以比纸面石膏板造价低。石膏空心条板主要用于工业与民用建筑的内隔墙，其墙面可做喷浆、涂料、贴瓷砖、贴壁纸等各种饰面。

知识拓展

新型墙体材料

常用的墙体材料有砌墙砖、砌块和墙体板材三大类。其中，砖的使用历史最长，特别是烧结普通砖已有数千年的历史，生产工艺简单，应用技术最为成熟。墙体材料已淘汰实心黏土砖，大力发展多孔砖、空心砖、废渣砖、各种建筑砌块和建筑板材，推广使用新型墙体材料。在国外，90% 的墙体已被新型墙体材料代替。我国的墙体改革虽然起步较晚，但随着经济的发展和人们环保意识的不断提高，实现建筑节能，推广使用新型墙体材料已成为一种共识。新型墙体材料具有轻质、高强、保温隔热效果好、生产能耗低、环保、施工生产率和结构抗震性能好等优点。部分新型复合节能墙体材料集防火、防水、防潮、隔声、隔热、保温等功能于一体，装配简单快捷，使墙体变薄，让用户有更大的使用空间。推广使用新型墙体材料具有良好的社会效益和经济效益。

四、屋面材料

（一）烧结类瓦材

1. 黏土瓦

黏土瓦是以黏土为主要原料，加适量水搅拌均匀后，经模压成型或挤出成型，再经干燥、焙烧而成。

黏土瓦按颜色可分为红瓦和青瓦两种（图 1-91）；按用途可分为平瓦和脊瓦两种。平瓦用于屋面；脊瓦用在屋脊（图 1-92）上。

图 1-91　红瓦和青瓦

图 1-92　平瓦和脊瓦

黏土瓦的规格尺寸有Ⅰ、Ⅱ和Ⅲ三个型号，尺寸分别为 400 mm×240 mm、380 mm×225 mm 和 360 mm×220 mm。黏土瓦按尺寸偏差、外观质量和物理、力学性能可分为优等品、一等品和合格品三个产品等级。单片平瓦最小抗折荷载不得小于 680 N，覆盖 1 m^2 屋面的瓦吸水后质量不得超过 55 kg，抗冻性要求经 15 次冻融循环后无分层、开裂和剥落等损伤，抗渗性要求不得出现水滴。脊瓦可分为一等品和合格品两个产品等级，脊瓦的规格尺寸要求长度大于或等于 300 mm，宽度大于或等于 180 mm。单片脊瓦最小抗折荷载不得低于 680 N，抗冻性等要求与平瓦相同。

黏土瓦除建筑之外的应用

黏土瓦除应用于建筑外，还被赋予新的装饰意义而用于现代园林景观中，如用来制作花盆、铺地、制成灯、景墙等（图 1-93）。

图 1-93　黏土瓦

2. 琉璃瓦

琉璃瓦是由陶土或瓷土制坯，经干燥、上釉后焙烧而成的。这种瓦表面光滑、质地坚密、色彩艳丽，常用的有黄、绿、黑、蓝、青、紫、翡翠等颜色。其造型多样，主要有板瓦、筒瓦、滴水、勾头等，有时还制成飞禽、走兽、龙飞凤舞等形象作为檐头和屋脊的装饰，是一种富有中国传统民族特色的屋面防水与装饰材料。

琉璃瓦耐久性好，但成本高，一般只在古建筑修复、纪念性建筑及园林建筑中的亭、台、楼、阁上使用（图 1-94）。

图 1-94　琉璃瓦

（二）水泥类屋面瓦材

1. 混凝土瓦

混凝土瓦的标准尺寸有 400 mm×240 mm 和 385 mm×235 mm 两种。单片瓦的抗折荷载不得低于 600 N，抗渗性、抗冻性应符合相关要求。

混凝土瓦耐久性好、成本低，但自重大于黏土瓦。在配料中可加入耐碱颜料，制成彩色混凝土瓦（图 1-95）。

图 1-95　混凝土瓦

2. 纤维增强水泥瓦

纤维增强水泥瓦是以增强纤维和水泥为主要原料，经配料、打浆、成型、养护而成，主要有石棉水泥瓦，可分为大波、中波、小波三种类型。该瓦具有防水、防潮、防腐、绝缘等性能。石棉瓦主要用于工业建筑，如厂房、库房、堆货棚、凉棚等，因饰面纤维可能带有致癌物，所以已开始使用其他增强材料。

3. 钢丝网水泥大波瓦

钢丝网水泥大波瓦（图 1-96）是用普通水泥和砂加水拌和后浇模，在中间放置一层冷拔低碳钢丝网（图 1-97），成型后再经养护而成的大波波形瓦。这种瓦的尺寸为 1 700 mm×830 mm×14 mm，单块质量较大［（50±5）kg/ 块］，适宜用作工厂车间、仓库、临时性建筑的屋面或中式围墙顶，有时也可用作这些建筑的围护结构。

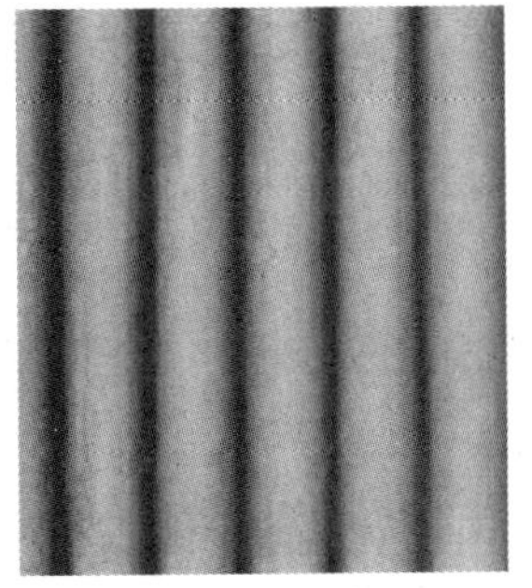

图 1-96　钢丝网水泥大波瓦

图 1-97　低碳钢丝网

（三）高分子类复合瓦材

1．聚氯乙烯波纹瓦

聚氯乙烯波纹瓦又称塑料瓦楞板（图 1-98），是以聚氯乙烯树脂为主体，加入其他配合剂，经塑化、压延、压波而制成的波形瓦，其规格尺寸为 2 100 mm×（1 100 ～ 1 300）mm×（1.5 ～ 2）mm。这种瓦质轻、防水、耐腐、透光、有色泽，常用作车棚、凉棚、果棚等简易建筑的屋面，另外，也可用作遮阳板。

图 1-98　聚氯乙烯波纹瓦

2．玻璃钢波形瓦

玻璃钢波形瓦也称纤维增强塑料波形瓦（图 1-99），是用不饱和聚酯树脂和玻璃纤维为原料，经手工糊制而成的波形瓦，其尺寸：长 1 800 ～ 3 000 mm，宽 700 ～ 800 mm，厚 0.5 ～ 1.5 mm。这种波形瓦质量轻、强度高、耐冲击、耐高温、透光、有色泽，适用于建筑遮阳板及车站月台、车棚等的屋面。

图 1-99　玻璃钢波形瓦

※ 习　题

一、填空题

1. 目前所用的墙体材料有__________、__________和__________三大类。
2. 烧结普通砖的外形为直角六面体，其标准尺寸为__________。

二、选择题

1. 下面不是加气混凝土砌块的特点的是（　　）。

   A. 轻质　　B. 保温隔热　　C. 加工性能好　　D. 韧性好

2. 利用煤矸石和粉煤灰等工业废渣烧砖，可以（　　）。

   A. 减少环境污染　　B. 节约黏土并保护大片良田

   C. 节省大量燃料煤　　D. 大幅提高产量

三、简答题

1. 简述烧结普通砖的定义及其分类。
2. 简述烧结普通砖的优点及其主要应用。
3. 简述非烧结砖的定义及其分类。
4. 简述蒸压加气混凝土砌块的定义及其主要应用。
5. 简述板材的分类及其应用。
6. 简述水泥类屋面瓦材的分类及其应用。
7. 简述阳光板的优点及其应用。

单元六

胶凝材料

胶凝材料在建筑园林工程中的应用十分广泛，根据其化学成分的不同，可分为无机胶凝材料和有机胶凝材料。常见的无机胶凝材料有石灰、石膏、水泥等；有机胶凝材料有沥青、橡胶等。本单元介绍了常见胶凝材料的基本性质及其在工程中的应用。

【知识目标】

1. 熟悉石灰的生产、化学成分与品种；
2. 掌握石灰和石膏水化、硬化、技术性质及应用；
3. 熟悉水玻璃的主要技术性质与应用；
4. 掌握水泥的分类、主要技术性质及使用注意事项。

【能力目标】

1. 能够对胶凝材料进行分类；
2. 学会根据工程情况挑选水泥。

【素质目标】

1. 具有严谨的工作作风；
2. 具有谦虚务实的职业素养。

一、石灰

（一）石灰的生产、化学成分与品种

石灰是以碳酸钙为主要成分的石灰石、白云质石灰岩、白垩等为原料，在一定烧结温度下煅烧所得的产物，主要成分为氧化钙（CaO）。

$$CaCO_3 = CaO+CO_2$$
$$MgCO_3 = MgO+CO_2$$

根据成品的加工方法的不同，石灰分为以下四种成品：

（1）块状生石灰：由石灰石煅烧成的白色疏松结构的块状物，主要成分为氧化钙（CaO）。

（2）磨细生石灰：由块状生石灰磨细而成。消化时间短，直接加水即可；但成本较高，不易储存。

（3）消石灰粉：将生石灰用适量的水经消化和干燥而成的粉末，主要成分为氢氧化钙［$Ca(OH)_2$］，也称为熟石灰。

（4）石灰膏：将消石灰和水组成的具有一定稠度的膏状物，主要成分为氢氧化钙［$Ca(OH)_2$］和水。

（5）石灰浆：将消石灰用大量水消化而成的一种乳状液体，主要成分为氢氧化钙［$Ca(OH)_2$］和水。

（二）生石灰的水化

生石灰的水化又称熟化或消化，是指生石灰与水发生水化反应，生成氢氧化钙［$Ca(OH)_2$］的过程。其反应式如下：

$$CaO+H_2O = Ca(OH)_2$$

生石灰熟化时放出大量的热，体积增大 1 ～ 2.5 倍。

陈伏：当石灰中含有过火生石灰时，它将在石灰浆体硬化以后才发生水化作用，于是会因产生膨胀而引起崩裂或隆起现象。为消除此现象，应将熟化的石灰浆在消化池中储存 2 ～ 3 周，即陈伏。陈伏期间，石灰膏表面有一层水，以隔绝空气，防止与二氧化碳（CO_2）作用而发生碳化。

（三）石灰浆体的硬化

石灰浆体的硬化包含干燥、结晶和碳化三个交错进行的过程。

1. 干燥作用

干燥时，石灰浆体中的多余水分蒸发或被砌体吸收，而使石灰粒子紧密接触，获得一定强度。

2. 结晶作用

游离水分蒸发，氢氧化钙［$Ca(OH)_2$］逐渐从饱和溶液中结晶析出，形成结晶结构网，使强度继续增加。

3. 碳化过程

氢氧化钙［$Ca(OH)_2$］与空气中的二氧化碳（CO_2）和水（H_2O）化合成晶体。其反应式如下：

$$Ca(OH)_2+CO_2+nH_2O \rightarrow CaCO_3+(n+1)H_2O$$

碳酸钙（$CaCO_3$）晶体相互交叉连生或与氢氧化钙共生，构成较精密的结晶网，使硬化浆体强度进一步提高。由于空气中二氧化碳（CO_2）含量很低，故其在自然状态下的碳化速度较慢。

（四）石灰的技术性质

（1）可塑性好。生石灰熟化为石灰浆时，能自动形成颗粒极细的呈胶体分散状态的氢氧化钙，表面吸附一层厚的水膜，因此用石灰调成的石灰砂浆，其突出的优点是具有良好的可塑性。在水泥砂浆中掺入石灰浆，可使可塑性显著提高。

（2）硬化慢、强度低。从石灰浆体的硬化过程可以看出，由于空气中二氧化碳（CO_2）含量稀薄，碳化缓慢，而且表面碳化后，形成紧密外壳，不利于碳化作用的深入，也不利于内部水分的蒸发，因此，石灰是硬化缓慢的材料。同时，石灰的硬化只能在空气中进行，硬化后的强度也不高。受潮后石灰溶解，强度更低，在水中还会溃散，如石灰砂浆（1∶3）28 d强度仅为0.2～0.5 MPa，所以，石灰不宜在潮湿的环境下使用，也不宜用于重要建筑物的基础。

（3）硬化时体积收缩大。石灰在硬化过程中，蒸发大量的游离水而引起显著的收缩，所以，除调成石灰乳进行薄层涂刷外，不宜单独使用。常在其中掺入砂、纸筋等以减少收缩和节约石灰。

（4）耐水性差，不易储存。块状类石灰放置太久，会因吸收空气中的水分而自动熟化成消石灰粉，再与空气中的二氧化碳作用而还原为碳酸钙，失去胶结能力。所以，储存生石灰不但要防止受潮，而且不宜储存过久。最好运到后自然化成石灰浆，将储存期变为陈伏期。由于生石灰受潮熟化时放出大量的热，而且体积膨胀，所以储存和运输生石灰时，还要注意安全。

（五）石灰的应用

1. 石灰乳和石灰砂浆

将消石灰粉或熟化好的石灰膏加入适量的水搅拌稀释，成为石灰乳，这是一种低价的涂料，主要用于内墙和顶棚刷白，可增加室内美观和亮度。我国农村也将其涂在外墙上。石灰乳中可加入各种耐碱颜料。石灰乳调入少量水泥、粒化高炉矿渣或粉煤灰，可提高其耐水性；调入氯化钙或明矾，可减少涂层的粉化现象。

石灰的保管及应用

石灰砂浆是将石灰膏、砂加水拌制而成，按其用途可分为砌筑砂浆和抹面砂浆。

2. 石灰土（灰土）和三合土

石灰与黏土或硅铝质工业废料混合使用，制成石灰土或石灰与工业废料的混合料，再加适量的水充分拌和后，经碾压或夯实，在潮湿环境中使石灰与黏土或硅铝质工业废料表面的活性氧化硅或氧化铝反应，生成具有水硬性的水化硅酸钙或水化铝酸钙，适合在潮湿环境中使用，如建筑物或道路基础中使用的石灰土、三合土、二灰土（石灰、粉煤灰或炉灰）、二灰碎石（石灰、粉煤灰或炉灰、级配碎石）等。

3. 灰砂砖和硅酸盐制品

石灰与天然砂或硅铝质工业废料混合均匀，加水搅拌，经压振或压制形成硅酸盐制品。为使其获早期强度，一般采用高温高压养护或蒸压，使石灰与硅铝质材料反应速度显著加快，使制品产生较高的早期强度，如灰砂砖、硅酸盐砖、硅酸盐混凝土制品等（图 1–100 和图 1–101）。

图 1–100　水泥石灰混合砂浆抹灰

图 1–101　碳化石灰内墙隔板

二、建筑石膏

建筑中使用最多的石膏胶凝材料有建筑石膏、高强度石膏和硬石膏。水泥石膏制品的优点是质量轻、易加工、耐火、隔声、绝热，可用作吊顶和非承重内墙。石膏是以硫酸钙为主要成分的矿物，当石膏中含有结晶水不同时，可形成多种性能不同的石膏（图 1–102）。

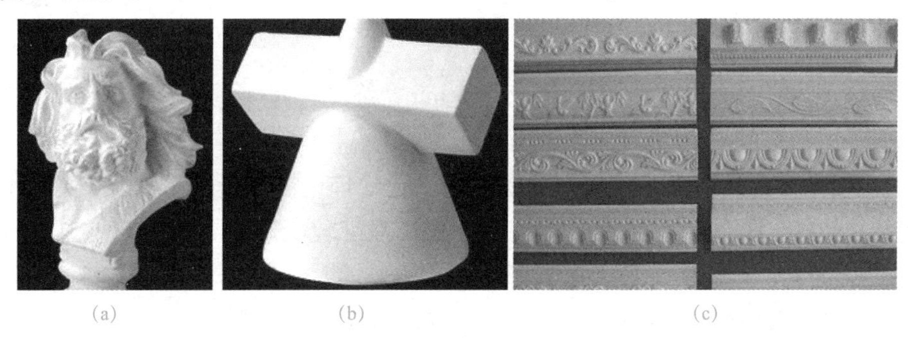

(a)　(b)　(c)

图 1–102　不同石膏

（a）石膏像；（b）石膏模型；（c）石膏线条

1. 建筑石膏的原料

根据石膏中含有结晶水的多少不同，建筑石膏的原料可分为以下几种：

（1）无水石膏（$CaSO_4$）：也称硬石膏，它结晶紧密，质地较硬，是生产硬石膏水泥的原料（图 1–103）。

（2）天然石膏（$CaSO_4 \cdot 2H_2O$）：也称生石膏或二水石膏，大部分自然石膏矿为生石膏，是生产建筑石膏的主要原料（图 1–104）。

（3）建筑石膏（$CaSO_4 \cdot \frac{1}{2} H_2O$）：也称熟石膏或半水石膏，是由生石膏加工而成的，根据其内部结构不同可分为 α 型半水石膏和 β 型半水石膏（图 1–105）。

建筑石膏通常是由天然石膏经压蒸或煅烧加热而成的，常压下煅烧加热到107 ℃～170 ℃，可产生 β 型建筑石膏：

$$\underset{\text{（二水石膏）}}{CaSO_4 \cdot 2H_2O} \longrightarrow \underset{\text{（β 型半水石膏）}}{CaSO_4 \cdot \frac{1}{2} H_2O + 1\frac{1}{2} H_2O}$$

124 ℃条件下压蒸（1.3 个大气压，1 标准大气压 =101.325 kPa）加热可产生 α 型建筑石膏：

$$CaSO_4 \cdot 2H_2O \xrightarrow{124\text{ ℃压蒸}} CaSO_4 \cdot \frac{1}{2} H_2O + 1\frac{1}{2} H_2O$$

α 型半水石膏与 β 型半水石膏相比，结晶颗粒较粗，比表面积较小，强度高，因此又称为高强度石膏。

当加热温度超过 170 ℃时可生成无水石膏，只要温度不超过 200 ℃，此无水石膏就具有良好的凝结硬化性能。

图 1-103　无水石膏

图 1-104　天然石膏

图 1-105　建筑石膏

2. 建筑石膏的特性

（1）凝结硬化快。初凝时间：不小于 6 min；终凝时间：不大于 30 min。1 个星期左右完全硬化，实际应用中可加适量缓凝剂。

（2）硬化后孔隙率大（50% ～ 60%），水化的理论需水量为 18.6%，实际用水量为 60% ～ 80%；多余水分蒸发形成孔隙，故其强度较低。硬化后强度为 3 ～ 5 MPa（隔墙、饰面），存放 3 个月后强度下降 30%。

（3）建筑石膏硬化隔热性和吸声性能良好，但耐水性较差。

（4）防火性能良好：在遇火时，石膏脱水，水分蒸发，火与板之间形成蒸汽带，阻止火势蔓延。

（5）建筑石膏硬化时体积略有膨胀，能充满模型。

（6）装饰性好，可用作吊顶和顶棚。

（7）硬化体的可加工性能好，可制作模型雕刻。

3. 建筑石膏的应用

由于具有优良的特性，石膏在建筑装饰、园林景观中得到了广泛应用（图 1-106）。建筑石膏用于室内抹灰、粉刷，作为装饰材料，并可调节室内温度和湿度。石膏制品有纸面石膏板，内墙、隔墙、顶棚石膏空心条板，纤维石膏板，装饰石膏制品等。

图 1-106　石膏的应用

三、水玻璃

水玻璃俗称泡花碱，是一种水溶性硅酸盐，也是一种矿物胶粘剂，为无色、青绿色或棕色黏稠液体，冷却后即成固态水玻璃（图 1-107）。水玻璃易溶于水，溶于稀氢氧化钠溶液，不溶于乙醇和酸。黏结力强，强度较高，耐酸性、耐热性好，耐碱性和耐水性差。

图 1-107　液态水玻璃和固态水玻璃

1. 水玻璃的生产

生产水玻璃的方法可分为湿法和干法两种。湿法生产水玻璃是将石英砂和苛性钠溶液在压蒸锅内用蒸汽加热，直接反应生成液体水玻璃；干法生产水玻璃是将石英砂和碳酸钠磨细搅拌均匀，在熔炉中，当温度为 1 300 ℃～ 1 400 ℃温度时熔化，反应生成固体水玻璃。固体水玻璃于水中加热溶解而生成液体水玻璃。其反应式为

$$Na_2CO_3 + nSiO_2 \xrightarrow{1\,300\ ℃ \sim 1\,400\ ℃} Na_2O \cdot nSiO_2 + CO_2 \uparrow$$

2. 水玻璃的硬化

液体水玻璃在空气中吸收二氧化碳，形成无定形的硅酸凝胶，并逐渐干燥而硬化：

$$Na_2O \cdot nSiO_2 + CO_2 + mH_2O = Na_2CO_3 + nSiO_2 \cdot mH_2O$$

$$SiO_2 \cdot H_2O \rightarrow SiO_2 + H_2O$$

由于空气中二氧化碳含量较低，这个过程很缓慢，为了加速硬化和提高硬化后的防水性，常加入氟硅酸钠（Na_2SiF_6）作为促硬剂，促使硅酸凝胶加速析出。氟硅酸钠的适宜用量为水玻璃质量的 12% ～ 15%。

3. 水玻璃的技术性质

（1）黏结力强。水玻璃硬化后具有较高的黏结强度、抗拉强度和抗压强度。另外，水玻璃硬化析出的硅酸凝胶还有堵塞毛细孔隙而防止水分渗透的作用。

（2）耐酸性好。硬化后的水玻璃，其主要成分是二氧化硅（SiO_2），具有高度的耐酸性能，能抵抗大多数无机酸和有机酸的作用。但其不耐碱性介质侵蚀。

（3）耐热性高。水玻璃不燃烧，硬化后形成二氧化硅（SiO_2）空间网状骨架，在高温下硅酸凝胶干燥得更加强烈，强度并不降低，甚至有所增加。

4. 水玻璃的应用

（1）用作涂料，涂刷材料表面。直接将液体水玻璃涂刷在建筑物表面，或涂刷烧结普通砖、硅酸盐制品、水泥混凝土等多孔材料，可使材料的密实度、强度、抗渗性、耐水性均得到提高。这是因为水玻璃与材料中的氢氧化钙［$Ca(OH)_2$］反应生成硅酸钙凝胶，填充了材料间的孔隙。同时，硅酸钠本身硬化所析出的硅酸凝胶也有利于材料保护。选用不同的耐火填料，还可配制出具有不同耐热性的水玻璃耐热涂料。

（2）配制防水剂。以水玻璃为基料，配制防水剂，如四矾防水剂是以蓝矾（硫酸铜）、明矾（钾铝矾）、红矾（重铬酸钾）和紫矾（铬矾）各 1 份，溶于 60 份沸水中，待其降温至 50 ℃后，再加入 400 份水玻璃溶液中，搅拌均匀而成的。这种防水剂可以在 1 min 内凝结，适用于堵塞漏洞、缝隙等局部抢修。

（3）加固土壤。将模数为 2.5 ～ 3 的液体水玻璃和氯化钙溶液通过金属管交替向地层压入，两种溶液发生化学反应，可析出吸水膨胀的硅酸胶体包裹土壤颗粒并填充其空隙，阻止水分渗透并使土壤固结。用这种方法加固的砂土，抗压强度可达 3 ～ 6 MPa。

（4）配制水玻璃砂浆。将水玻璃、矿渣粉、砂和氟硅酸钠按一定比例配合成砂浆，可用于修补墙体裂缝。

（5）配制耐酸砂浆、耐酸混凝土、耐热混凝土。用水玻璃作为胶凝材料，选择耐酸集料，可配制满足耐酸工程要求的耐酸砂浆、耐酸混凝土；选择不同的耐热集料，可配制具有不同耐热性的水玻璃耐热混凝土。

四、水泥

凡磨成细粉末状，加入适量水后成为塑性浆体，既能在水中硬化，又能将砂、石等散状材料或纤维材料胶结在一起的水硬性胶凝材料，通称为水泥。

水泥是最重要的建筑材料，广泛用于水利、交通、农业、工业、城市建设，海港和国防建设中，水泥已成为任何建筑工程都不可缺少的建筑材料。为满足各种土木工程的需要，水泥的品种已发展到 200 余种。

（一）水泥的原料、分类

1．原料

生产硅酸盐水泥的原料主要是石灰质原料（如石灰石、白垩等）和黏土质材料（如黏土、黄土和页岩等）两大类。一般常配以辅助原料（如铁矿石、矿砂等）（图 1-108）。

白垩　黄土

页岩　铁矿石

图 1-108　水泥的组成材料

2．分类

（1）按其矿物质组成分类。按矿物质组成，水泥可分为硅酸盐水泥、铝酸盐水泥、硫酸盐水泥、氟铝酸盐水泥、铁铝酸盐水泥及少熟料或无熟料水泥等。

（2）按其用途和性能分类。

1）通用水泥：一般土木建筑工程通常采用的水泥。通用水泥主要是指《通用硅酸盐水泥》（GB 175—2007）中规定的六大类水泥，即硅酸盐水泥、普通硅酸盐水泥、矿渣硅酸盐水泥、火山灰质硅酸盐水泥、粉煤灰硅酸盐水泥和复合硅酸盐水泥。

①硅酸盐水泥：由硅酸盐水泥熟料、0% ～ 5% 石灰石或粒化高炉矿渣、适量石膏磨细制成的水硬性胶凝材料，称为硅酸盐水泥，分为 P · Ⅰ和 P · Ⅱ两种，即国外通称的波特兰水泥。

②普通硅酸盐水泥：由硅酸盐水泥熟料、6% ～ 15% 混合材料，适量石膏磨细制成的水硬性胶凝材料，称为普通硅酸盐水泥（简称普通水泥），代号为 P · O。

③矿渣硅酸盐水泥：由硅酸盐水泥熟料、粒化高炉矿渣和适量石膏磨细制成的水硬性胶凝材料，称为矿渣硅酸盐水泥，代号为 P · S。

④火山灰质硅酸盐水泥：由硅酸盐水泥熟料、火山灰质混合材料和适量石膏磨细制成的水硬性胶凝材料，称为火山灰质硅酸盐水泥，代号为 P · P。

⑤粉煤灰硅酸盐水泥：由硅酸盐水泥熟料、粉煤灰和适量石膏磨细制成的水硬性胶凝材料，称为粉煤灰硅酸盐水泥，代号为P·F。

⑥复合硅酸盐水泥：由硅酸盐水泥熟料、两种或两种以上规定的混合材料和适量石膏磨细制成的水硬性胶凝材料，称为复合硅酸盐水泥（简称复合水泥），代号为P·C。

2）专用水泥：是指具有专门用途的水泥，如油井水泥、道路硅酸盐水泥。

3）特性水泥：是指某种性能比较突出的水泥，如低热矿渣硅酸盐水泥、快硬硅酸盐水泥、膨胀硫铝酸盐水泥、磷铝酸盐水泥、磷酸盐水泥和装饰水泥等。

①低热矿渣硅酸盐水泥：以适当成分的硅酸盐水泥熟料，加入适量石膏磨细制成的具有低水化热作用的水硬性胶凝材料。

②快硬硅酸盐水泥：由硅酸盐水泥熟料加入适量石膏，磨细制成早强度高、以3 d抗压强度表示强度等级的水泥。

③硫铝酸盐膨胀水泥：以无水硫铝酸钙和硅酸二钙为主要矿物成分的熟料，加入适量二水石膏磨细制成的可调膨胀性能的水硬性胶凝材料。膨胀硫铝酸盐水泥具有水化热低、抗渗性能好等特性，主要用于抗渗防裂、接缝灌浆、预应力锚杆锚头，也可配制补偿收缩混凝土。

④磷铝酸盐水泥：1984年以来，在借鉴了国内外研究成果的基础上，济南大学开创了具有我国自主知识产权的、具有可持续发展特性的高性能磷铝酸盐凝胶材料体系，并进行了相关应用基础理论的研究。

⑤磷酸盐水泥：属于化学结合水泥，也就是以金属和酸溶液或盐为基本组分通过化学反应而形成，可用来制得多种耐热和热稳定性材料，防腐和电绝缘涂料及高效能胶等，其某些性能近似于陶瓷材料。

⑥装饰水泥具：有良好的装饰性能，主要是指白色硅酸盐水泥和彩色硅酸盐水泥，其水硬性物质也以硅酸盐为主。

（二）硅酸盐水泥

1．水化

硅酸盐水泥遇水后，水泥中的各种矿物成分会很快发生水化反应，生成各种水化物。水泥中的石膏也很快与水化铝酸三钙反应生成难溶的水化硫铝酸钙针状结晶体，也称为钙矾石晶体。经过上述水化反应后，水泥浆中不断增加的水化产物主要有水化硅酸钙（50%）、氢氧化钙（25%）、水化铝酸钙、水化铁酸钙及水化硫铝酸钙等新生矿物。

2．凝结与硬化

当水泥加水拌和后，在水泥颗粒表面即发生化学反应，产生的胶体水化产物聚集在颗粒表面，使化学反应减慢，并使水泥浆体具有可塑性。由于产生的胶体状水化产物不断增多并在某些点接触，构成疏松的网状结构，使水泥浆体失去流动性及可塑性，这就是水泥的凝结。此后由于生成的水化硅酸钙、氢氧化钙、水化铝酸钙和水化硫铝酸钙晶体等水化产物不断增多，它们相互接触连生，到一定程度建立起较为紧密的网状结晶结构，并在网状结构内部不断充实水化产物，使水泥具有初步的强度，此后水化产物不断增加，强度不断提高，最后形成具有较高强度的水泥石，这就是水泥的硬化。

3. 硅酸盐水泥的性能特点与应用及使用注意事项

（1）性能特点与应用。

1）凝结硬化快。早期及后期的强度均高，适用于有早强快凝要求的工程（如冬期施工、预制、现浇等工程）、高强度混凝土工程（如预应力钢筋混凝土、大坝溢流面部位混凝土）（图 1–109）。

图 1–109　高强度混凝土工程

2）抗冻性好。适合水工混凝土和抗冻性要求高的工程。

3）抗水性差。耐腐蚀性差，因水化后氢氧化钙和水化铝酸钙的含量较多，适用于一般地上工程和不受侵蚀作用的地下工程，以及不受水压作用的工程和无腐蚀性水中的受压工程。

4）水化热高。不宜用于大体积混凝土工程，有利于低温季节蓄热法施工。

5）抗碳化性好。因水化后氢氧化钙含量较多，故水泥石的碱度不易降低，对钢筋的保护作用强，适用于空气中二氧化碳浓度高的环境。

6）耐热性差。因水化后氢氧化钙含量高，适用于承受高温作用的混凝土工程。

7）耐磨性好。适用于高速公路及道路（图 1–110）。

硅酸盐水泥普遍应用于建筑装饰工程，作为外墙、隔墙等装饰材料。除用于建筑外，还可创造成园林小品运用于景观中，增添景观的趣味性，如座椅、花盆、铺装等。硅酸盐水泥景观小品与石材、木材相比具有更高的经济性，且坚固耐用。

图 1–110　混凝土高速公路及道路

不同品种水泥的特性及适用范围见表 1–12。

表 1–12　不同品种水泥的特性及适用范围

水泥品种	特性		适用范围	
	优点	缺点	适用	不适用
普通水泥	1. 早期强度较高； 2. 凝结硬化较快； 3. 抗冻性好； 4. 硅酸盐水泥和普通水泥在相同强度等级下，前者为 3 ～ 7 d 的强度高 3% ～ 7%	1. 水化热较高； 2. 抗水性差； 3. 耐酸碱和硫酸盐类的化学侵蚀能力差	1. 一般地上工程和不受侵蚀性作用的地下工程及不受水压作用的工程； 2. 无腐蚀性水中的受冻工程； 3. 早期强度要求较高的工程； 4. 在低温条件下需要强度发展较快的工程，但每日平均气温在 4 ℃以下或最低气温在 –3 ℃以下时，应按冬期施工规定办理	1. 水利工程的水中部分； 2. 大体积混凝土工程； 3. 受化学侵蚀的工程
矿渣水泥	1. 对硫酸盐类侵蚀的抵抗能力及抗水性较好； 2. 耐热性好； 3. 水化热低； 4. 在蒸汽养护中强度发展较快； 5. 在潮湿环境中后期强度增进率较大	1. 早期强度低，凝结较慢，在低湿环境中尤甚； 2. 耐冻性较差； 3. 干缩性大，有泌水现象	1. 地下、水中与海水中的工程以及经常受高水压的工程； 2. 大体积混凝土工程； 3. 蒸汽养护的工程； 4. 受热工程； 5. 代替普通硅酸盐水泥用于地上工程，但应加强养护，也可用于不常受冻融交替作用的受冻工程	1. 对早期强度要求高的工程； 2. 低温环境中施工而无保温措施的工程
火山灰、粉煤灰水泥	1. 对硫酸盐类侵蚀的抵抗能力强； 2. 抗水性好； 3. 水化热较低； 4. 在湿润环境中后期强度的增进率大； 5. 在蒸汽养护中强度发展较快	1. 早期强度低，凝结较慢，在低温环境中尤甚； 2. 耐冻性差； 3. 吸水性大； 4. 干缩性较大	1. 地下、水中工程及经常受高水压的工程； 2. 受海水及含硫酸盐类溶液侵蚀的工程； 3. 大体积混凝土工程； 4. 蒸汽养护的工程； 5. 远距离运输的砂浆和混凝土	1. 气候干热地区或难以维持 20 ～ 30 d 内经常湿润的工程； 2. 早期强度要求高的工程； 3. 受冻工程
复合水泥	1. 与所掺混合材料的品种和数量有关，如矿渣掺量大，其特性接近矿渣水泥，掺火山灰配制其他混合材，掺量大，其特性接近火山灰水泥，各类混合材搭配时，其特点接近普通水泥； 2. 复合水泥性能可通过混合材料相互搭配并调整掺加量予以改善		广泛应用于工业和民用建筑工程中	

（2）使用注意事项。

1）忌受潮结硬。受潮结硬的水泥会降低甚至丧失原有强度，所以相关规范规定，出厂超过 3 个月的水泥应进行复查试验，根据试验结果使用。对已受潮成团或结硬的水泥，须过筛后使用，筛出的团块搓细或碾细后一般用于次要工程的砌筑砂浆或抹灰砂浆。对一触或一捏即粉的水泥团块，可适当降低强度等级使用。

2）忌暴晒速干。混凝土或抹灰如遭暴晒，随着水分的迅速蒸发，其强度会有所降低，甚至完全丧失。因此，施工前必须严格清扫并充分湿润基层；施工后应严加覆盖，并按规范规定浇水养护。

3）忌负温受冻。混凝土或砂浆拌成后，如果受冻，其水泥不能进行水化，兼之水分结冰膨胀，则混凝土或砂浆就会遭到由表及里逐渐加深的粉酥破坏，因此，应严格遵照《建筑工程冬期施工规程》（JGJ/T 104—2011）中的相关规定施工。

4）忌高温酷热。凝固后的砂浆层或混凝土构件，如经常处于高温酷热条件下会有强度损失，这是由于高温条件下水泥石中的氢氧化钙会分解。另外，某些集料在高温条件下也会分解或膨胀。

对于长期处于较高温度的场合，可使用耐火砖对普通砂浆或混凝土进行隔离防护。遇到更高的温度，应采用特制的耐热混凝土浇筑，也可在混凝土中掺入一定数量的磨细耐热材料。

5）忌基层脏软。水泥能与坚硬、洁净的基层牢固地黏结或握裹在一起，但其黏结握裹强度与基层面部的光洁程度有关。在光滑的基层上施工，必须预先凿毛砸麻刷净，方能使水泥与基层牢固黏结。基层上的尘垢、油腻、酸碱等物质都会起隔离作用，必须认真清除洗净，之后先刷一道素水泥浆，再抹砂浆或浇筑混凝土。

水泥在凝固过程中要产生收缩，且在干湿、冷热变化过程中，它与松散、软弱基层的体积变化极不适应，必然发生空鼓或出现裂缝，从而难以牢固黏结。因此，木材、炉渣垫层和灰土垫层等都不能与砂浆或混凝土牢固黏结。

6）忌集料不纯。作为混凝土或水泥砂浆集料的砂石，如果有尘土、黏土或其他有机杂质，都会影响水泥与砂、石之间的黏结握裹强度，因而最终会降低抗压强度。所以，如果杂质含量超过标准规定，必须经过清洗后方可使用。

7）忌水多灰稠。人们常常忽视用水量对混凝土强度的影响，施工中为便于浇捣，有时不认真执行配合比，而把混凝土拌得很稀。由于水化所需要的水分仅为水泥质量的 20% 左右，多余的水分蒸发后便会在混凝土中留下很多孔隙，这些孔隙会使混凝土强度降低。因此，在保障浇筑密实的前提下，应最大限度地减少拌合用水。

有观点认为抹灰所用的水泥，其用量越多抹灰层就越坚固。其实，水泥用量越多，砂浆越稠，抹灰层体积的收缩量就越大，从而产生的裂缝就越多。一般情况下，抹灰时应先用 1∶3 ～ 1∶5 的粗砂浆抹找平层，再用 1∶1.5 ～ 1∶2.5 的水泥砂浆抹很薄的面层，切忌使用太多水泥。

8）忌受酸腐蚀。酸性物质与水泥中的氢氧化钙会发生中和反应，生成物体积松散、膨胀，遇水后极易水解粉化。致使混凝土或抹灰层逐渐被腐蚀解体，故水泥忌受酸腐蚀。

在接触酸性物质的场合或容器中，应使用耐酸砂浆和耐酸混凝土。矿渣水泥、火山灰水泥和粉煤灰水泥均有较好耐酸性能，应优先选用这三种水泥配制耐酸砂浆和混凝土。严格要求耐酸腐蚀的工程不允许使用普通水泥。

（三）特种水泥

特种水泥是为满足紧急抢修、冬期施工、海港和地下工程的特殊要求而生产的具有某种比较突出的性能的水泥。常用的有白色硅酸盐水泥、彩色硅酸盐水泥、快硬硅酸盐水泥、高铝水泥、膨胀水泥、耐硫酸盐硅酸盐水泥、道路水泥、中热硅酸盐水泥和低热矿渣硅酸盐水泥。

专用水泥指为了适应专门用途的水泥。常用的专用水泥有中热硅酸盐水泥、道路水泥、专用水泥、低热矿渣硅酸盐水泥、砌筑水泥、油井水泥。

1. 白色硅酸盐水泥

凡以适当成分的生料烧至部分熔融，所得以硅酸钙为主要成分、氧化铁含量很少的白色硅酸盐水泥熟料，再加入适量石膏，共同磨细制成的水硬性胶凝材料称为白色硅酸盐水泥，简称白色水泥。

白色水泥制造时应严格控制水泥原料的铁含量，水泥中铁含量越高则水泥颜色越深。氧化铁含量（质量分数）：0.35% ～ 0.40% 时为白色；0.45% ～ 0.70% 时为淡绿色；0.3% ～ 0.40% 时为暗灰色。

技术性质：强度分为 32.5、42.5 和 52.5、62.5 四个强度等级；白度分为特级、一级、二级、三级四个等级；0.08 mm 方孔筛筛余不得超过 10%；初凝时间不得早于 45 min，终凝时间不得迟于 12 h，各龄期强度必须合格；体积安定性用沸煮法检验必须合格。

白色水泥在应用中的注意事项有在制备混凝土时粗细集料宜采用白色或彩色大理石、石灰石、石英砂和各种颜色的石屑，不能掺和其他杂质，以免影响其白度及色彩。白色水泥的施工和养护方法与普通硅酸盐水泥相同，但施工时底层及搅拌工具必须清理干净，否则会影响白色水泥的装饰效果（图 1-111）。白色水泥浆刷浆时，必须保证基层润湿，并养护涂层。水泥在硬化过程中所形成的碱饱和溶液，经干燥作用便在水表面析出氢氧化钙、碳酸钙等白色晶体。

图 1-111　白色水泥勾缝和白色水泥腻子

2. 彩色硅酸盐水泥

将硅酸盐水泥熟料（白水泥熟料或普通水泥熟料）、适量石膏和碱性颜料共同磨细而成，即染色法。白色和彩色硅酸盐水泥可用于下列装饰工程：

（1）彩色水泥砖瓦。彩色水泥砖瓦是将水泥、沙子等合理配比后，通过模具经高压压制而成。彩色混凝土瓦比一般窑烧瓦具有抗渗性强、承载力强、吸水率低等优点，是最近几年新型的屋面装饰建材（图 1–112）。

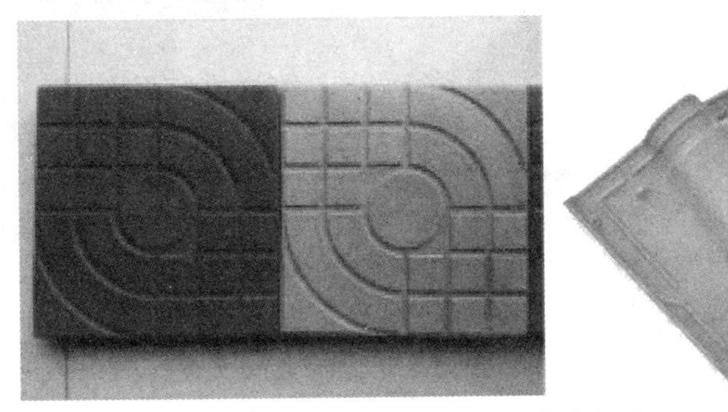

图 1–112　彩色水泥砖瓦

（2）彩色水泥混凝土地坪。彩色水泥混凝土地坪以粗集料、细集料、水泥、颜料和水按适当比例配合，拌制成混合物，经一定时间硬化而成人造石材——彩色水泥混凝土。混凝土的彩色效果主要是由颜料颗粒和水泥浆的固有颜色混合的结果。彩色水泥混凝土所使用的集料，除一般集料外还需要使用昂贵的彩色集料，宜采用白色或彩色大理石、石灰石、石英砂和各种颜色的石屑，但不能掺加其他杂质，以免影响其白度及色彩。

彩色水泥混凝土可广泛应用于住宅、社区、商业、市政及文娱康乐等各种场合所需的人行道、公园、广场、游乐场、小区道路、停车场、庭院、地铁站台、游泳池等处的景观创造（图 1–113），具有极高的安全性和耐用性。同时，它施工方便、不需要压实机械，颜色也较为鲜艳，并可形成各种图案。更重要的是，它不受地形限制，可任意制作。装饰性、灵活性和表现力是彩色水泥混凝土的独特性体现。

图 1–113　彩色水泥混凝土地坪

（3）建筑物外墙饰面。彩色砂浆是以水泥砂浆、混合砂浆、白灰砂浆直接加入颜料配制而成，或以彩色水泥与砂配制而成。

彩色砂浆用于室外装饰，可增加建筑物的美观。它呈现出各种色彩、线条和花样，具有特殊的表面效果。常用的胶凝材料有石膏、石灰、白水泥、普通水泥，或在水泥中掺加白色大理石粉使砂浆表面色彩更为明朗（图 1–114）。

图 1–114　建筑物外墙饰面

知识拓展

石灰是较早使用的气硬性胶凝材料。生石灰是由石灰石等原料经高温煅烧而成的。生石灰再经消化（或熟化）可得消石灰或石灰膏，这一过程需要经“过滤”及“陈伏”处理，以消除欠火石灰及过火石灰的危害。

建筑石膏具有良好的隔热、吸声、防火性能，装饰加工性能良好。水玻璃具有良好的耐酸、耐热性及一定的防水性，可用于加固地基、配制防水剂及耐酸、耐热混凝土。

水泥是在工程中应用最多的气硬性胶凝材料，不同种类的水泥有不同的性能，要根据不同环境选择使用。

五、沥青

（一）概念

沥青是外观呈黑色或黑褐色的防水、防潮和防腐的有机胶结材料，在常温下呈固体、半固体或液体状态。沥青属于憎水性材料，它不透水，也几乎不溶于水、丙酮、乙醚、稀乙醇，能够溶于汽油、苯、二硫化碳、四氯化碳和三氯甲烷等有机溶液。沥青具有良好的黏结性、塑性、不透水性和耐化学腐蚀性，并具有一定的耐老化性。

（二）应用范围

在土木工程中，沥青是应用广泛的防水材料和防腐材料，主要应用于屋面、地面、地下结构的防水，木材、钢材的防腐；在建筑防水工程中，主要应用于制造防水涂料、卷材、油膏、胶粘剂和防锈、防腐涂料等。其中应用得最多的是石油沥青和煤沥青。另外，沥青还是道路工程中应用广泛的路面结构胶结材料，它与不同组成的矿质材料按比例配合后可以建成不同结构的沥青路面（图 1–115）在高速公路中的应用较为广泛。

图 1–115　沥青路面

（三）分类

在我国，石油沥青、煤沥青和天然沥青的应用十分广泛。

1. 石油沥青

石油沥青是石油原油或石油衍生物，经蒸馏提炼出轻质油后的残留物，或再经过加工而得到的产品。

（1）组分。石油沥青的主要成分是油分、树脂和地沥青质。

1）油分：为浅黄色和红褐色的黏性液体，相对分子质量和密度最小，能够赋予沥青以流动性。

2）树脂：又称脂胶，为黄色至黑褐色半固体黏稠物质，相对分子质量比油分大比地沥青小，沥青脂胶中绝大部分属于中性树脂，树脂能够赋予石油沥青良好的黏性和塑性。中性树脂的含量越高，石油沥青的品质越好。

3）地沥青质：沥青质为深褐色至黑色固态无定性的超细颗粒固体粉末，不溶于汽油，但能溶于二硫化碳和四氯化碳中。地沥青质是决定石油沥青温度敏感性和黏性的重要组分。沥青中地沥青质含量为 10% ～ 30%，其含量越多，则软化点越高，黏性越大，也越硬脆。

（2）用途。根据用途不同，将石油沥青分为以下三种：

1）建筑石油沥青：根据国家标准规定，建筑石油沥青分为 30 号和 15 号。该沥青黏度较高，主要用于建筑工程的防水、防潮、防腐材料、胶结材料等。

2）道路沥青：一般情况下，道路石油沥青分为 200、180、140、100 甲、100 乙、60 甲、60 乙七个标号。其黏度较小，黑色，固体。具有良好的流变性、持久的黏附性、抗车辙性、抗推挤变形能力，延度为 40 ～ 100 cm。

3）防水防潮石油沥青：按产品针入度可分为 4 个牌号：3、4、5、6 号，防水防潮石油沥青的温度稳定性较好，特别适用于油毡的涂覆材料及建筑屋面和地下防水的黏结材料。

（3）使用注意事项。建筑石油沥青的黏性较高，主要用于建筑工程。道路石油沥青的黏性较低，主要用于路面工程，其中 60 号沥青也可与建筑沥青掺和，应用于屋面工程。

2. 煤沥青

（1）含义。煤沥青是焦炭炼制或是制煤气时的副产品，在干馏或木材等有机物时所得到的挥发物，经冷凝而成的黏稠液体再经蒸馏加工制成的沥青。根据不同的黏度残留物，煤沥青可分为软煤沥青和硬煤沥青。

（2）用途。用于制造涂料（图 1–116）、沥青焦、油毛毡等，也可作为燃料及沥青炭黑的原料。其很少用于屋面工程，但由于抗腐蚀性好，因此适用于地下防水工程和防腐蚀材料。

图 1–116　沥青防水涂料

（3）使用注意事项。严格将热温度控制在 180 ℃以下，以免造成煤沥青的有效成分损失，使煤沥青变质、发脆。煤沥青不能与石油沥青掺混使用，以免造成沉渣现象。煤沥青有毒性，在使用过程中进行劳动保护，以防止蒸汽中毒。

3．天然沥青

石油渗透到地面，其中轻质组分被蒸发，进而在日光照射下被空气中的氧气氧化，再经聚合而成为沥青矿物。沥青按形成的环境可分为岩沥青、湖沥青、海底沥青等。岩沥青是石油不断地从地壳中冒出，存在于山体、岩石裂隙中长期蒸发凝固而形成的天然沥青。其主要组分有树脂、沥青质等胶质。

（四）主要特性

1．耐抗性

在岩沥青中，氮元素以官能团形式存在，这种存在使岩沥青具有很强的浸润性和对自由氧化基的高抵抗性，特别是与集料的黏附性及抗剥离性得到明显的改善。

2．抗碾压

岩沥青改性剂可以有效提高沥青路面的抗车辙能力，推迟路面车辙的产生，降低车辙的深度和疲劳剪切裂纹的出现。

3．抗老化、抗高温

天然岩沥青本身的软化点达到 300 ℃以上，再加入基质沥青，可使其具有良好的抗老化、抗高温性。

（五）主要危害

在生活中，沥青扮演着重要的角色，但由于沥青中含有一些对人体有危害的化学物质，给人们带来了许多的危害，例如，沥青烟和粉尘可经呼吸道和皮肤污染而引起中毒，使人出现皮炎、视力模糊、胸闷、腹痛、头痛等症状。经常接触沥青粉尘或烟气，并暴露于日光后发生皮炎。沥青所致职业性痤疮主要表现为黑头粉刺、毫毛折断与毛囊炎性丘疹。本病好发于直接接触常位，如面部、指背、手背和前臂，也常常波及被沥青污染的衣裤的部位，偶发于躯干。煤沥青涂皮对动物体重增长的影响比石油沥青更为明显，而煤沥青皮肤涂搽又比其烟雾吸入对动物的危害更大。

（六）改性沥青

现在技术越来越先进，随着新型化学合成材料的广泛发展，对沥青进行改性已成必然。改性沥青是掺加橡胶、树脂、高分子聚合物、磨细的橡胶粉或其他填料等外掺剂（改性剂），或采取对沥青轻度氧化加工等措施，使沥青或沥青混合料的性能得以改善制成的沥青结合料。

截至目前，已发现许多材料对石油沥青具有不同程度的改性作用，如热塑橡胶类有 SBS、SEBS 等，热塑性塑料类有 APP（APAO、APO）等，合成胶类的有 SBR、BR、CR 等。同时发现，不同的改性材料的改性效果不同。

研究证明，SBS、APP（APAO、APO）作为改性沥青的工程性最好，用它们生产出的产品质量最稳定，对产品的耐老化性改善最显著。同时，以 SBS 或 APP 改性的沥青，只有在其添加量达到微观上形成的连续网状结构后，才能得到低温性能及耐久性优良的改性沥青。

1. 使用 SBS 树脂改性沥青

SBS 树脂是目前用量最大、使用最普遍和技术经济性能最好的沥青用高聚物。SBS 改性沥青是以基质沥青为原料，加入一定比例的 SBS 改性剂，通过剪切、搅拌等方法使 SBS 均匀地分散于沥青中，同时，加入一定比例的专属稳定剂，形成 SBS 共混材料，利用 SBS 良好的物理性能对沥青做改性处理。

SBS 树脂改性沥青的主要特性：耐高温、抗低温；弹性和韧性好；抗碾压能力强；不需要硫化，既节能又能够改进加工条件；具备较好的相容性，加入沥青中不会使沥青的黏度有很大的增加；对路面的抗滑和承载能力增加；减少路面因紫外线辐射而导致的沥青老化现象；减少因车辆渗漏柴油、机油和汽油而造成的破坏。这些特性大大增加了交通安全性能。

SBS 树脂改性沥青对沥青性能的要求：沥青作为 SBS 改性的基质材料，其性能对改性效果产生重要的影响。其要求具备以下几个条件：

（1）含有足够的芳香分，以满足聚合物改性剂在沥青中溶胀、增塑、分解的需要。

（2）沥青质含量不能过高，否则会导致沥青的网状结构发达，成为固态，使能够溶解 SBS 的芳香分饱和度减少。

（3）蜡含量不能过高，否则会影响 SBS 对沥青的改性作用。

（4）组分间比例恰当，一般以(沥青质+饱和度)/(芳香分+胶质)= 30%左右为宜。

（5）软化点不可过高，针入度不可过小，一般选用针入度大于 140 mm 的沥青。

2．使用 APP 改性沥青

APP 是无规聚丙烯的英文简称，是生产等规聚丙烯的副产物。在室温下，APP 是白色液体，无明显熔点，加热至 130 ℃时开始变软，到 170 ℃时变为黏稠液体。

聚丙烯具有优越的耐弯曲疲劳性，良好的化学稳定性，对极性有机溶性很稳定，这些都有利于 APP 的改性。可显著提高沥青的软化点，改善沥青的感温性，使感温区域变宽。同时，还可以改善沥青的低温性并提高抗老化性。

单元七

砂　　浆

砂浆应用广泛。最显著的用途表现在以下几个方面：首先，当房屋的框架结构（柱、梁、板）完成后，砌墙时砖与砖之间、砌体与砌体之间是靠砂浆来黏结的；其次，在交接房时，清水房墙面上用来覆盖砖或砌块的大部分是水泥砂浆。

【知识目标】

1. 掌握建筑砂浆的定义、分类和技术性质；
2. 掌握常见砂浆的特性及应用；
3. 熟悉特殊用途砂浆的应用。

【能力目标】

1. 能够对建筑砂浆进行分类；
2. 学会根据不同工程部位选择砂浆。

【素质目标】

1. 具有严谨的工作作风；
2. 具有谦虚务实的职业素养。

一、建筑砂浆

（一）建筑砂浆的定义和分类

建筑砂浆由胶凝材料、细集料、水等材料配制而成，主要用于砌筑砖石结构或建筑物的内外表面的抹面等。砂浆常用的胶凝材料有水泥、石灰、石膏。按胶凝材料不同，砂浆可分为水泥砂浆、石灰砂浆和混合砂浆。混合砂浆有水泥石灰砂浆、水泥石膏砂浆等。按功能不同，砂浆又可分为砌筑砂浆、抹面砂浆、防水砂浆和其他特种砂浆。

（二）建筑砂浆的技术性质

1．砂浆的工作性能

（1）流动性（稠度）。流动性是指砂浆在自重或外力作用下是否易于流动的性能，其大小用沉入度（或稠度值）（mm）表示，即砂浆稠度测定仪的圆锥体沉入砂浆深度的毫米数。工程实践中应根据砌体材料、施工方法及天气状况等选择适宜的砂浆流动性。砂浆流动性与胶凝材料品种的用量、用水量、砂子粗细及级配等有关。通过改变胶凝材料的数量与品种可控制砂浆的流动性。

（2）保水性。新拌砂浆保存水分的能力称为保水性。保水性也指砂浆中各项组成材料不易分离的性质。保水性差的砂浆会影响胶凝材料的正常硬化，从而降低砌体质量。

砂浆保水性常用分层度（mm）表示。将搅拌均匀的砂浆，先测其沉入量，然后装入分层度测定仪，静置 30 min 后，取底部 1/3 砂浆再测沉入量，先后两次沉入量的差值称为分层度。分层度大，表明砂浆易产生分层离析，保水性差。砂浆分层度以 10 ～ 20 mm 为宜。若分层度过小，则砂浆干缩较大，影响黏结力。为改善砂浆保水性，常掺入石灰膏、粉煤灰或微沫剂、塑化剂等。

2．抗压强度与强度等级

按《建筑砂浆基本性能试验方法标准》（JGJ/T 70—2009），以边长为 70.7 mm 的 6 个立方体试块按规定方法成型并养护至 28 d 后测定的抗压强度平均值（MPa），根据《砌体结构设计规范》（GB 50003—2011）的规定，砂浆强度等级可分为 M15.0、M10.0、M7.5、M5.0 和 M2.5 五个级别。

影响砂浆抗压强度的主要因素如下：

（1）基层为不吸水材料（如致密的石材）时，影响强度的因素主要是水泥强度和水胶比，水泥强度等级选择不当，水胶比偏大时，则强度降低。

（2）基层为吸水材料（如砖）时，由于砂浆具有一定的保水性，经基层吸水后，保留在砂浆中的水分几乎相同，因此，影响砂浆强度的因素主要是水泥强度与水泥用量，与水胶比无关。

3．黏结力

由于砖石等砌体是靠砂浆黏结成坚固整体的，因此，要求砂浆与基层之间有一定的黏结力。一般情况下，砂浆的抗压强度越高，则其与基层之间的黏结力越强。此外，黏结力也与基层材料的表面状态、清洁程度、润湿状况及施工养护条件等有关。

（三）砌筑砂浆

砌筑砂浆可用来砌筑砖、石或砌块，使之成为坚固整体。配合比可为体积比，也可为质量比。其配合比可查阅有关手册和资料选定，也可由计算得到初步配合比，再经试配调整后确定。

（四）抹灰砂浆

1. 普通抹灰砂浆

普通抹灰砂浆用来涂抹建筑物和构筑物的表面，其主要技术要求是工作性与黏结力。抹灰砂浆的功能是保护结构主体免遭各种侵害，提高结构的耐久性，改善结构的外观。常用的普通抹面砂浆有石灰砂浆、水泥砂浆、水泥混合砂浆、麻刀石灰砂浆或纸筋石灰砂浆等。为改善抹面砂浆的保水性和黏结力，胶凝材料的量应比砌筑砂浆多，必要时还可加入少量 108 胶，以增强其黏结力。为提高抗拉强度、防止抹面砂浆的开裂，常加入部分麻刀等纤维材料。通常分为两层或三层施工，各层的要求（如组成材料、工作性、黏结力等）不同。底层抹灰主要起与基层黏结的作用，用于砖墙的底层抹灰，多用石灰砂浆；板条墙及顶棚的底层多用混合砂浆；混凝土墙、梁、柱、顶板等底层抹灰多用混合砂浆麻刀石灰浆等。中层抹灰主要是为了找平，多用混合砂浆或石灰砂浆；面层抹灰主要起装饰作用，多用细砂配置的混合砂浆、麻刀石灰砂浆或纸筋石灰砂浆。在容易碰撞或潮湿部位应采用水泥砂浆，如墙裙、地面、窗台及水井等处可用配合比为 1∶2.5 的水泥砂浆。

2. 防水砂浆

制作防水层的砂浆叫防水砂浆。防水砂浆具有防水、防渗的作用，砂浆防水层又叫刚性防水层，适用于不受震动和具有一定刚度的混凝土和砖石砌体工程。防水砂浆可以用普通水泥砂浆制作，也可以在水泥砂浆中掺入防水剂以提高砂浆的抗渗性。常用的防水剂有氧化物金属盐类防水剂、硅酸钠类防水剂（如二矾、三矾等多种）以及金属皂类防水剂等。

防水砂浆的配合比，一般为水泥∶砂为 1∶2.0 ～ 1∶3.0，水粘比应为 0.50 ～ 0.55。宜用等级在 32.5 以上的普通水泥与中砂。施工时一般分五层涂抹，每层约 5 mm，第一层、第三层可用防水水泥净浆。

（五）装饰砂浆

涂抹在建筑物内外墙表面，具有美观装饰效果的抹面砂浆通称为装饰砂浆。若选用具有一种颜色的胶凝材料和集料及采用某种特殊的操作工艺，便可使表面呈现出各种不同的色彩、线条与花纹等装饰效果。其中，常用的胶凝材料有普通水泥、火山灰质水泥、矿渣水泥与白色水泥等，并且在它们中掺入耐碱矿物质颜料，也可直接使用彩色水泥。而集料则常采用带颜色的细石碴或碎粒（如大理石、陶瓷、花岗石和玻璃等）。

装饰砂浆可分为灰浆类砂浆饰面、石碴类砂浆饰面两大类。灰浆类砂浆饰面根据施工工艺的不同可分为拉毛灰、撒毛灰、搓毛灰、假面砖、假大理石、喷涂、滚涂、弹涂等；石碴类砂浆饰面则根据施工工艺可分为水刷石、斩假石、干粘石、水磨石等。同样通过采用不同的原材料和施工工艺可达到不同的装饰效果。以下为部分施工操作方法。

1. 拉毛灰

拉毛灰是在水泥砂浆或水泥混合砂浆抹灰的表面用拉毛工具（棕刷子、铁抹子或麻刷子等）将砂浆拉成波纹、斑点等花纹而做成的装饰面层。

2. 撒毛灰

撒毛灰是用茅草、高粱穗或竹条等绑成的茅扫帚蘸罩面砂浆均匀地撒在抹灰层上，形成云朵状、大小不一但有规律的饰面。

3. 扒拉灰

扒拉灰是用钢丝刷子在罩面上刷毛扒拉而形成的装饰面层。

4. 扒拉石

扒拉石适用于外墙装饰抹灰面层，用 1 ∶ 2 的水泥细砾石浆，厚度一般为 10 ～ 12 mm，然后用钉耙子扒拉表面。

5. 拉条抹灰

拉条抹灰是用专用模具把面层砂浆做出竖线条的装饰抹灰做法。

6. 假面砖

假面砖是用彩色砂浆抹成相当于外墙面砖分块形式与质感的装饰抹灰面。给假面砖抹灰用的彩色砂浆，一般按设计要求的色调调配数种，多配成土黄、淡黄或咖啡等颜色。

7. 仿石抹灰

仿石抹灰又称“仿假石”，是用砂浆分出大小不等的横平竖直的矩形格块，用竹丝绑扎成能手握的竹丝帚，用人工扫出横竖毛纹或斑点，犹如石面质感的装饰抹灰。它适用于在影剧院、宾馆内墙面和庭院外墙面等处装饰抹灰。

二、特殊用途的砂浆

特殊用途的砂浆主要是指具有某种特殊性能的砂浆，如防水、绝缘、吸声、耐酸、防辐射、膨胀等。根据不同要求，选用相应的材料，并配以适合的工艺操作而成。

1. 防水砂浆

防水砂浆是指专门用作防水层的特种砂浆，是在普通水泥砂浆中掺入防水剂配制而成的。防水砂浆主要用于刚性防水层，这种刚性防水层仅用于不受振动和具有一定刚度的混凝土和砖石砌体工程，对于变形较大或可能发生不均匀沉陷的建筑物，不宜采用刚性防水层。

为达到高抗渗的目的，对防水砂浆的材料组成有以下几点要求：

（1）应使用 42.5 级及以上的普通水泥或微膨胀水泥，适当增加水泥用量。

（2）应选用级配良好的洁净中砂，胶砂比应控制在 1 ∶ 2.5 ～ 1 ∶ 3.0。

（3）水胶比应保持为 0.5 ～ 0.55。

（4）掺入防水剂，一般是氯化物金属盐类或金属皂类防水剂，可使砂浆密实不透水。

2．装饰砂浆

装饰砂浆是指专门用于建筑物室内外表面装饰，以增加建筑物美观为主的砂浆。常以白色水泥、彩色水泥、石膏、普通水泥、石灰等为胶凝材料，以白色、浅色或彩色的天然砂、大理石或花岗石的石屑或特制的塑料色粒为集料，还可利用矿物颜料调制多种色彩，再通过表面处理来达到不同要求的建筑艺术效果。

装饰砂浆饰面可分为灰浆类饰面和石渣类饰面两类。灰浆类饰面是通过水泥砂浆的着色或表面形态的艺术加工来获得一定色彩、线条、纹理质感达到装饰目的的一种方法，常用的做法有拉毛灰、甩毛灰、搓毛灰、扫毛灰、喷涂、滚涂弹涂拉条、假面砖、假大理石等；石碴类饰面是在水泥浆中掺入各种彩色石碴做集料，制出水泥石碴浆抹于墙体基层表面，常用的做法有水刷石、斩假石、拉假石、干贴石、水磨石等。

3．吸声砂浆

吸声砂浆采用水泥、石膏、砂、锯末按体积比 1 ∶ 1 ∶ 3 ∶ 5 配制，或在石灰、石膏砂浆中掺加玻璃棉、矿棉等纤维材料制作，主要用于建筑内墙壁及平顶吸声。

4．绝热砂浆

绝热砂浆采用水泥、石灰、石膏等胶凝材料与多孔集料（膨胀珍珠岩膨胀蛭石等）按比例制成，用于屋面、墙壁绝热层。

5．耐酸砂浆

耐酸砂浆用水玻璃与氟硅酸钠拌制，还可加入粉状细集料（石英岩、花岗石铸石等）制作而成，可用于砌衬耐酸地面。

6．防辐射砂浆

防辐射砂浆是在水泥浆中加入重晶石粉、重晶石砂，水泥∶重晶石粉∶重晶石砂的比例为 1∶0.25 ∶（4 ～ 5），还可加入硼砂、硼酸，用于射线防护工程。

7．膨胀砂浆

膨胀砂浆是在水泥中加入膨胀剂或使用膨胀水泥制成，主要用于修补及大型工程中填隙密封。

※习　题

简答题

1. 什么是建筑砂浆？它有哪些类别？
2. 建筑砂浆有哪些技术性质？
3. 装饰砂浆的施工工艺有哪些？

单元八

混 凝 土

混凝土是土木工程中用途最广、用量最大的一种建筑材料。人们在日常生活中可以看到，居住的房屋、公路路面、桥梁、大坝等建筑物和构筑物中都含有大量混凝土。

【知识目标】

1. 掌握混凝土的定义及组成材料；
2. 掌握普通混凝土的主要技术性质；
3. 熟悉轻混凝土的主要性能；
4. 熟悉沥青混凝土的分类及主要技术性质；
5. 熟悉防水混凝土和装饰混凝土的主要技术性质。

【能力目标】

1. 能够区分各种混凝土的用途；
2. 能够合理选用园林景观工程水泥制品。

【素质目标】

1. 具有善于沟通的职业品质；
2. 培养能够运用专业理论、方法和技能解决实际问题的能力。

【实验实训】

到当地有关商混站识别与选购各种混凝土。

混凝土是由胶凝材料、细集料、粗集料、水及必要时掺入的化学外加剂组成，经过胶凝材料凝结硬化后，形成具有一定强度和耐久性的人造石材。普通混凝土则是由水泥、砂、石子、水及必要时掺入的化学外加剂组成，经过水泥凝结硬化后形成的人造石材，又称为水泥混凝土，简称“混凝土”。

目前，混凝土是一种主要的景观建筑工程材料，在景观建筑、给水排水工程、园路工程、桥梁工程、水管工程等方面都有广泛的应用。

知识拓展

混凝土常见的质量缺陷

（1）施工期质量缺陷。混凝土浇筑后随即遭受较长时间的负温，尤其当气温为 –5 ℃～ –10 ℃，大量自由水向结构物表面、集料表层汇集，形成透镜状冰晶。在随后的龄期中，气温缓慢回升，冰晶融化，水分挥发，留下内部缺陷，强度不可恢复，还会损失绝大部分抗渗性、抗冻性。

（2）水化温峰时遭受负温。大体积结构的温峰一般出现在浇筑后 24 ～ 72 h，若在此时遭受较低负温而且没有必要的保温措施，混凝土便会开裂。

（3）外观质量缺陷。例如露筋、蜂窝、孔洞、夹渣、疏松、裂缝、连接部位缺陷、外形缺陷、外表缺陷等。

一、普通混凝土

（一）普通混凝土的基本组成材料

混凝土是一个宏观匀质、微观非匀质的堆聚结构。水泥浆包裹砂粒，填充砂粒间的空隙形成水泥砂浆，水泥砂浆包裹石子并填充石子间的空隙而形成混凝土。

1. 混凝土结构

水泥 + 水→水泥浆 + 砂→水泥砂浆 + 石子→混凝土拌合物→硬化混凝土。

2. 混凝土体积构成

水泥石：25%左右；砂和石子：70%以上；孔隙和自由水：1%～ 5%。

3. 组成材料的作用

混凝土各组成材料的作用见表 1–13。

表 1–13　混凝土各组成材料的作用

组成材料	硬化前	硬化后
水泥 + 水	润滑作用	胶结作用
砂 + 石子	填充作用	骨架作用

4. 混凝土的特点

（1）优点：混凝土的主要优点有抗压强度高、耐久、耐火、维修费用低；原材料丰富、成本低；混凝土拌合物具有良好的可塑性；混凝土与钢筋黏结良好，一般不会锈蚀钢筋。

（2）缺点：混凝土的主要缺点有抗拉强度低（为抗压强度的 1/10 ～ 1/20）、变形性能差；导热系数大［约为 1.8 W/（m · K）］；体积密度大（约为 2 400 kg/m^3）；硬化较缓慢。

（二）普通混凝土的主要技术性质

1．混凝土的和易性

混凝土的各组成材料按一定比例配合、拌制成的尚未凝结硬化的混合物，称为新拌混凝土或混凝土拌合物。和易性是指混凝土拌合物的施工操作（拌和、运输、浇灌、捣实）的难易程度和抵抗离析作用程度并能获得质量均匀、密实混凝土的性能。和易性包含流动性、黏聚性、保水性。

（1）流动性是指混凝土在本身自重或施工机械振捣作用下，能产生流动并且均匀密实地填满模板的性能。流动性反映拌合物的稀稠，关系着施工振捣的难易和浇筑的质量。

（2）黏聚性是指混凝土中各组成材料之间具有一定的内聚力，在运输和浇筑过程中不致产生离析和分层现象的性质，保持整体均匀的性能。

（3）保水性是指混凝土具有一定的保持内部水分的能力，在施工过程中不致发生泌水现象的性质。混凝土拌合物中的水，一部分是保证水泥水化所需的水量；另一部分是为使混凝土拌合物具有足够流动性，便于浇捣所需的水量。

2．混凝土拌合物的凝结时间

混凝土拌合物的凝结时间与所采用的水泥的凝结时间并不相等。水泥品种、环境温度、湿度、掺合料、外加剂、水泥的水化反应是影响混凝土凝结时间的主要因素。

（1）在环境的温度、湿度条件相同且掺合料、外加剂也相同的条件，混凝土所用水泥的凝结时间长，则混凝土拌合物凝结时间也相应较长

（2）混凝土的水胶比越大，拌合物的凝结时间越长。

（3）掺粉煤灰、缓凝剂，凝结时间增长。

（4）混凝土所处环境温度高，拌合物凝结时间缩短。

新拌混凝土的凝结时间可分为初凝时间和终凝时间。初凝时间表示施工时间的极限；终凝时间表示混凝土力学强度开始快速发展。因此，混凝土的初凝时间直接限制了新拌混凝土从机口出料到浇筑完毕的时间。新拌混凝土必须在初凝前浇筑完毕。

3．混凝土的强度

强度是新拌混凝土硬化后的重要力学性质，也是混凝土质量控制的主要指标。混凝土的强度包括抗压强度、抗拉强度、抗弯强度、抗剪强度等。其中抗压强度最大，混凝土也主要用于承受压力。

抗压强度用试件破坏时单位面积（m^2）上所能承受的压力（N）表示，单位为Pa、kPa、MPa。

$$\frac{N}{m^2}=Pa$$

根据试件形状的不同，混凝土抗压强度可分为立方体抗压强度和轴心抗压强度（长方体）。

（1）立方体抗压强度（$f$cc）。标准立方体（边长 150 mm）试件在标准养护条件（20 ℃ ±2 ℃，相对湿度 95% 以上）下，养护到 28 d 龄期，测得每组三个试件的极限抗压强度平均值为混凝土标准立方体抗压强度。

$$f_{cc}=\frac{F}{A}$$

当采用非标准尺寸的试件，应将测定结果乘以换算系数，换算成标准值。采用 100 mm、200 mm 的立方体试件时，换算系数分别为 0.95、1.05。

（2）混凝土的强度等级。根据混凝土立方体抗压强度标准值（95% 的强度保证率），将混凝土划为 14 个强度等级，即 C15、C20、C25、C30、C35、C40、C45、C50、C55、C60、C65、C70、C75、C80。

强度等级表示的含义：

C30
"30"代表 $f_{cu,k}=30.0$ MPa；
"C"代表"混凝土"。

以上混凝土强度的范围：某混凝土，其 $f_{cu}=30.0\sim34.9$ MPa；其 $f_{cu,\ k}\geqslant30.0$ MPa 的保证率为 95%。

（3）影响混凝土强度的因素。混凝土的破坏形式可分为集料和水泥石分界面上的破坏；水泥石强度低，水泥石本身破坏；集料的破坏（可能性很小）。所以，混凝土强度取决于水泥石强度、水泥石与集料表面的黏结强度。

1）水泥强度与水胶比。水泥强度等级：水胶比一定时，水泥强度等级越高，水泥石强度越高，混凝土强度也越高。水胶比：水泥强度等级相同时，水胶比越小，水泥石强度越高，与集料黏结力越大，混凝土强度就越高。

2）集料的种类及级配。碎石表面越粗糙，集料与水泥砂浆之间黏结力越大，混凝土的强度越高。集料粒形以三维长度相等或相近的球形或立方体形为好。集料级配越好，填充越密实，混凝土强度越高。

3）施工因素的影响。搅拌越均匀，振捣越密实，混凝土强度越高；机械振捣比人工振捣更充分、均匀，混凝土强度更高。

4）养护条件的影响。混凝土的养护是混凝土浇筑完毕后，使混凝土在保持足够湿度和适当温度的环境中进行硬化，并增长强度的过程。混凝土强度取决于水泥的水化状况，受养护条件影响。养护温度高时，硬化速度较快，养护温度低时，硬化比较缓慢，当温度低至 0 ℃以下时，混凝土停止硬化，且有冰冻破坏的危险。

混凝土浇筑后，应在 12 h 内进行覆盖草袋、塑料薄膜等；使用硅酸盐、普通水泥拌制的混凝土，浇水养护时间应不小于 7 d；使用火山灰水泥、粉煤灰硅酸盐水泥或掺缓凝剂的混凝土，浇水养护应不小于 14 d。干燥条件下，浇水养护不得少于 21 d；平均温度低于 5 ℃时，不得浇水养护，可涂刷保护膜，防止水分蒸发。

混凝土浇筑的
注意事项

（4）提高混凝土抗压强度的措施。采用高强度等级水泥；采用单位用水量较小、水胶比较小的干硬性混凝土；采用合理砂率，以及级配合格、强度较高、质量良好的碎石；改进施工工艺，加强搅拌和振捣；采用加速硬化措施，提高混凝土的早期强度；在混凝土拌和时掺入减水剂或早强剂。

4．混凝土的耐久性

（1）抗渗性。混凝土的抗渗性是指混凝土抵抗压力水渗透的能力，用抗渗等级表示。抗渗等级是以 28 d 龄期的标准试件，按规定方法进行试验时所能承受的最大静水压力来确定。其可分为 P4、P6、P8、P10 和 P12 五个等级，分别表示混凝土能抵抗 0.4、0.6、0.8、1.0、1.2（MPa）的静水压力而不发生渗透。

（2）抗冻性。混凝土的抗冻性是指混凝土在饱和水状态下，能抵抗冻融循环作用而不发生破坏，强度也不显著降低的性质，用抗冻等级表示。抗冻等级是以 28 d 龄期的混凝土标准试件，在饱和水状态下，强度损失不超过 25%，且质量损失不超过 5% 时，所能承受的最大冻融循环次数来表示，有 F10、F15、F25、F50、F100、F200、F250 和 F300 等九个等级。

（3）抗侵蚀性。混凝土的抗侵蚀性主要取决于水泥石的抗侵蚀性。合理选择水泥品种、提高混凝土制品的密实度均可以提高抗侵蚀性。

（4）抗碳化性。混凝土的碳化主要是指水泥石的碳化。混凝土碳化使其碱度降低，从而使混凝土对钢筋的保护作用降低，钢筋易锈蚀；引起混凝土表面产生收缩而开裂。

（5）碱－集料反应。碱－集料反应是指水泥、外加剂等混凝土组成物及环境中的碱与集料中碱活性矿物在潮湿环境下缓慢发生并导致混凝土开裂破坏的膨胀反应。应严格控制水泥中碱的含量和集料中碱活性物质的含量。

5．提高混凝土耐久性的措施

（1）合理选择混凝土的组成材料。根据混凝土工程的特点或所处环境条件，选择水泥品种；选择质量良好、技术要求合格的集料。

（2）提高混凝土制品的密实度。严格控制混凝土的水胶比和水泥用量；选择级配良好的集料及合理砂率，保证混凝土的密实度；掺入适量减水剂，提高混凝土的密实度；严格按操作规程进行施工操作。

（3）改善混凝土的孔隙结构。在混凝土中掺入适量引气剂，可改善混凝土内部的孔结构，封闭孔隙的存在，可以提高混凝土的抗渗性、抗冻性及抗侵蚀性。

（三）混凝土的质量控制

混凝土质量是影响混凝土结构可靠性的一个重要因素，为保证结构的可靠性，必须在施工过程的各个工序对原材料，混凝土拌合物及硬化后的混凝土进行必要的质量控制。混凝土的质量用抗压强度作为评定指标。混凝土质量波动的原因主要有以下几点：

（1）原材料质量。材料中水泥是影响混凝土强度最重要的因素，如水泥品种、强度等级的改变、水泥的实际强度，储存水泥条件及存放时间的长短等均会引起混凝土质量的波动。

集料的产地、集料级配、集料质量与颗粒形状均会对混凝土强度产生影响，因此，重要的是尽量应用同一产地，同一品种、规格和级配的集料，同时注意集料的堆放应减少级配的变化。外加剂的品种、性能、掺量、掺加方式及外加剂质量的波动均会对混凝土质量产生影响。

（2）配料误差。

（3）施工工艺（拌和、运输、浇筑、捣实、温度与养护）。

（4）试验误差。

二、轻混凝土

体积密度小于 1 900 kg/m^3 的混凝土称作轻混凝土。轻混凝土主要用作保温隔热材料，也可以作为结构材料使用。一般情况下，体积密度较小的轻混凝土强度也较低，但保温隔热性能较好；体积密度较大的轻混凝土强度也较高，可以用作结构材料。

（一）轻混凝土的四种类型

1. 轻集料混凝土

轻集料混凝土这是一种以体积密度较小的轻粗集料、轻砂（或普通砂）水泥和水配制成的混凝土。制成的轻集料混凝土体积密度为 700 ～ 1 900 kg/m^3，强度可达 5 ～ 50 MPa。

2. 多孔混凝土

多孔混凝土是在混凝土砂浆或净浆中引入大量气泡而制得的混凝土。根据引气的方法不同，又可分为加气混凝土和泡沫混凝土两种。多孔混凝土的干体积密度为 300 ～ 800 kg/m^3，是轻混凝土中体积密度最小的混凝土。但由于其强度也较低，一般干态强度为 5.0 ～ 7.0 MPa，主要用于墙体或屋面的保温。

3. 轻集料多孔混凝土

轻集料多孔混凝土是在轻集料混凝土和多孔混凝土基础上发展起来的轻混凝土，即在多孔混凝土中掺加一定比例的轻集料。该混凝土的干体积密度为 950 ～ 1 000 kg/m^3 时，强度可达 7.5 ～ 10.0 MPa。

4. 大孔混凝土（或无砂大孔混凝土）

大孔混凝土是一种由粒径相近的粗集料、水泥和水为原料配制成的混凝土。由于粗集料粒径相近而又无细集料（砂），或仅有很少细集料对粗集料起黏结作用而无多余的水泥浆填充空隙，使混凝土内部形成很多大孔，从而降低体积密度，增加保温隔热性能。无砂大孔混凝土根据所用的集料是轻集料还是普通集料，体积密度可为 1 000 ～ 1 900 kg/m^3，强度一般为 5.0 ～ 15.0 MPa。

（二）轻集料混凝土的原材料组成

1．水泥

轻集料混凝土本身对水泥无特殊要求。选择水泥品种和水泥的强度等级仍要根据混凝土强度、耐久性的要求。因为轻集料混凝土的强度可以在一个很大的范围内（5 ～ 50 MPa）变动，所以一般不宜用高强度等级的水泥配制低强度等级的轻集料混凝土，以免影响混凝土拌合物的和易性。

2．轻集料

凡堆积密度小于或等于 1 200 kg/m^3 的人工或天然多孔材料，具有一定力学强度且可以用作混凝土的集料都称为轻集料。

（三）轻集料混凝土的性能

1．颗粒级配

结构轻集料混凝土中用的粗集料，其粒径不宜大于 20 mm；保温及结构保温轻集料混凝土用的粗集料，粒径不宜大于 30 mm。

2．堆积密度

轻集料混凝土堆积密度越大，强度越高。堆积密度小于 300 kg/m^3 者只能配制非承重、保温用的轻集料混凝土。

3．力学性能

（1）强度和强度等级。轻集料混凝土和普通混凝土相同，轻集料混凝土的强度等级也是以边长为 150 mm×150 mm×150 mm 立方体 28 d 抗压强度标准值作为数值标准的，而且与普通混凝土对应，划分为 CL5.0、CL7.5、CL10、CL15、CL20、CL25、CL30、CL35、CL40、CL45、CL50，共 11 个等级，“L”为英语“light”的第一个字母。轻集料混凝土强度增长规律与普通混凝土相似，但又有所不同。当轻集料混凝土强度较低时（强度等级小于或等于 CL15），强度增长规律与普通混凝土相似。而强度越高，早期强度与用同种水泥配比的同强度等级普通混凝土相比也更高。例如，CL30 的轻集料混凝土的 7 d 抗压强度即可达到 28 d 抗压强度的 80% 以上。

（2）变形性能。

1）弹性模量。混凝土的弹性模量大小取决于混凝土的集料和硬化水泥浆体的弹性模量及胶集比，由于轻集料的弹性模量比砂石低，所以轻集料混凝土的弹性模量普遍比普通混凝土低。根据轻集料的种类、轻集料混凝土强度及轻集料在混凝土中的配比不同，一般比普通混凝土低 25% ～ 65%，而且强度越低，弹性模量比普通混凝土低得越多。另外，轻集料的密度越小，弹性模量也越小。

2）徐变。对混凝土徐变的影响因素与对弹性模量的影响因素基本相似。一般情况下，弹性模量较大的混凝土，相应的徐变较小，所以，轻集料混凝土徐变比普通混凝土大。根据试验测定，CL20 ～ CL40 的轻集料混凝土的徐变值比 CL20 ～ CL40 的普通混凝土大 15% ～ 40%。

3）收缩变形。轻集料混凝土收缩变形大于同强度等级的普通混凝土，其原因与徐变类似。其中最主要的原因是轻集料混凝土中水泥用量较大，产生的化学收缩也较大。另外，轻集料混凝土干燥收缩值也较普通混凝土大。在干燥条件下，轻集料混凝土的最终收缩值为 0.4 ～ 1 mm/m，为同强度等级普通混凝土的 1 ～ 5 倍。试验还发现，全轻混凝土的收缩略高于砂轻混凝土，而砂轻混凝土的收缩又高于无砂轻集料混凝土。

4）温度变形。由于轻集料的弹性模量比砂石小，所以轻集料对水泥硬化浆体温度变形的约束力也比砂石小。按此推测，轻集料混凝土的温度变形应该比普通混凝土大。另外，轻集料本身的温度变形又小于砂、石，这就导致了轻集料混凝土的温度变形与同强度等级普通混凝土相差无几。

4. 吸水率

轻集料与普通集料相比，有较大的吸水率。吸水率过大会给混凝土性质带来不利影响，如施工时混凝土拌合物的和易性很难控制，硬化后会降低保温性能、抗冻性和强度。根据工程实践经验，一般不应大于 22%

5. 抗冻性

轻集料在吸水饱和状态下能经受多次冻结和融化的循环作用而不破坏，也不严重降低其强度的性能。国家标准规定，冻融循环 15 次的质量损失不大于 5%，则其抗冻性良好。在我国长江以南地区，对轻集料的抗冻性要求不严格。

6. 有害物质含量

有害物质主要是指硫酸盐、黏土块、烧失量、氯化物和有机物杂质。

（四）轻集料混凝土的施工

由于轻集料混凝土中轻集料表观密度小，孔隙大，吸水性强，在施工过程中应注意以下问题：

（1）为使轻集料混凝土拌合物的和易性和水胶比相对稳定，拌制前最好先将轻集料进行预湿，预湿方法是将轻集料在水中浸泡 1 h 后，捞出晾至表干无积水即可。在投料搅拌前，应先测定集料含水率。

（2）为防止轻集料拌制过程中上浮，可采取以下措施：

1）以适宜掺量的掺合料等量代替部分水泥可以增加水泥浆体的黏度。掺合料最好是硅灰，天然沸石粉，其次是粉煤灰。

2）尽量采用强制式搅拌机搅拌。搅拌时先加粗细集料、水泥及掺合料，干拌 1 min 后，加 1/2 拌合用水，再搅拌 1 min 后加剩余的 1/2 水，继续搅拌 2 min 以上即可出料。如掺加外加剂，可将外加剂溶入后加的 1/2 水中。

3）在保证不影响浇筑的前提下，采用较小的坍落度。

（3）为防止拌合物离析，除在配料设计中采取措施外，应尽量缩短拌合物的运输距离，如在浇筑前发现已严重离析，应重新进行搅拌。

（4）尽量采用机械振捣进行密实，如坍落度小于 10 mm，应采用加压振动方式进行捣实。

（5）应特别注意养护早期的保温，表面应盖草毡并洒水，常温养护时间视水泥品种不同应不少于 7 d，采用蒸汽养护升湿速度应控制在 2 ℃ /min 以下，如采用热拌工艺，升温速率可适当加快。

三、沥青混凝土

（一）沥青混合料的定义

沥青混合料是人工合理选择级配组成的矿质材料与适量沥青结合料拌和而成的材料，即沥青和级配矿料或集料按一定比例拌和而成的混合料。

（二）沥青路面材料的分类

沥青路面材料按结合料品种分，可分为石油沥青混合料、煤沥青混合料（结合品种不同，施工要求和技术性能不同）；按拌和与摊铺时温度分类，可分为热拌热铺（沥青与矿料都加热）、冷拌冷铺（沥青与矿料都不加热）、热拌冷铺（沥青加热，矿料不加热）。

（三）沥青混合料的技术性质

1. 高温稳定性

沥青混合料高温稳定性，是指沥青混合料在夏季高温（通常为 60 ℃）条件下，不产生车辙和波浪等病害的性能。

2. 低温抗裂性

对密级配沥青混合料在温度为 −10 ℃、加载速率为 50 mm/min 的条件下进行弯曲试验，测定破坏强度、破坏应变、破坏应变、破坏劲度模量，并根据应力应变曲线的形状来综合评价沥青混合料的低温抗裂性能。

3. 耐久性

从耐久性角度出发，希望沥青混合料空隙率尽量减少，以防止水的渗入和日光紫外线对沥青的老化作用等，但是一般沥青混合料中均应留出 3%～6%空隙，以备夏期沥青材料膨胀。沥青路面的使用寿命还与混合料中的沥青含量有很大的关系。沥青用量较最佳沥青用量少 0.5%的混合料能使路面使用寿命减少一半以上。

4. 抗滑性

注意粗集料的耐磨光性，应选择硬质有棱角的集料。硬质集料往往属于酸性集料，与沥青的黏附性差。对表面层（或磨耗层）的粗集料提出了磨光值指标。沥青用量超过最佳用量的 0.5%即可使抗滑系数明显降低。含蜡量对沥青混合料抗滑性有明显的影响，含蜡量高抗滑性差。

5．施工和易性

级配情况，如粗细集料的颗粒大小相距过大，缺乏中间尺寸，混合料容易离析；如细集料太少，沥青层就不容易均匀地分布在粗颗粒表面；细集料过多，则使拌和困难。另外，当沥青用量过少，或矿粉用量过多时，混合料容易产生疏松不易压实。

四、装饰混凝土

装饰混凝土可广泛应用于住宅、社区、商业、市政及娱乐等各种场合的人行道、公园、广场、游乐场、高级小区道路、停车场、庭院、地铁站台、游泳池等处的景观创造，具有极高的安全性和耐用性。同时，施工方便、无须压实机械，彩色也较为鲜艳，并可形成各种图案。更重要的是，它不受地形限制，可任意制作。装饰性、灵活性和表现力，正是装饰混凝土的独特性体现。

装饰混凝土可以通过不同的色彩与特定的图案相结合以达到不同的功能需要，警戒与引导交通的作用，如在交叉路口、公交车站、上下坡危险地段、人行道及引导车辆分道行驶地段。表面路面功能的变化，如停车场、自行车道、公共汽车专用道等。改善照明效果，采用浅色可以改善照明效果，如隧道、高架桥等对于行驶安全有更高要求的地段。美化环境，合理的色彩运用，有助于周围景观的协调、和谐和美观，如人行道、广场、公园、娱乐场所等。

混凝土是主要的建筑材料，但美中不足的是外观单调、呆板、灰暗，给人以沉闷与压抑的感觉。为了增强混凝土的视觉美感，建筑师采用各种艺术处理，使其呈现装饰效果，所以被称为装饰混凝土。混凝土的艺术处理方法有很多，如在混凝土表面做出线型、纹饰、图案、色彩等，以满足建筑立面、地面或屋面不同的美化效果。当前，装饰混凝土出现了许多种类，备受市场的青睐。装饰混凝土主要可分为以下几类：

（1）表面彩色混凝土。在混凝土表面着色时，一般采用彩色水泥和白色水泥、彩色与白色石子及石屑，再与水按一定比例配制成彩色饰面料；制作时先铺于模板底，厚度不小于 10 mm，再在其上浇筑普通混凝土。另外，还有一种方法，即在新浇筑混凝土表面上干撒着色硬化剂显色，或采用化学着色剂掺入已硬化混凝土的毛细孔，生成难溶且耐磨有色沉淀物而呈现色彩。

（2）整体彩色混凝土。一般采用白色水泥或彩色水泥、白色水泥或彩色石子、白色或彩色石屑及水等配制而成。混凝土整体着色既可满足建筑装饰的要求，又可满足建筑结构基本坚固性能的要求。

（3）立面彩色混凝土。通过模板，利用普通混凝土结构本身的造型、线型或几何外形，取得简单、大方、明快的立面效果，使混凝土获得装饰性。如果在混凝土构件表面浇筑出凹凸纹饰，可使建筑立面更加富有艺术性。

（4）彩色混凝土面砖。彩色混凝土面砖包括路面砖、人行道砖、车行道砖等。造型可分为普通型砖和异型砖，形状有方形、圆形、椭圆形、六角形等，表面可做成各种图案，又称花阶砖。采用彩色混凝土面砖铺路，可使路面形成多彩美丽的图案和永久性的交通管理标志，既美化了城市，又可使步行者足下生辉。

五、水泥制品

水泥制品就是以水泥为主要胶结材料制作的产品，如水泥管、水泥花砖、水磨石、混凝土预制桩、混凝土空心砖、加气混凝土砌块、混凝土空心板等。水泥制品可以由水泥混凝土制成，也可以由水泥砂浆制成。

1. 环保彩砖

环保彩砖是所有路面砖的统称，是利用粉煤灰、炉渣、煤矸石、尾矿渣、化工渣或者天然砂、海涂泥等（以上原料的一种或数种）作为主要原料，用水泥做凝固剂，不经高温煅烧而制造的一种新型墙体材料，广泛应用于各类广场、宾馆、会所、步行街、游乐场等，如图 1-117 所示。

图 1-117　环保彩砖

2. 路缘石

路缘石是公路两侧路面与路肩之间的条形构造物，因为形成落差，像悬崖，所以路缘石形成的条状构造，也称道崖。其结构尺寸通常有 99 cm×15 cm×15 cm、99.5 cm×30 cm×15 cm、74.5 cm×30 cm×15 cm、74.5 cm×40 cm×15 cm。一般高出路面 10 cm，设置在中间分隔带、两侧分隔带及路侧带两侧。路缘石可分为立缘石和平缘石。立缘石宜设置在中间分隔带、两侧分隔带及路侧带两侧。当设置在中间分隔带及两侧分隔带时，外露高度宜为 15 ～ 20 cm；当设置在路侧带两侧时，外露高度以 10 ～ 15 cm 为宜，如图 1-118 所示。

图 1-118　路缘石

3. 植草砖

植草砖是有混凝土、河砂、颜料等优质材料经过高压砖机振压而成的，完全免烧砖。其达到环保生产的要求，经过科学系统的养护，植草砖具有很强的抗压性，铺设在地面上有很好的稳固性，绿化面积广，能经受行人、车辆的碾压而不被损坏。同时，绿草的根部生长在植草砖下面，不会因此而受到各种伤害，因此建筑基础植草砖得到了广泛的使用，很多城市也正在使用建筑基础植草砖，如广州、长沙、武汉。建筑基础植草砖也得到一些方面的认可，它既可以方便人们出行，又可以增加城市的绿化面积，改善空气质量，如图 1–119 所示。

图 1–119　植草砖

4. 水泥管

水泥管又称水泥压力管、钢筋混凝土管，它可以作为城市建设建基中下水管道，可以排污水、防汛排水，以及一些特殊厂矿里使用的上水管和农田机井。水泥管一般可分为平口钢筋混凝土水泥管、柔性企口钢筋混凝土水泥管、承插口钢筋混凝土水泥管、F 形钢承口水泥管、平口套环接口水泥管、企口水泥管等，如图 1–120 所示。

图 1–120　水泥管

5. 水泥盖板

水泥盖板就是以水泥为主要材料，使用特定的水泥盖板模具制成的水泥预制板。水泥盖板一般用于下水道井盖、地下线缆抗压板、轻型排水过滤嘴盖板等施工场合，是街道中比较常见的水泥制品，如图 1–121 所示。

图 1-121　水泥盖板

※ 实训五

1. 实训目的

让学生自主地到商混站和施工现场进行考察与实训，了解常用混凝土的价格，熟悉混凝土材料的应用情况，能够准确识别各种常用混凝土的名称、规格、种类、价格、使用要求及适用范围等。

2. 实训方式

商混站的调查分析。

学生分组：以 3 ～ 5 人为一组，自主地到当地商混站进行调查分析。

重点调查：当地常用的混凝土及其特性。

调查方法：以咨询为主，认识各种混凝土，调查材料价格、收集材料样本图片、掌握材料的选用要求。

3. 实训内容及要求

（1）认真完成调研日记。

（2）填写材料调研报告。

（3）写出实训小结。

单元九

陶　瓷

陶瓷自古以来就是建筑物的优良装饰材料之一。陶瓷艺术是火与土凝结的艺术。现代建筑装饰工程中应用的陶瓷制品主要包括釉面内墙砖、陶瓷墙（外）地砖、卫生陶瓷、园林陶瓷、琉璃制品等。

【知识目标】

1. 熟悉陶瓷的概念与分类；
2. 掌握陶瓷砖的分类、技术要求及选用；
3. 掌握釉面砖（内墙砖）特点和应用；
4. 熟悉琉璃制品、景观陶盆、陶器图的使用。

【能力目标】

1. 能够对常见陶瓷制品进行分类；
2. 能够在园林工程景观中正确使用和配置陶瓷制品。

【素质目标】

1. 具有良好的组织、沟通和协作的能力；
2. 具有诚实守信的职业精神。

【实验实训】

到当地有关市场识别与选购各种陶瓷墙地砖。

一、陶瓷砖

（一）陶瓷的概念与分类

陶瓷是以黏土为主要原料，加上各种天然矿物，经过粉碎、混炼、成型和煅烧而制得的材料及各种制品。陶瓷是陶器与瓷器的总称，它们虽然都是由黏土和其他材料经烧结制成的，但杂质含量不同，陶杂质含量大，瓷杂质含量小或无杂质，而且其制品的坯体和断面也不同。还有一种介于陶和瓷之间的材料称为炻。因此，根据上述特点，陶瓷可更准确地分为陶器、炻器和瓷器三大类。

（二）陶瓷砖的分类

陶瓷墙（图 1–122）主要是指陶瓷墙地砖。陶瓷墙地砖为陶瓷外墙面砖和室内外陶瓷铺地砖的统称。陶瓷墙地砖质地较密实、强度高，吸水率小，热稳定性、耐磨性及抗冻性均较好。其表面质感多种多样，通过配料和改变制作工艺，可制成平面、麻面、毛面、磨光面、抛光面、纹点面、仿花岗石面、压花浮雕表面、无光釉面、有光釉面、金属光泽面、防滑面、耐磨面等不同种类的制品。

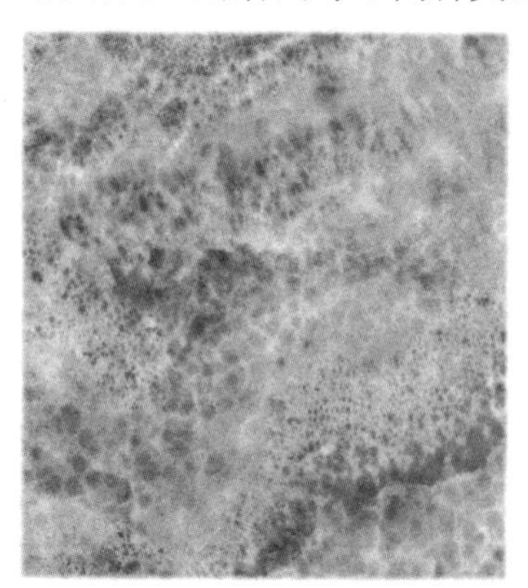

中国制陶技艺的产生及发展

图 1–122　陶瓷砖

1．按用途分类

陶瓷墙地砖按其用途，可分为墙面砖和地面砖，还可进一步细分为内墙砖（釉面砖）、外墙砖和地砖（地板砖）。

2．按表面是否施釉分类

陶瓷墙地砖按其表面是否施釉，可分为彩色釉面陶瓷墙地砖和无釉陶瓷墙地砖。其中彩色釉面陶瓷墙地砖又可分为普通釉面墙地砖和全抛釉墙地砖；无釉陶瓷墙地砖又可分为普通耐磨砖、全瓷抛光砖（玻化砖）和微晶石瓷砖等。

3．按成型方法分类

陶瓷墙地砖按其成型方法，可分为挤压砖（普通尺寸砖和精细尺寸砖）和干压砖。挤压砖是将可塑性坯料经过挤压机挤出成型，再将所成型的泥条按砖的预定尺寸进行切割，如劈离砖、普通内墙砖、外墙砖等；干压砖是将混合好的粉料置于模具中，在一定压力下压制成型的陶瓷墙地砖；此种工艺生产的陶瓷墙地砖吸水率极低、产品尺寸稳定、偏差小、强度高，适合制造大规格的全瓷抛光砖。

4．按陶瓷墙地砖产品的吸水率分类

根据《陶瓷砖》（GB/T 4100—2015）的规定，按吸水率不同，陶瓷墙地砖可分为三大类五小类：低吸水率砖（Ⅰ类），包括瓷质砖（$E \leqslant 0.5\%$）和炻瓷砖（$0.5\%<E \leqslant 3\%$）；中吸水率砖（Ⅱ类），包括细炻砖（$3\%<E \leqslant 6\%$）和炻质砖（$6\%<E \leqslant 10\%$）；高吸

水率砖（Ⅲ类），即陶质砖（E>10%）。

（三）陶瓷墙地砖的技术要求

《陶瓷砖》（GB/T 4100—2015）对陶瓷墙地砖的技术要求，分别按陶瓷墙地砖的吸水率及成型工艺所详细分类的 10 个品种进行规定，各有明确的技术性能指标及要求。

1. 尺寸偏差

（1）陶瓷墙地砖的长度、宽度和厚度允许偏差，以及边直度、直角度和表面平整度应符合《陶瓷砖》（GB/T 4100—2015）的规定。

（2）每块抛光砖（2 或 4 条边）的平均尺寸相对于工作尺寸的允许偏差为 ±1.0 mm。

（3）抛光砖的边直度、直角度允许偏差为 ±0.2%，表面平整度允许偏差为 ±0.15%；边直度最大偏差不超过 1.5 mm，直角度和表面平整度（用上凸和下凹表示）最大偏差为 2.0 mm。

2. 表面质量

至少 95% 的砖主要区域应无明显缺陷。

3. 主要物理性能

《陶瓷砖》（GB/T 4100—2015）对陶瓷墙地砖的主要物理性能指标［如吸水率（分平均值和单个值）、破坏强度、断裂模数、耐磨性、线性膨胀系数、抗热震性、抗釉裂性、抗冻性、抗冲击性、抛光砖光泽度］等都有明确的规定。

4. 化学性能

《陶瓷砖》（GB/T 4100—2015）对陶瓷墙地砖的耐污染性、抗化学腐蚀性、铅和镉的溶出量等都有明确的规定（图 1–123）。

图 1–123　陶瓷墙地砖

（四）陶瓷墙地砖的选用

陶瓷墙地砖具有强度高、耐磨、化学稳定性好、易清洗、不燃烧、耐久性好等优点，工程中应用较广泛。陶瓷砖的质量主要体现在以下几个方面。

1. 釉面

釉面应平滑、细腻，光泽釉面应晶莹亮泽，无光釉面应柔和、舒适。

2．色差

将几块陶瓷墙地砖拼放在一起，在光线下仔细察看，好的产品色差很小，产品之间色调基本一致；而差的产品色差较大，产品之间色调深浅不同。

3．规格

规格可用卡尺测量。好的产品规格偏差小，铺贴后，产品整齐划一，砖缝挺直，装饰效果良好；差的产品规格偏差大，块材间尺寸不同。

4．变形

变形可用肉眼直接观察，要求产品边直面平，这样产品变形小，施工方便，铺贴后砖面平整美观。

5．图案

花色图案要细腻、逼真，没有明显的缺色、断线、错位等缺陷。

6．色调

外墙砖的色调应与周围环境保持协调，高层建筑物一般不宜选用白色或过于浅色的外墙装饰砖，以避免使建筑物缺乏质感；在室内装饰中，地砖和内墙砖的色调要相互协调。

7．防滑

陶瓷砖的防滑性很重要，要求铺地砖要有一定的粗糙度和带有四凸花纹的表面，以提亮防滑性。

知识拓展

如何鉴别陶瓷墙地砖的质量

选择陶瓷墙地砖时需要注意的是，外墙砖施工要求较严格，若材料不合适、施工质量不好，经长期风吹、雨淋、日晒、昼夜温度交替后，外墙砖易出现脱落现象，既影响立面装饰性，又存在坠落伤人的风险。

选择陶瓷墙地砖时，可根据个人爱好和居室的功能要求，从规格、色调、质地等方面进行筛选。

质量好的地砖规格大小统一、厚度均匀，地砖表面平整光滑，无气泡、无污点、无麻面，色彩鲜明，均匀有光泽，边角无缺陷、不变形，花纹图案清晰，承压性能好，不易损坏。选购陶瓷墙地砖时，具体可注意以下几点：

（1）从包装箱中任取一块砖，看表面是否平整完好。有釉面的其釉面应均匀、光亮，无斑点、无缺釉、无磕碰，四周边缘规整，图案完整。

（2）取出两块砖，拼合对齐，中间缝隙越小越好，再看两块砖图案是否衔接、清晰。有些图案必须用四块砖才能拼合完整，则可把这一箱砖全部取出，平摆在一个大平面上，从稍远的地方看这些砖拼合的整体效果，其色泽应一致，如有个别砖的颜色深浅不同，出现色差，就会影响整体装饰效果。

（3）把砖一块接一块摞起，观察是否有翘曲变形现象，比较各砖的长、宽尺寸是否一致。

（4）拿一块砖敲击另一块砖，或用其他硬物去敲击砖块，如果声音异常，表明砖内有重皮或裂纹。

（5）装饰装修工程大批量使用陶瓷墙地砖时，其质量标准应严格参照《建筑装饰装修工程质量验收标准》（GB 50210—2018）。

（五）釉面砖（内墙砖）

釉面砖是釉面内墙砖的简称（因为绝大多数内墙砖有釉面），也称内墙砖、白瓷等，是以难熔黏土（耐火黏土、叶蜡石或高岭土）为主要原料，加入一定量非可塑性掺料和助熔剂共同研磨成浆体，经榨泥、烘干成为含一定水分的坯料后，通过模具压制成薄片坯体，再经烘干、素烧、施釉、釉烧等工序加工制成的精陶制品。

（1）特点。釉面砖是用于建筑物内墙面装饰的薄片状精陶建筑材料。其结构由坯体和表面釉彩层两部分组成。它具有色泽柔和、典雅、美观耐用、表面光滑洁净、耐火、防水、抗腐蚀、热稳定性能良好等特点。

（2）应用。由于釉面砖的热稳定性好、防火、防潮、耐酸碱、表面光滑、易清洗，常用于厨房、浴室、卫生间、实验室、医院等室内墙面、台面的装饰。釉面砖是多孔的精陶坯体，吸水率通常为 10% ～ 21%，在长期与空气的接触过程中，特别是在潮湿的环境中使用时，会吸收大量的水分而产生吸湿膨胀的现象；由于釉的吸湿膨胀非常小，当坯体膨胀的程度增长到使釉面处于张应力状态，超过釉的抗拉强度时，釉面就会发生开裂。因此，釉面砖不能用于室外，否则经风吹日晒、严寒酷暑，难免会碎裂。

※ 实训案例一

中原地区某高校办公楼工程竣工后，经过一个冬季，外墙勒脚贴的釉面砖出现大量裂纹与剥落，试分析原因。

［分析］

从外因上看，主要是当年出现罕见的低温冰冻，致使砂浆层与釉面砖、釉面砖中的釉与坯体收缩不一致，在一般温差下这种变形差异比较小，但当温差较大时，由于热胀冷缩过程中釉的变形大于坯体，因此出现裂纹，而砂浆层变形大于釉面砖，所以出现脱落；从内因上看，由于把内墙釉面砖用于室外，结果受干湿及温度变化的影响，引起釉面的开裂，最终导致出现剥落掉皮等现象。

外墙勒脚釉面砖应选用质量较好的有相应性能的品种。

二、琉璃制品

琉璃制品是一种具有中华民族文化特色与风格的传统建筑材料，虽然起源古老，但由于其独特的装饰性能，时至今日仍然是一种优良的高级建筑装饰材料。它不仅用于中国古典建筑物，也用于具有民族风格的现代建筑物。

琉璃制品是一种釉陶制品，用难熔黏土经制坯、干燥、素烧、施釉、釉烧等工艺制成，其成品质地致密、机械强度高，表面光滑、耐污、经久耐用。它的表面有多种纹饰，色彩鲜艳，有金黄、宝蓝、翠绿等颜色，造型各异，古朴而典雅。建筑琉璃制品可分为瓦类（板瓦、滴水瓦、筒瓦、沟头瓦等）、脊类（正脊筒瓦、正当沟等）和饰件类（吻、兽、博古等）三类。

琉璃瓦因价格贵而且沉重，主要用于具有民族色彩的宫殿式房屋，以及少数纪念性建筑物上。另外，琉璃瓦还常用以建造园林中的亭、台、楼、阁，以增加园林的特色（图 1–124）。

图 1–124　琉璃瓦

三、景观陶盆、陶器图

中国陶器生产的历史十分悠久，如河北省徐水区的南庄头遗址出土了 10 000 多年前生产的陶器；江苏省溧水区回峰山的神仙洞遗址出土了距今致 11 000 年的陶片。距今 8 000 年的新石器时代文化已出现了大量的红陶、灰陶、黑陶、白陶、彩陶、彩绘陶（图 1–125 和图 1–126）。

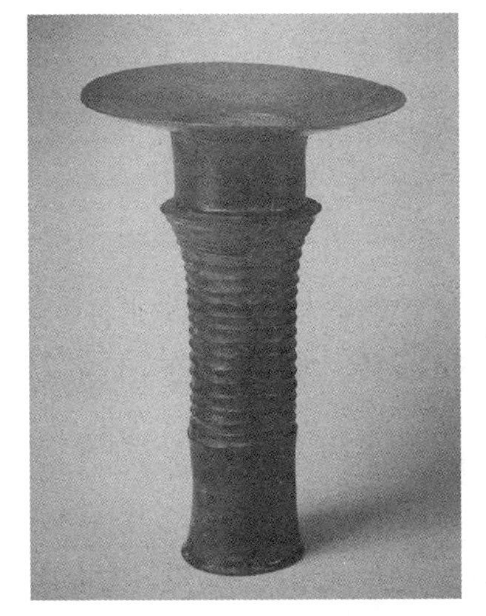

图 1–125　龙山文化蛋壳黑陶杯

图 1–126　东汉绿釉陶人俑

中国陶瓷是中国文化宝库中的瑰宝，是最富民族特色的日用工艺品。随着中国历史的发展，对外经济、文化的交往，陶瓷艺术传播到世界各国，许多国家瓷器工艺的发展都直接或间接地受到中国陶瓷工艺的影响。陶瓷也与茶叶、丝绸并称为中国三大特产而名扬中外（图 1–127 ～图 1–131）。

图 1–127　鸟形陶壶

图 1–128　叶纹陶钵

图 1–129　双耳瓮

图 1–130　白陶

图 1–131　陶瓷制品

※ 实训六

1. 实训目的

让学生自主地到建筑装饰材料市场和建筑装饰施工现场进行调查与实习，了解釉面砖和地砖的规格，熟悉其应用情况，能够掌握不同品牌釉面砖和地砖的价格、使用要求及适用范围等。

2. 实训方式

（1）建筑装饰材料市场的调查分析。

学生分组：以 3 ～ 5 人为一组，自主地到建筑装饰材料市场进行调查分析。

调查方法：以咨询为主，了解不同品牌的釉面砖和地砖的形态与价格，收集材料样本掌握材料的选用要求。

（2）建筑装饰施工现场装饰材料使用的调研。

学生分组：以 10 ～ 15 人为一组，由教师或现场负责人指导。

调查方法：结合施工现场和工程实际情况，在教师或现场负责人的指导下，熟知釉面砖和地砖在工程中的使用情况与注意事项。

3. 实训内容及要求

（1）认真完成调研日记。

（2）填写材料调研报告。

（3）写出实训小结。

单元十

合成高分子材料

本单元介绍了园林工程材料中常见合成高分子材料的基本知识，以塑料、胶粘剂为例，分别讲解了材料的定义、性质、应用等。要求学生掌握塑料的主要性质、常用塑料的性能及应用；了解胶粘剂的选择与应用。

【知识目标】

1. 熟悉合成高分子材料的概念；
2. 掌握塑料及塑料制品的主要特性、常见品种和应用；
3. 熟悉胶粘剂的组成与分类选用及使用注意事项。

【能力目标】

能够在园林工程中正确、合理选用合成高分子材料。

【素质目标】

1. 提升工作过程中的总结能力；
2. 培养能够运用专业理论、方法和技能解决实际问题的能力。

合成高分子材料是指以有机高分子化合物为主要成分的材料。合成高分子材料可分为天然高分子材料和合成高分子材料两类。木材、天然橡胶、棉织品、沥青等都是天然高分子材料；而现代生活中广泛使用的塑料、化学纤维及某些涂料、胶粘剂等，都是以高分子化合物为基础材料制成的，这些高分子化合物大多是人工合成的，故称为合成高分子材料。

高分子化合物概述

合成高分子材料是现代工程材料中不可缺少的一类材料。由于有机高分子合成材料的原料来源广泛，化学结合效率高，产品具有质轻、强韧、耐化学腐蚀、功能多样、易加工成型等优点，还可用作结构材料替代钢材、木材等。

一、塑料

塑料是指以合成树脂或天然树脂为主要基料，加入其他添加剂（如填料、增塑剂、稳定剂、润滑剂、色料等），经过混炼、塑化、成型，在一定温度和压力等条件下塑制成的具有一定形状，且在常温下保持形状不变的材料。其与合成橡胶、合成纤维并称为三大合成高分子材料（图 1-132）。

图 1-132　塑料

（一）塑料的主要特性

作为建筑材料，塑料的主要特性如下：

（1）质量轻，塑料密度一般为 0.8 ～ 2 g/cm³，特别是发泡塑料，因内部有微孔，质地更轻，其中低发泡泡沫塑料的密度大于 0.4 g/cm³，中发泡泡沫塑料的密度为 0.1 ～ 0.4 g/cm³，高发泡泡沫塑料的密度小于 0.1 g/cm³。这种特性使得塑料可用于要求减轻自重的产品生产中。

（2）比强度高（强度除以密度就是比强度）。塑料及其制品的比强度高，远远超过水泥、混凝土，接近或超过钢材，是一种优良的轻质高强材料。但与其他材料相比，塑料也存在明显的缺点，如易燃烧、刚度不如金属高、耐老化性差、不耐热等。

（3）导热性低。塑料的导热性较低，泡沫塑料的微孔中含有气体，故其隔热、隔声、防振性好。如聚氯乙烯的导热系数仅为钢材的 1/357、铝材的 1/1 250。在隔热能力上，单玻塑窗比单玻铝窗高 40%，双玻塑窗比单玻铝窗高 50%。将塑料窗体与中空玻璃结合起来在住宅、写字楼、病房、宾馆中使用，可节约能源，是良好的隔热、保温材料。

（4）电绝缘性好。塑料的导电性低，又因其热导率低，是良好的电绝缘材料，因而广泛用作装修电路的隐蔽管线。

（5）耐热性差、易燃。塑料一般是可燃的，燃烧时会产生大量烟雾，有时还会产生有毒气体，在使用时应特别注意，应采取必要的防护措施。

（6）易老化。塑料制品在阳光、空气、热，以及环境介质中的酸、碱、盐等作用下，其机械性能变差，易发生硬脆、破坏等现象，即产生所谓的老化。但经改进后的塑料制品的使用寿命可大大延长。

（二）常用的塑料品种

塑料制品的应用

1. 聚氯乙烯塑料

聚氯乙烯（PVC）塑料是由氯乙烯单体聚合而成的，是常用的热塑性塑料之一。它的商品名称是“氯塑”。

聚氯乙烯塑料在建筑中的应用十分广泛，可制成塑料地板、百叶窗、门窗框、楼梯扶手、踢脚板、密封条、管道、屋面采光板等（图 1-133）。

图 1-133　聚氯乙烯制品

硬质聚氯乙烯管材是以聚氯乙烯树脂为主要原料，加入稳定剂、抗冲击改性剂、润滑剂等助剂，经捏合、塑炼、切粒、挤出成型加工而成。硬质聚氯乙烯管材广泛用作化工、造纸、电子、仪表、石油等工业的防腐蚀流体介质的输送管道（但不能用于输送芳烃、脂烃、芳烃的卤素衍生物、酮类及浓硝酸等），也用作农业上的排灌类管道，建筑、船舶、车辆的扶手及电线电缆的保护套管等。

2. 聚乙烯塑料

聚乙烯（PE）塑料是乙烯单体的聚合物，由于在聚合时压力、温度等聚合反应条件不同，可得出不同密度的树脂（低密度聚乙烯、中密度聚乙烯和高密度聚乙烯）。

3. 聚丙烯塑料

聚丙烯（PP）塑料是由丙烯聚合而制得的一种热塑性树脂，有等规物、无规物和间规物三种构型。聚丙烯塑料也包括丙烯与少量乙烯的共聚物在内，通常为半透明无色固体，无臭无毒；由于结构规整而高度结晶化，故熔点高达 167 ℃，耐热；密度为 0.90 g/cm^3，是较轻的通用塑料；耐腐蚀；抗拉强度达 30 MPa，强度、刚性和透明性都比聚乙烯塑料好。其缺点是耐低温冲击性差，较易老化，但可分别通过改性和添加抗氧剂予以克服。工程用聚丙烯纤维，可分为聚丙烯单丝纤维和聚丙烯网状纤维。聚丙烯网状纤维是以改性聚丙烯为原料，经挤出、拉伸、成网、表面改性处理、短切等工序加工而成的高强度束状单丝或网状有机纤维。因其固有的耐强酸、耐强碱、弱导热性，具有极其稳定的化学性能，加入混凝土或砂浆，可有效控制混凝土或砂浆因塑性收缩、干缩、温度变化等引起的微裂缝，防止及抑止裂缝的形成及发展，大大改善混凝土的阻裂抗渗性能、抗冲击及抗震能力，可广泛用于地下工程防水，工业民用建筑工程的屋面、墙体、地坪、水池、地下室及道路和桥梁工程中，是混凝土或砂浆工程抗裂、防渗、耐磨、保温的新型理想材料。

4. ABS 塑料

ABS 塑料是由丙烯腈、丁二烯和苯乙烯三种单体共聚而成的，具有优良的综合性能，三种组分各显其能，如丙烯腈使 ABS 塑料有良好的耐化学性及表面硬度，丁二烯使 ABS 塑料坚韧，苯乙烯则使其具有良好的加工性能。其综合性能取决于这三种单体在 ABS 塑料中的比例。ABS 塑料是一种较好的建筑材料，可用来制作带有花纹图案的塑料装饰板材。

知识拓展

塑料品种简易鉴别方法

塑料的鉴别可以利用红外线光谱仪、顺磁共振波谱仪及 X 射线仪等先进设备，但也可以用以下较为简易的方法进行鉴别：

（1）看。先看制品的色泽和透明度。透明的制品有聚苯乙烯和有机玻璃，半透明的制品有低密度聚乙烯、纤维素塑料、聚氯乙烯、聚丙烯、环氧树脂和不饱和树脂，不透明的制品有高密度聚乙烯、聚氨酯及各种有色塑料。

（2）听。用硬质物品敲击时，其声响不同，如聚苯乙烯似金属声，有机玻璃声音较粗、发闷。

（3）摸。用手摸产品，感觉像蜡状的，必定是聚烯烃材料。摸其软硬程度，塑料品种由硬到软的排列顺序大致为聚苯乙烯→聚丙烯→聚酰胺＋有机玻璃→高密度聚乙烯→硬聚氯乙烯→低密度聚乙烯→软聚氯乙烯。

测试表面硬度，用不同硬度铅笔划其表面，就能做出区别：聚乙烯塑料用 HB 铅笔能划出线痕；聚丙烯塑料用 ZH 铅笔能画出线痕。但由于人们生理情况的差异，感官鉴定所得出结果并不完全相同，因此本方法仅供参考。

（三）塑料板材

塑料板材是指以树脂为浸渍材料或以树脂为基材，采用一定的生产工艺制成的具有装饰功能的普通或异型断面的板材。其具有质轻、装饰性强、生产施工简单、易于保养、适合与其他材料复合等特点，主要用作护墙板、屋面板和平顶板。

1．塑料贴面板

塑料贴面板是将底层纸、装饰纸等用酚醛树脂或三聚氰胺甲醛等热固性树脂浸渍后，经热压固化而成的薄型贴面材料。由于采用热固性塑料，因此其耐热性优良，经 100 ℃以上的温度不软化、不开裂和不起泡，具有良好的耐烫、耐燃性；由于其骨架是纤维材料厚纸，因此有较高的机械强度，其抗拉强度可达 90 MPa，且表面耐磨。塑料贴面板表面光滑致密，具有较强的耐污、耐湿、耐擦洗性，并可耐酸、碱、油脂及酒精等溶剂的侵蚀，经久耐用。其表面可制成木材和石材的纹理图案，适用于室内外的门面、墙裙、柱面、台面、家具、吊顶等饰面工程。

2．聚碳酸酯采光板

聚碳酸酯采光板又称 PC 阳光板，是以聚碳酸酯塑料为基材，添加各种助剂，采用挤出成型工艺制成的一种栅格状中空结构异型断面板材。聚碳酸酯采光板的厚度有

4 mm、6 mm、8 mm、10 mm 几种，常用的板面规格为 5 800 mm×1 210 mm。其按产品结构可分为双层板和三层板，按是否含防紫外线共挤层，则分为含 UV 共挤层防紫外线型板和不含 UV 共挤层普通型板（图 1-134）。

图 1-134　聚碳酸酯采光板的应用

聚碳酸酯采光板的特点是轻、薄、刚性大，不易变形，色彩丰富，外观美丽，透光性好，耐候性好，适用遮阳棚、大厅采光天幕、游泳池和体育场馆的顶棚、大型建筑和蔬菜大棚的顶罩等。

3. 铝塑板

铝塑板是以经过化学处理的铝合金薄板为表层材料，用聚乙烯塑料作芯材，在专用铝塑板生产设备上加工而成的复合材料。其厚度有 3 mm、4 mm、5 mm、6 mm、8 mm 几种，常见规格为 1 220 mm×2 440 mm。铝塑板表面铝板经过阳极氧化和着色处理，色泽鲜艳。由于铝塑板采取了复合结构，因此其兼有金属材料和塑料的优点。铝塑板的主要特点是质量轻、坚固耐久、可自由弯曲且弯曲后不反弹。由于铝塑板经过阳极氧化和着色、涂装表面处理，因此不但装饰性好，而且有较强的耐候性，可锯、铆、刨（侧边）、钻、冷弯、冷折，易加工、组装、维修和保养（图 1-135）。

图 1-135　铝塑板

铝塑板优良的加工性能、绝佳的防火性和经济性、可选色彩的多样性、便捷的施工方法及高贵的品质决定了其用途广泛，如可用于建筑物的外墙和室内墙面、柱面及顶面的饰面处理，做广告招牌和展示台架等。铝塑板在国内已大量使用，属于一种新型金属塑料复合板材。为保护其在运输和施工时不被擦伤，铝塑板表面都贴着保护膜，待施工完毕后再行揭去。

4. 泡沫塑料板

泡沫塑料板是在树脂中加入发泡剂，经发泡、固化或冷却等工序制成的多孔塑料制品。其内部具有无数微小气孔，孔隙率高达 95% ～ 98%，且孔隙尺寸小于 1.0 mm，因此有优良的保温隔热性。泡沫塑料板根据软硬程度的不同，可分为软质泡沫塑料板、半硬质泡沫塑料板和硬质泡沫塑料板三种；根据气泡结构，可分为开孔泡沫塑料板和闭孔泡沫塑料板。开孔泡沫塑料板的泡孔互相连通、互相通气，其特点是具有良好的吸声性能和缓冲性能；闭孔泡沫塑料板的泡孔互不贯通、互不相干，其特点是具有较低的导热性，吸水性较小，有漂浮性能。

建筑上常用的泡沫塑料板有聚苯乙烯、聚氯乙烯、聚氨酯、脲醛等泡沫塑料板。目前，泡沫塑料板正逐步成为墙体保温的主要材料。

5. 塑料地板

塑料地板是以聚氯乙烯及其共聚树脂为主要原料，加入填料、增塑剂、稳定剂、着色剂等辅料，经压延、挤出或热压工艺所生产的单层或同质复合型的半硬质塑料地板片材或软质塑料地板卷材。

（1）分类。

1）塑料地板按所使用的树脂，可分为聚氯乙烯树脂型、氯乙烯－乙酸乙烯型、聚乙烯树脂型、聚丙烯树脂型、聚氨酯树脂型等。由于聚氯乙烯具有较好的阻燃性和自熄性，因此目前聚氯乙烯塑料地板使用面最广。

2）塑料地板按生产工艺可分为两种：一种是同质透心的，就是从底到面的花纹材质都是一样的；另一种是复层的，就是最上面一层为纯聚氯乙烯透明层，下面是印花层和基层，最下面是发泡层或弹性垫层。

3）塑料地板按其使用状态，可分为塑料地板块材（片材）和塑料地板卷材（或地板革）两种。

①塑料地板块材颜色有单色和拉花两个品种，厚度约为 1.5 mm，属于中低档地板。塑料地板块材的主要优点是如在使用过程中出现局部破损，可局部更换，不会影响整个地面的外观，但由于其接缝较多，施工速度较慢。

②塑料地板卷材其主要优点是铺设速度快，接缝少，但局部破损，不便修复（图 1-136）。

图 1-136　塑料地板

（2）特点及应用。塑料地板具有色彩丰富、图案多样、平滑美观的特点，其柔韧性好、耐冲击、防滑、隔声、保温、耐水防潮、耐腐蚀、抗菌、抗静电、易清洗、耐磨损，并具有一定的电绝缘性，且价格低、施工简便。但与陶瓷、石材相比，其不耐高温、防火性较差、硬度低、耐刻划性能差、受重物挤压时易变形。

塑料地板适用于宾馆、饭店、写字楼、办公楼、医院、实验室、厂房、幼儿园、体育馆、商场等建筑物室内和车（船）的候车（船）室等的地面装修与装饰。

知识拓展

塑料的发展趋势

塑料的发展趋势可概括为两方面：一方面是提高性能，即以各种方法对现有品种进行改性，使其综合性能得到提高；另一方面是发展功能，即发展具有光、电、磁等物理功能的高分子材料，使塑料能够具有光电效应、热电效应、压电效应等。

从当前塑料研发情况来看，德国和瑞典居首位，日本和欧洲一些国家次之，美国较慢。目前，国外塑料包装呈以下发展趋势：

（1）共聚复合包装膜。当前欧美一些国家大量投资开发非极性、极性乙烯共聚物等，这将大大提高塑料薄膜的拉伸和共挤性能，并提高透明度、密封强度、抗应力、抗龟裂能力，以及增强稳定性能、改善分子量均匀性与挤塑流变性能。专家们认为，当前世界塑料行业的发展重点是塑料改性技术、塑料制品的涂布技术、废塑的快速生物降解技术和塑料的回收再利用综合技术。如欧美一些厂商采用以线性乙烯－α 烯共聚物与乙烯乙酸乙烯共聚物混料制作的 PA 袋，适合包装冰激凌、乳脂类等食品使用。

（2）多功能性复合薄膜。国外大量开发多功能性复合薄膜，使其作用进一步细化。如耐寒薄膜可耐 −18 ℃～ −35 ℃低温环境；对 PP 进行防潮处理制成的防潮薄膜，其系列产品可分为防潮、防结露、防蒸冷、可调节水分等类型；防腐膜可包装易腐、酸度大、甜度大的食品；摩擦薄膜堆垛稳定；特种 PE 薄膜耐化学腐蚀；防蛀薄膜中添加了无异味防虫剂；以双向拉伸尼龙 66 的耐热薄膜取代双向拉伸尼龙 6 包装食品，可耐 1 40 ℃高温；新型专用食品包装膜可提高食品包装的保香性；非结晶尼龙薄膜透明度类似于玻璃，高屏蔽薄膜可保色、香、味等营养指标及口感质量的稳定性；金属保护膜采用 LDPE 改性薄膜包装液态产品，在低温环境下可热封，PP 合成纸可提高包装的耐光性、耐寒性、耐热性、耐水性、耐潮性、抗油脂性、抗酸性、抗碱性及抗冲击性等。

※ 实训案例二

铝塑板在幕墙装修工程中的应用实例

1. 工程名称

某办公楼室外幕墙装修工程。

2. 工程概况

建筑面积：5 000 m^2。

幕墙面积：2 360 m^2。

建筑结构：四层砖混结构。

设计要求：建筑外墙勒脚处粘贴 1.2 m 高蘑菇石，勒脚上部墙面为铝塑板金属幕墙与点式玻璃幕墙相结合，入口为高档复古铜门，台阶、雨篷及入口墙面采用进口花岗石饰面装修（干挂），花岗石机刨台阶石，窗采用彩色铝合金推拉窗。

3．材料选用

（1）幕墙骨架的选用；选用铝合金幕墙骨架，壁厚为 2.0 mm。密封胶、配件及连接件等符合幕墙设计要求。

（2）铝塑板的选用：选用外墙铝塑板（双面），板材规格为 1 220 mm × 2 440 mm，板材厚度为 4 mm，铝板厚度为 0.5 mm；市场参考价为 300.00 元 / 张。板材与龙骨之间采用铝铆钉和硅酮耐候胶黏结。

二、胶粘剂

胶粘剂是指具有黏结性能，能在两个物体表面间形成薄膜并使之牢固的黏结在一起的材料。与焊接、铆接、螺纹连接等连接方式相比，胶接具有很多突出的优越性，如黏结为面连接，应力分布均匀，耐疲劳性好；不受胶结物的形状、材质限制；胶接后具有良好的密封性能；几乎不增加黏结物的质量；胶接方法简单等。胶粘剂在景观工程中的应用越来越广泛，成为工程上不可缺少的重要配套材料。

1．胶粘剂的组成与分类

胶粘剂是一种多组分的材料，一般由黏结物质、固化剂、增韧剂、填料、稀释剂和改性剂等组分配制而成，见表 1-14。

表 1-14　胶粘剂按黏结物质的性质分类

<table>
<tr><td rowspan="12">胶粘剂</td><td rowspan="7">有机类</td><td rowspan="4">合成类</td><td rowspan="2">树脂型</td><td>热固性：酚醛树脂、环氧树脂、不饱和聚酯等</td></tr>
<tr><td>热塑性：聚酯酸乙烯酯、聚氯乙烯 – 醋酸乙烯酯</td></tr>
<tr><td colspan="2">橡胶类：再生橡胶、丁苯橡胶、氯丁橡胶、聚硫橡胶等</td></tr>
<tr><td colspan="2">混合型：酚醛 – 聚乙烯醇缩醛、酚醛 – 氯丁橡胶、环氧 – 酚醛、环氧 – 聚硫橡胶等</td></tr>
<tr><td rowspan="3">天然类</td><td colspan="2">葡萄糖衍生物：淀粉、糊粉、阿拉伯树胶、海藻酸钠等</td></tr>
<tr><td colspan="2">氨基酸衍生物：植物蛋白、酪朊、血蛋白、骨胶、鱼胶等</td></tr>
<tr><td colspan="2">天然树脂：木质素、单宁、松香、虫胶、生漆</td></tr>
<tr><td rowspan="5">无机类</td><td colspan="3">硅酸盐类</td></tr>
<tr><td colspan="3">磷酸盐类</td></tr>
<tr><td colspan="3">硼酸盐类</td></tr>
<tr><td colspan="3">硫磺胶</td></tr>
<tr><td colspan="3">硅溶胶</td></tr>
</table>

2．常用胶粘剂的选用

胶粘剂的品种繁多，不同种类的胶粘剂有着不同的组成成分、黏结性能和适用范围，目前还没有一种普遍适合、可以随意使用的真正“万能型”的胶粘剂，被粘材料和胶粘剂的种类繁多，使用环境也千变万化，工程中应根据上述介绍针对实际情况进行选用。建筑中常用胶粘剂的性能见表 1–15。

表 1–15　建筑中常用胶粘剂的性能

种类		性能	主要用途
热塑性合成树脂胶粘剂	聚乙烯醇缩甲醛类胶粘剂	黏结强度较高，耐水性、耐油性、耐磨性及抗老化性较好	粘贴壁纸、墙布、瓷砖等，可用于涂料的主要成膜物质，或用于拌制水泥砂浆
	聚乙酸乙烯酯类胶粘剂	常温固化快，黏结强度高，黏结层的韧性和耐久性好，不易老化，无毒、无味、不易燃爆，价格低，但耐水性差	广泛用于粘贴壁纸、玻璃、陶瓷、塑料、纤维织物、石材、混凝土、石膏等各种非金属材料，也可作为水泥增强剂
	聚乙烯醇胶粘剂（胶水）	为水溶性胶粘剂，无毒、使用方便，黏结强度不高	可用于胶合板、壁纸、纸张等的黏结
热固性合成树脂胶粘剂	环氧树脂类胶粘剂	黏结强度高，收缩率小，耐腐蚀，电绝缘性好，耐水、耐油	黏结金属制品、玻璃、陶瓷、木材、塑料、皮革、水泥制品、纤维制品等
	酚醛树脂类胶粘剂	黏结强度高，耐疲劳、耐热、耐气候老化	用于黏结金属、陶瓷、玻璃、塑料和其他非金属材料制品
	聚氨酯类胶粘剂	黏附性好，耐疲劳、耐油、耐水、耐酸、韧性好，耐低温性能优异，可室温固化，但耐热性差	适用于黏结塑料、木材、皮革等，特别适用于防水、耐酸、耐碱等工程
合成橡胶胶粘剂	丁腈橡胶胶粘剂	弹性及耐候性良好，耐疲劳、耐油、耐溶剂性好，耐热，有良好的混溶性，但黏着性差，成膜缓慢	适用于耐油部件中橡胶与橡胶、橡胶与金属、织物等的黏结，尤其适用于黏结软质聚氯乙烯材料
	氯丁橡胶胶粘剂	黏附力、内聚强度高，耐燃、耐油、耐溶剂性好，但储存稳定性差	适用于结构黏结，如橡胶、木材、陶瓷、石棉等不同材料的黏结
	聚硫橡胶胶粘剂	有良好的弹性、黏附性，耐油、耐候性好，对气体和蒸汽不渗透，防老化性好	用作密封胶，用于路面、地坪、混凝土的修补、表面密封和防滑，用于海港、码头及水下建筑物的密封
	硅橡胶胶粘剂	良好的耐紫外线、耐老化性，耐热、耐腐蚀性、黏附性好，防水防震	适用于金属、陶瓷、混凝土、部分塑料的黏结，尤其适用于门窗玻璃的安装，以及隧道、地铁等地下建筑中瓷砖、岩石接缝间的密封

3．胶粘剂使用的注意事项

为了提高胶粘剂的胶结强度，满足工程需要，使用胶粘剂进行施工时应注意下列事项：

（1）清洗要干净。彻底清除被黏结物表面上的水分、油污、锈蚀和漆皮等附着物。

（2）胶层要匀薄。大多数胶粘剂的胶结强度随胶层厚度增加而降低。胶层薄，胶面上的黏附力起主要作用，而黏附力往往大于内聚力，所以胶层产生裂纹和缺陷的概率较小，胶结强度较高。但胶层过薄时易产生缺胶，更影响胶结强度。

（3）晾置时间要充分。对含有稀释剂的胶粘剂，胶结前一定要晾置，使稀释剂充分挥发，否则在胶层内会产生气孔和疏松现象，影响胶结强度。

（4）固化要完全。胶粘剂中的固化一般需要一定的压力、温度和时间。加一定的压力有利于胶液的流动和湿润，保证胶层的均匀和致密，使气泡从胶层中挤出；温度是固化的主要条件，适当提高固化温度有利于分子间的渗透和扩散，有助于气泡的逸出和增加胶液的流动性，通常温度越高固化越快，但温度也不能过高，否则会使胶粘剂发生分解，影响胶结强度。

知识拓展

建筑装修用胶粘剂选购要点

（1）查看产品合格证书、产品质量检验合格证书。

（2）查看产品包装是否注明有害物质的名称及最高含量是否符合《室内装饰装修材料 胶粘剂中有害物质限量》（GB 18583—2008）的限制。

（3）抽验时，在同一批产品中随机抽取三份样品，每份不少于 0.5 kg，在三份中取一份检验，符合《室内装饰装修材料 胶粘剂中有害物质限量》（GB 18583—2008）规定的为合格；否则，应对样品复检。若复检后仍不符合《室内装饰装修材料 胶粘剂中有害物质限量》（GB 18583—2008）的规定，即判定产品不合格。

（4）查看胶粘剂外包装上注明的生产日期，过了储存期的胶粘剂质量可能会下降。

（5）如果开桶查看，胶粘剂的胶体应均匀、无分层、无沉淀，开启容器时无冲鼻刺激性气味。

（6）注意检查产品用途说明与选用要求是否相符。

单元十一

防水材料与土工合成材料

建筑防水材料是防水工程的物质基础，是保证建筑物与构建物防止雨水侵入、地下水等水分渗透的主要屏障，防水材料的优劣对防水工程的影响极大，因此必须从防水材料着手来研究防水问题，本单元介绍了防水材料的定义、性质、分类及应用等。

【知识目标】

1. 熟悉防水材料的作用和分类；
2. 掌握常用防水卷材、涂料的特点；
3. 熟悉防水材料的选用。

【能力目标】

学会挑选防水材料。

【素质目标】

1. 具有严谨的工作作风；
2. 具有吃苦耐劳、踏实肯干的工作态度。

【实验实训】

到当地有关市场识别与选购各种防水材料。

防水材料是指能够防止雨水、地下水与其他水渗透的重要组成材料。防水是建筑物的一项主要功能，而防水材料是实现这一功能的物质基础。

防水材料的主要作用是防潮、防漏、防渗，避免水和盐分对建筑物的侵蚀，保护建筑构件。

一、防水卷材

防水卷材是一种可卷曲的片状防水材料。

（一）沥青防水卷材

目前常用的防水卷材以沥青防水卷材为主，沥青防水卷材广泛应用在地下、水工、工业及其他建筑物和构筑物，特别是屋面工程中仍被普遍采用，如图 1-137 所示。

石油沥青油纸（简称“油纸”）是用低软化点石油沥青浸渍原纸（生产油毡的专用纸，主要成分为棉纤维，外加 20% ～ 30% 的废纸）而成的一种无涂盖层的防水卷材。主要用于多层（粘贴式）防水层下层、隔蒸汽层、防潮层等。

图 1-137　防水卷材

防水材料的施工

（二）高聚物改性沥青防水卷材

高聚物改性沥青防水卷材是以合成高分子聚合物改性沥青为涂盖层，纤维织物或纤维毡为胎体，粉状、粒状、片状或薄膜材料为覆盖材料制成的可卷曲片状防水材料。它克服了传统沥青卷材温度稳定性差、延伸率低的不足，具有高温不流淌、低温不脆裂、拉伸强度较高、延伸率较大等优异性能。

1. SBS 橡胶改性沥青防水卷材

SBS 橡胶改性沥青防水卷材是采用玻纤毡、聚酯毡为胎体，苯乙烯 - 丁二烯 - 苯乙烯（SBS）热塑性弹性体做改性剂，涂盖在经沥青浸渍后的胎体两面，上表面撒布矿物质粒、片料或覆盖聚乙烯膜，下表面撒布细砂或覆盖聚乙烯膜所制成的新型中、高档防水卷材，是弹性体橡胶改性沥青防水卷材中的代表性品种。

SBS 改性沥青防水卷材最大的特点是低温柔韧性能好，同时，也具有较好的耐高温性、较高的弹性及延伸率（延伸率可达 150%），较理想的耐疲劳性，广泛用于各类建筑防水、防潮工程，尤其适用于寒冷地 区和结构变形频繁的建筑物防水。

2. APP 改性沥青防水卷材

APP 改性沥青防水卷材是用无规聚丙烯（APP）改性沥青浸渍胎基（玻纤或聚酯胎），以砂粒或聚乙烯薄膜为防粘隔离层的防水卷材，属塑性体沥青防水卷材中的一种。

APP 改性沥青卷材的性能与 SBS 改性沥青性接近，具有优良的综合性质，尤其是耐热性能好，130 ℃的高温下不流淌、耐紫外线能力比其他改性沥青卷材均强，所以非常适用于高温地区或阳光辐射强烈地区，广泛用于各式屋面、地下室、游泳池、水桥梁、隧道等建筑工程的防水防潮。

3．再生橡胶改性沥青防水卷材

再生橡胶改性沥青防水卷材是用废旧橡胶粉作改性剂，掺入石油沥青，再加入适量的助剂，经辊炼、压延、硫化而成的无胎体防水卷材。其特点是质量轻，延伸性、耐腐蚀性均较普通油毡好，且价格低，适用于屋面或地下接缝等防水工程，尤其适用于基层沉降较大或沉降不均匀的建筑物变形缝处的防水。

（三）合成高分子防水卷材

合成高分子防水卷材是以合成橡胶、合成树脂或两者的共混体为基料，加入适量的化学助剂和填料，经混炼、压延或挤出等工序加工而成的可卷曲的片状防水材料。其抗拉强度、延伸性、耐高低温性、耐腐蚀、耐老化及防水性都很优良，是值得推广的高档防水卷材，多用于要求有良好防水性能的屋面、地下防水工程。

1．三元乙丙橡胶防水卷材

三元乙丙（EPDM）橡胶防水卷材是以三元乙丙橡胶为主体原料，掺入适量的丁基橡胶、硫化剂、软化剂、补强剂等，经密炼、拉片、过滤、压延或挤出成型、硫化等工序加工而成。其耐老化性能优异，使用寿命一般长达 40 余年，弹性和拉伸性能极佳，拉伸强度可达 7 MPa 以上，断裂伸长率可大于 450%，因此，对基层伸缩变形或开裂的适应性强，耐高低温性能优良，−45 ℃左右不脆裂，耐热温度达 160 ℃，既能在低温条件下施工作业，又能在酷热的条件长期使用。

2．聚氯乙烯防水卷材

聚氯乙烯防水卷材是以聚氯乙烯树脂为主要原料，并加入一定量的改性剂、增塑剂等助剂和填充料，经混炼、造粒、挤出压延、冷却、分卷包装等工序制成的柔性防水卷材。其具有抗渗性能好、抗撕裂强度较高、低温柔性较好的特点，与三元乙丙橡胶防水卷材相比，聚氯乙烯卷材的综合防水性能略差，但其原料丰富，价格较低，适用新建或修缮工程的屋面防水，也可用于水池、地下室、堤坝、水渠等防水抗渗工程。

3．氯化聚乙烯－橡胶共混防水卷材

氯化聚乙烯－橡胶共混防水卷材是以氯化聚乙烯树脂和合成橡胶共混物为主体，加入适量的硫化剂、促进剂、稳定剂、软化剂和填充料等，经过素炼、混炼、过滤、压延或挤出成型、硫化、分卷包装等工序制成的防水卷材。氯化聚乙烯－橡胶共混防水卷材兼有塑料和橡胶的特点，具有优异的耐老化性、高弹性、高延伸性及优异的耐低温性，对地基沉降、混凝土收缩的适应强，它的物理性能接近三元乙丙橡胶防水卷材，由于原料丰富，其价格低于三元乙丙橡胶防水卷材。

二、防水涂料

防水涂料是将在高温下呈黏稠液状态的物质，涂布在基体表面，经溶剂或水分挥发，或各组分间的化学变化，形成具有一定弹性的连续薄膜，使基层表面与水隔绝，并能抵抗一定的水压力，从而起到防水和防潮作用。

1. 冷底子油

冷底子油是用建筑石油沥青加入汽油、煤油、轻柴油等溶剂，或用软化点50 ℃～ 70 ℃的煤沥青加入苯，融合而配制成的沥青涂料。由于施工后形成的涂膜很薄，一般不单独使用，往往用作沥青类卷材施工时打底的基层处理剂，故称冷底子油。冷底子油黏度小，具有良好的流动性。涂刷混凝土、砂浆等表面后能很快渗入基底，溶剂挥发沥青颗粒则留在基底的微孔中，使基底表面憎水并具有黏结性，为黏结同类防水材料创造有利条件。

2. 沥青玛琋脂（沥青胶）

沥青玛琋脂是用沥青材料加入粉状或纤维状的填充料均匀混合而成的，按溶剂及胶粘工艺不同可分为热熔沥青玛琋脂和冷玛琋脂。

（1）热熔沥青玛琋脂（热用沥青胶）的配制通常是将沥青加热至150 ℃～ 200 ℃，脱水后与20% ～ 30% 的加热干燥的粉状或纤维状填充料（如滑石粉、石灰石粉、白云粉、石棉屑，木纤维等）热拌而成，热用施工。填料的作用是为了提高沥青的耐热性、增加韧性、降低低温脆性，因此用玛琋脂粘贴油毡比纯沥青效果好。

（2）冷玛琋脂（冷用沥青胶）是将40% ～ 50% 的沥青熔化脱水后，缓慢加入25% ～ 30% 的填料，混合均匀制成，在常温下施工。它的浸透力强，采用冷玛琋脂粘贴油毡，不一定要求涂刷冷底子油，它具有施工方便，减少环境污染等优点。目前，应用范围已逐渐扩大。

3. 水乳型沥青防水涂料

水乳型沥青防水涂料即水性沥青防水涂料，是以乳化沥青为基料的防水涂料，是借助于乳化剂作用，在机械强力搅拌下，将熔化的沥青微粒均匀地分散于溶剂中，使其形成稳定的悬浮体。这类涂料对沥青基本上没有改性或改性作用不大。水乳型沥青防水涂料主要有石灰乳化沥青、膨润土沥青乳液和水性石棉沥青防水涂料等，主要用于地下室和卫生间防水等。

三、防水材料的选用

防水材料的选择是防水工程设计的重要一环，具有决定性的意义。现在的防水材料品种繁多、形态不一，性能各异，价格高低悬殊；施工方式各具不同。因此要求选定的材料必须适应工程要求。工程地质水文、结构类型、施工季节、当地气候、建筑使用功能及特殊部位等，对防水材料都有具体的要求。

1. 气候条件

我国地域辽阔，南北方气温高低悬殊，如江南地区夏季气温通常超过 40 ℃，且持续数十日。暴露在屋面的防水层受到长时间的暴晒，从而影响了防水功能。选用的防水材料应是耐紫外线强的、软化点高的。

南方多雨，北方多雪，西部干旱。年降雨量在 1 000 mm 以上的约 15 个省、自治区、直辖市，多雨的季节屋面始终是湿漉漉的，排水不畅而积水，浸泡着防水层。耐水性不好的涂料，易发生再乳化或水化还原反应；不耐水泡的胶粘剂，严重降低黏结强度，使黏结合缝的高分子卷材开裂，特别是内排水的天沟，会因长时间积水浸泡而渗漏。因此，应选用耐水型防水材料。干旱少雨的西北地区，蒸发量远大于降雨量，常常雨后不见屋檐水。这些地区显然对防水的程度有所降低，二级建筑做一道设防也能满足防水要求，如果做好保护层，能够达到耐用年限。

在严寒地区，有些防水材料经不住低温冻胀收缩的循环变化，过早老化断裂。一年中有四五个月被皑皑的白雪覆盖，雪水长久浸渍防水层，而雪融化后又结冰，抗冻性不强、耐水不良胶粘剂都将失效。如果选用不耐低温的防水材料、应做倒置屋面。防水在施工季节也是不能忽视的。在华北地区，秋季也很冷，水溶性涂料不能使用，胶粘剂在 5 ℃时即会降低黏结性能，在低于 0 ℃时更不能施工。由于防水工程施工时是冬天，胶粘剂遇混凝土而冻凝，丧失黏合力。卷材合缝粘不住，致使施工失败，耽延工期、浪费材料。在东北，夏天可以施工怕冷的防水材料，但到了严寒的冬季，这些竣工的防水层，经受不住冻胀冷缩，过早老化。因此设计时应注意了解选用材料的适应温度。

2. 建筑部位

不同的建筑部位对防水材料的要求也不尽相同。每种材料都有各自的长处和短处，一种材料不能适应所有环境，用在什么地方都好的材料是没有的，各种材料只能互补，而不可取代，各自有用武之地。屋面防水和地下室防水，要求材性不同，而浴间防水和墙面防水更有差别，坡屋面、外形复杂的屋面、金属板基层屋面也不相同，选材时均当考虑周全。

屋面防水层暴露在大自然中，受到炎热日光的暴晒、狂风的吹袭、雨雪的侵蚀、严寒酷暑的温度折磨、昼夜温差的变化胀缩反复，没有优良的材性和良好的保护措施，难以达到要求的耐久年限。所以，应选择抗拉强度高、延伸率大、耐老化好的防水材料。

墙体渗漏的原因有两个，一是由于墙体太薄，并且多为轻型砌块砌筑，大量内外通缝；二是由于门窗樘与墙的结合处密封不严，雨水由缝中渗入。墙体防水不能用卷材，只能用涂料，而且和外装修材料结合。窗樘安装缝只有密封膏才能解决问题。

地下防水层长年浸泡在水中或十分潮湿的土壤中，防水材料必须耐水性好。不能用易腐烂的胎体制成的卷材，底板防水层应用厚质的，并且有一定抵抗扎刺能力的防水材料。最好叠层 6 ～ 8 mm 厚。如果选用合成高分子卷材，最宜热焊合接缝。使用胶粘剂合缝者，其胶应耐水性优良，否则再好的卷材也不能选用。使用防水涂料应慎重。

垃圾掩埋场、湖塘沟渠种植屋面的防水选材，以聚乙烯土工膜为最好，幅宽为 5 m 以上，焊结合缝，耐穿刺性好。

城市建设中的立交桥工程越来越多，钢筋混凝土梁板必须防水，才能延长使用寿命。因为在防水层上铺高温沥青混凝土路面，所以防水层应耐 110 ℃的高温。选用 APP 改性沥青涂料或 APP 改性沥青卷材。

洞库防水技术复杂，有岩石洞和黄土洞；在岩石洞中有离壁式衬砌和贴壁式衬砌两种。在喷射混凝土后，其表面抹水泥砂浆找平层，再贴高聚物改性沥青卷材或者贴聚乙烯土工膜，也可用聚氯乙烯防水卷材。

3. 关于好坏材料的评价

用了好材料，一年后出现渗漏；用了次材料，八年不见渗水，孰好孰坏呢？用什么标准评价呢？评价材料好坏有以下四个条件：

（1）材料的物理性能好，诸如抗拉强度、断裂延伸率、耐高温低耐温柔性、不透水性和耐老化性等指标均较好，施工操作方便等优点，比同类型的材料为优。人们说这是好材料。

（2）对建筑的某一部位防水适应性好。防水材料的类型不同，用途就有不同。没有一种材料“包打天下”的。卷材铺贴大面积屋面很好，用在厕浴间和墙面防水，就有些无能为力，使用涂料便得心应手。面积小，凹凸较多的基面是涂料的用武之地。再如混凝土刚性防水，最宜用于地下室墙体和底板，若大跨度屋面也用刚性防水，则效果不佳。

（3）充分发挥材料的特长性能。如高密度聚乙烯土工膜，抗穿、刺、扎、轧的强度高，但柔性较差，用于种植屋面好，用在垃圾掩埋场更好，不可用在外形复杂的屋面。选材料发挥材性之长，避其短，发挥长者就是好材料。

（4）防水材料的选择不是死的，而是应该根据要施工的部位及当地的气候等条件综合考虑，应当灵活运用，了解每个部位及环境的需求，结合防水材料的性能，也可以搭配使用，保证建筑防水工程的滴水不漏。

四、密封材料

为提高建筑物整体的防水、抗渗性能，对于工程中出现的施工缝、构件连接缝、变形缝等各种接缝，必须填充具有一定的弹性、黏结性、能够使接缝保持水密、气密性能的材料，这就是建筑密封材料。

建筑密封材料分为具有一定形状和尺寸的定型密封材料（如止水条、止水带等），以及各种膏糊状的不定型密封材料（如腻子、胶泥、各类密封膏等）。

1. 建筑防水沥青嵌缝油膏

建筑防水沥青嵌缝油膏（简称沥青油膏）是以石油沥青为基料，加入改性材料及填充料混合制成的冷用膏状材料。此类密封材料其价格较低，以塑性性能为主，具有一定的延伸性和耐久性，但弹性差。这种油膏主要用于各种混凝土屋面板、墙板等建筑构件节点的防水密封。使用沥青油膏嵌缝时，缝内应洁净干燥，先涂刷冷底子油一道，待其干燥后即嵌填注油膏。

2. 聚氯乙烯建筑防水接缝材料

聚氯乙烯建筑防水接缝材料（简称“PVC 接缝材料”）是以聚氯乙烯树脂为基料，加以适量的改性材料及其他添加剂配制而成的。PVC 接缝材料按施工工艺可分为热塑型（通常指 PVC 胶泥）和热熔型（通常指塑料油膏）两类。PVC 接缝材料具有良好的弹性、延伸性及耐老化性，与混凝土基面有较好的黏结性，能适应屋面振动、沉降、伸缩等引起的变形要求。

3. 聚氨酯建筑密封膏

聚氨酯建筑密封膏是以异氰酸基为基料和含有活性氢化物的固化剂组成的一种双组分反应型弹性密封材料。这种密封膏能够在常温下固化，并有着优异的弹性性能、耐热耐寒性能和耐久性，与混凝土、木材、金属、塑料等多种材料有着很好的黏结力。

4. 聚硫建筑密封膏

聚硫建筑密封膏是由液态聚硫橡胶为主剂和金属过氧化物等硫化剂反应，在常温下形成的弹性密封材料。这种密封材料能形成类似于橡胶的高弹性密封口，能承受持续和明显的循环位移，使用温度范围宽，在 −40 ℃～ 90 ℃的温度范围内能保持各项性能指标，与金属与非金属材质均具有良好的黏结力。

5. 硅酮建筑密封膏

硅酮建筑密封膏是以聚硅氧烷为主要成分的单组分和双组分室温固化型弹性建筑密封材料。硅酮建筑密封膏属高档密封膏，它具有优异的耐热、耐寒性和耐候性能，与各种材料有着较好的黏结性，耐伸缩疲劳性强，耐水性好。

五、土工合成材料

以聚酯、聚酰胺、聚丙烯、聚丙烯腈、聚氯乙烯等高分子聚合物和玻璃等为主要原材料制成的一种新型的工程材料，应用于岩土工程，曾被称为土工聚合物、土工织物。其优点是质量轻、强度高、弹性好、耐磨、耐酸碱、不易腐烂、不易虫蛀、吸湿性小等；缺点是在阳光下易老化，埋于土中并采取措施可满足工程要求。

土工合成材料按制造工艺和工程性能，可分为土工织物、土工格栅、土工网格、土工膜、土工复合材料、土工合成材料黏土衬垫、土工管、土工格室、土工泡沫塑料。

（1）土工织物是由纺织布、非织造布、编织或缝粘纤维或纱线形成的连续的扁平材料物。这种材料柔软且具渗透性，通常呈现织物的外观。土工织物可用于隔离、过滤、排水、加筋和水土保持。

（2）土工格栅是具有开放式网格状外观的土工合成材料。土工格栅主要用于土的加筋。

（3）土工网格是由两组粗糙、平行的挤出聚合物束以一恒定的锐角相交形成的开放式网格状材料。这种网络形成了带平面内孔隙的层，可用来输送相对大的液流或气流。

（4）土工膜是由一种或几种合成材料制成的连续的柔性膜。其几乎不透水，可用作液体或气体围堵的衬垫和隔汽层。

（5）土工复合材料是由两类或多类土工合成材料组合而成的土工合成材料。如土工织物－土工网型、土工织物－土工格栅型、土工网－土工膜型或土工合成材料黏土衬垫。土工复合排水板和塑料排水板是由土工织物滤层包裹塑料排水芯制成的。

（6）土工合成材料黏土衬垫通常是在两层土工织物之间夹有膨润土层或把膨润土层黏结在一层土工膜上或单层土工织物上制成的复合材料。土工织物外面包的常常是缝合或针刺穿过膨润土核心，以提高内部抗剪强度。当水化时它们作为液体或气体屏障很有效，并且常常与土工膜联合常用作垃圾填埋场的衬垫。

（7）土工管是穿孔或实心管壁的高分子管材，用来引流（包括填埋场应用中的渗滤液或气体收集）。在一些情况下，穿孔管外包有土工织物反滤层。

（8）土工格室是由高分子层的条带制成的相对厚的三维网格状结构。这些条带连接在一起形成交错连接的格室用以填充土，有时填充混凝土。在一些情况下，用竖直聚合物棒把 0.5 ～ 1 m 的带状聚烯烃土工格栅连接在一起用来形成深层土工格室，即土工网垫。

（9）土工泡沫塑料块或板是由聚苯乙烯泡沫塑料膨胀形成的封闭的、有充气格室的低密度网状结构。土工泡沫塑料可用于隔热，作为轻质填料或可压缩竖直层，用来减少作用在刚性挡土墙上的土压力。

※ 实训七

1．实训目的

让学生自主地到建筑装饰材料市场和建筑装饰施工现场进行考察与实训，了解常用防水材料的价格，熟悉装饰防水材料的应用情况，能够准确说出各种常用防水材料的名称、规格、种类、价格、使用要求及适用范围等。

2．实训方式

（1）建筑材料市场的调查分析。

学生分组：以 3 ～ 5 人为一组，自主地到建筑材料市场进行调查分析。

重点调查：各类防水卷材的常用规格及其使用情况。

调查方法：以咨询为主，认识各种防水卷材，调查材料价格、收集材料样本图片、掌握材料的选用要求。

（2）建筑、施工现场装饰材料使用的调研。

学生分组：以 10 ～ 15 人为一组，由教师或现场负责人指导。

重点调研：施工现场防水材料施工的操作及检测方法。

调研方法：结合施工现场和工程实际情况，在教师或现场负责人指导下，熟知防水材料在工程中的使用情况和注意事项。

3．实训内容及要求

（1）认真完成调研日记。

（2）填写材料调研报告。

（3）写出实训小结。

模块二　房屋建筑基本构造

本模块主要介绍民用建筑和工业建筑构造与设计的基本原理及应用知识。通过学习民用建筑和工业建筑构造及设计的基本原理，学生可以了解建筑构造的基本内容和方法；了解建筑设计中的功能问题、结构问题、经济问题和美观问题；了解建筑物各构造组成的构造要求。培养学生理解其构造方法，掌握建筑物的构造要求，具备解决建筑工程施工中有关造价、设计问题的基本能力。

单元一

房屋建筑构造基本知识

本单元主要介绍了建筑的构成要素和我国的建筑方针，还从五个方面介绍了建筑的分类，简述了建筑物的耐久等级和耐火等级等。

【知识目标】

1．掌握房屋建筑物的组成及结构分类；
2．熟悉影响房屋建筑构造的因素。

【能力目标】

1. 能够识读房屋建筑的组成；
2. 能够对房屋结构进行分类。

【素质目标】

1. 具有严谨的工作作风；
2. 具有吃苦耐劳、踏实肯干的工作态度。

一、房屋建筑物的组成

（一）建筑的概念与构成要素

1. 建筑的概念

日常生活和本书中都常出现“建筑”这个概念，那么什么是建筑呢？从广义上讲，“建筑”既表示建筑工程的建造过程，又表示这种活动的成果——建筑物。它既是动词又是名词。“建筑”这个词有可能是“建造”“建筑物”“建筑工程”的简称，具体指什么要根据语境判断。

“建筑”通常被认为是建筑物和构筑物的统称。凡供人们在其内部进行生产、生活或其他活动的房屋或场所称为建筑物，如学校、医院、办公楼、住宅、厂房等；而人们不能直接在其内部进行生产、生活的工程设施称为构筑物，如桥梁、烟囱、水塔、水坝等。从本质上讲，建筑是一种人工创造的空间环境，是人们用劳动创造的财富。建筑既具有实用性，属于社会产品；又具有艺术性，反映特定的社会思想意识，因此，建筑又是一种精神产品。

建筑图片

2. 建筑的构成要素

“适用、安全、经济、美观”是我国的建筑方针，其贯穿建筑的三大基本要素——建筑功能、建筑技术和建筑形象。

（1）建筑功能是建造房屋的目的，是指建筑物在物质和精神方面必须满足的使用要求。不同类别的建筑物在生产和生活中具体使用功能是不同的。

（2）建筑技术是建造房屋的手段，包括建筑材料与制品技术、结构技术、施工技术、设备技术等。

（3）建筑形象是建筑的表现形式，构成建筑形象的因素有建筑物的体形、内外部空间的组合、立面构图、细部与重点装饰处理、材料的质感与色彩、光影变化等。

在建筑的三大基本要素中，建筑功能处于主导地位；建筑技术是实现建筑目的的必要手段，同时对建筑功能又有着约束和促进作用；建筑形象是建筑功能、建筑技术的外在表现，常常具有主观性。因此，同样的设计要求、相同的建筑材料和结构体系，也可创造出完全不同的建筑形象，产生不同的美学效果。因此，优秀的建筑作品是三大要素的辩证统一。

（二）建筑物的构造组成

建筑物一般由承重结构、围护结构、饰面装修及附属部件构成。承重结构根据建筑物的结构体系可分为基础、承重墙、柱、梁和楼板等。围护结构可分为外围护墙、内墙（在框架结构中墙体为填充墙）等，也称作围护构件或分隔构件。饰面装修一般按其部位可分为内（外）墙面、楼地面、屋面、顶棚等。附属部件一般包括楼梯、电梯、自动扶梯、门窗、阳台、栏杆、隔断、台阶、坡道、雨篷、花池等。建筑物的构造组成如图 2-1 所示。

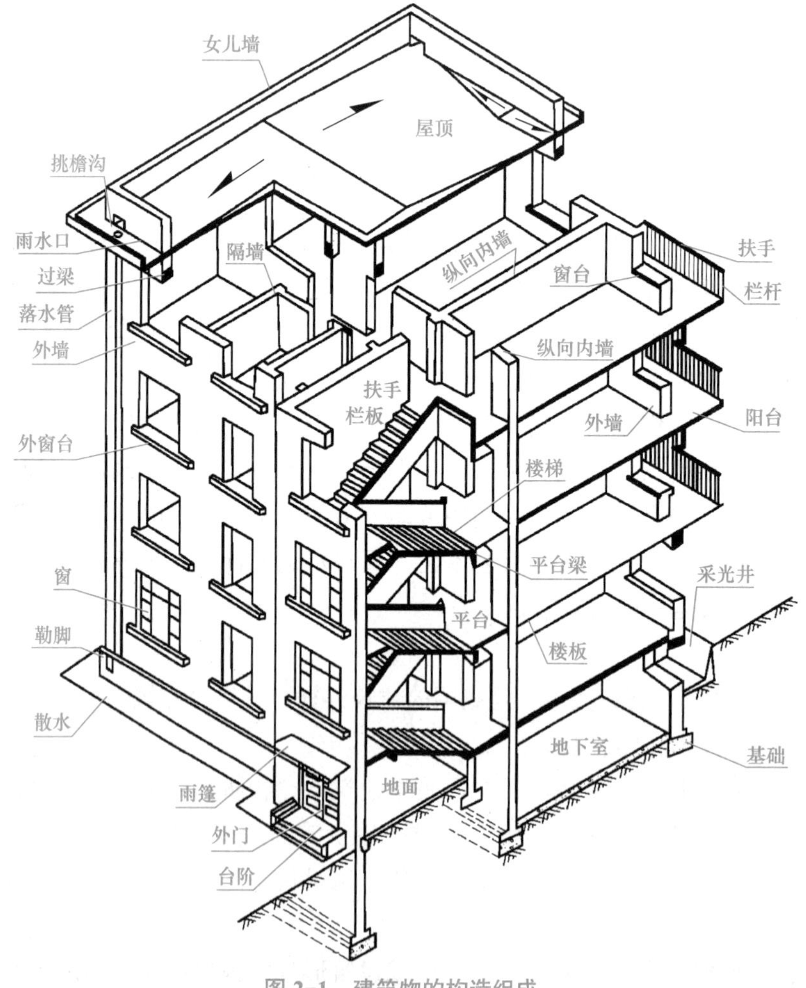

图 2-1　建筑物的构造组成

按所处部位和功能的不同，建筑构配件又可分为基础，墙体，楼板和地坪层，楼梯和电梯，屋面，门和窗等。

（1）基础。基础是建筑物最下部的承重构件，它的作用是将上部荷载传递给地基。

（2）墙体。墙体的作用是承重、围护和分隔空间。墙体按建筑结构体系及其所在位置的不同可分为承重墙和非承重墙。另外，墙体应具有隔热、保温、防潮、隔声等物理性能，这些性能也是墙体构造方式的影响因素。

承重墙常见于多层以下的砖混建筑，作为承重构件，将建筑上部的荷载传递给基础；非承重墙包括各类只起围护和分隔空间作用的墙体，如框架结构的填充墙、各类幕墙、隔墙、隔断等。

（3）楼板和地坪层。楼板既是直接支承人和家具设备等荷载的承重构件，并将这些荷载传递给承重墙和梁，也是分隔楼层空间的围护构件。地坪层作为底层空间与地基之间的分隔构件，支承着人和家具设备的荷载，并将这些荷载传递给地基。它应有足够的强度和刚度，并应满足防潮和保温的要求。

（4）楼梯和电梯。楼梯是建筑物中联系上、下楼层的交通构件，是非常重要的垂直交通通道，是火灾发生时的唯一逃生通道。因此，楼梯必须具有足够的通行能力，同时，应符合建筑防火等相关规范的要求。

自动扶梯和电梯是楼梯的机电化形式，可用于传送人流，但不能用于消防疏散。消防电梯供处理紧急事故的消防人员使用。

（5）屋面。屋面的结构通常包括屋面板、防水层、保温隔热层等。其中，屋面板既是承重构件，又是分隔顶层空间和外部空间，抵御风、雨、雪、太阳辐射等影响的围护构件。

（6）门和窗。门主要具有联系内外交通和阻隔人流的功能。窗主要用于采光和通风，并应满足防盗、保温、隔声等功能要求。门和窗的构造重点在于密闭性，因此应重视安装时对缝的处理。

除上面介绍的几个基本组成构件外，还有阳台、栏杆、隔断、台阶、坡道、雨篷、花池等附属部分。

在设计工作中，还将建筑物的各个组成部分划分为建筑构件和建筑配件。建筑构件是指建筑物中起承重作用的部分，如承重墙体、基础、楼板等；建筑配件是指建筑物中非承重的部分，如门窗、隔断、栏杆、台阶、坡道、细部装修等。

二、房屋建筑物的结构分类

（一）按建筑使用性质分类

按使用性质，建筑物通常可分为民用建筑、工业建筑、农业建筑。

1．民用建筑

（1）按民用建筑的功能分类。民用建筑按功能可分为居住建筑和公共建筑。居住建筑是供人们居住使用的建筑，如公寓、宿舍、住宅等；公共建筑是供人们进行各种公共活动的建筑，如办公楼、教学楼、门诊楼、影剧院、体育馆、疗养院、养老院、宾馆、酒店、招待所、旅馆等。

（2）按民用建筑的规模大小分类。民用建筑按规模大小可分为大量性建筑和大型性建筑。大量性建筑是指建造数量多、相似性强的建筑，如住宅、中小学校等；大型性建筑是指建筑数量少、单体面积大、个性强的建筑，如南京高铁南站、国家大剧院等。

（3）按民用建筑的层数分类。

1）低层建筑：一般指 1 ～ 3 层的建筑。

2）多层建筑：一般指 4 ～ 6 层的建筑。

3）中高层建筑：一般指 7 ～ 9 层的建筑。

4）高层建筑：一般指 10 层和 10 层以上的居住建筑及建筑高度超过 24 m 的其他非单层公共建筑。建筑高度是一个严谨、准确的概念，是指自室外设计地面至建筑主体檐口上部的垂直距离，凸出屋面的楼梯间和电梯机房一般不计入建筑高度。需要注意的是，不同国家的规范、同一国家的不同规范对高层建筑的定义不尽相同。另外，日常生活中还有小高层的说法。

5）超高层建筑：一般指建筑高度超过 100 m 的民用建筑。

2. 工业建筑

工业建筑包括工业厂房、锅炉房、配电站等。

3. 农业建筑

农业建筑包括温室、粮仓、饲养场等。

（二）按承重结构的材料分类

（1）砖混结构建筑。砖混结构建筑是指用砖（石）砌墙体，钢筋混凝土做楼板和屋顶的建筑。

世界著名
钢结构建筑

（2）钢筋混凝土结构建筑。钢筋混凝土结构建筑是指用钢筋混凝土做柱、梁、板等承重构件的建筑。

（3）钢结构建筑。钢结构建筑是指用钢柱、钢梁承重的建筑。

（4）其他结构建筑。其他结构建筑如木结构建筑、生土建筑、膜建筑等。

（三）按建筑结构的形式分类

按建筑结构的形式，建筑物可分为墙承重、骨架承重、内骨架承重、空间结构承重体系。墙承重体系是由墙体承受建筑的全部荷载；骨架承重体系由梁、柱体系承重，墙体只起围护和分隔的作用；内骨架承重体系的内部由梁、柱体系承重，四周由外墙承重；空间结构承重体系分别由网架杆件、悬索自身和壳体自身承重，如网架、悬索和壳体等。

三、建筑物的分级

1. 按耐久年限分类

《民用建筑设计统一标准》（GB 50352—2019）规定，建筑按照设计使用年限分为下列四类。

（1）1类建筑：设计使用年限为5年，临时性建筑。

（2）2类建筑：设计使用年限为25年，易于替换结构构件的建筑。

（3）3类建筑：设计使用年限为50年，普通建筑和构筑物。

（4）4类建筑：设计使用年限为100年，纪念性建筑和特别重要的建筑。

我国现阶段城市建筑的主体为3类建筑。

2. 按耐火等级分级

建筑物的耐火等级主要根据建筑构件的燃烧性能和耐火极限两个因素来确定。耐火极限是指对任一建筑构件按时间一温度标准曲线进行耐火试验，从受到火的作用时起，到失去支持能力（如木结构）、或完整性破坏（如砖混结构）、或失去隔火作用（如钢结构）时为止的这段时间，以小时表示。

构件按燃烧性能可分为非燃烧体、难燃烧体、燃烧体三类。

（1）非燃烧体是指用非燃烧体材料做成的构件，如天然石材、人工石材、金属材料等。

（2）难燃烧体是指用不易燃烧的材料做成的构件，如沥青混凝土、经过防火处理的木材等。

（3）燃烧体是指用燃烧材料做成的构件。燃烧材料是指在空气中受到火烧或高温作用时立即起火或微燃，且火源移走后仍继续燃烧或微燃的材料，如木材等。

四、影响房屋建筑构造的因素

（一）环境影响

外界环境的影响主要有以下三个方面。

1. 外力的影响

外力包括人、家具和设备的结构自重，风力、地震力及雪荷载等，这些粗略地统称为荷载。荷载的大小是结构选型、材料选用及构造设计的重要依据。

2. 气候条件的影响

气候条件包括日晒雨淋、风雪冰冻、地下水等。对于这些影响须在构造设计中采取必要的防护措施，如防水防潮、保温隔热、防止高温变形等。

3. 人为因素的影响

人为因素包括火灾、机械振动、噪声等的影响，在构造处理上需要采取防火、防振和隔声等相应的措施。

（二）技术条件影响

建筑技术条件是指建筑材料技术、结构技术、施工技术和设备技术等。随着建筑事业的发展，新材料、新结构、新技术及新设备不断出现，建筑构造会受到它们的影响和制约，设计中应有与之相适应的构造措施。

（三）经济条件影响

建筑构造设计必须考虑经济效益。在确保工程质量的前提下，既要降低建造过程中的材料、能源和劳动力消耗，以降低造价；又要有利于降低使用过程中的维护和管理费用。同时，在设计过程中，要根据建筑物的不同等级和质量标准，在材料选择和构造方式等方面区别对待。

单元二

基础与地下室

地基承受着建筑物上部结构传递的全部荷载，正确掌握基础与地下室的构造要求，是工程技术人员不可或缺的一门基本技能。本单元介绍了地基与基础的定义、类型和地下室的构造等。

【知识目标】

1. 掌握地基的定义与类型；
2. 掌握基础的类型、埋置深度及常用基础的构造；
3. 熟悉基础与地基的区分；
4. 掌握地下室的分类、组成。

【能力目标】

1. 能够对常见的基础类型进行区分；
2. 能够对常见的地下室种类进行区分。

【素质目标】

1. 提高学生的实践执行能力；
2. 具有协同合作的团队精神。

【实验实训】

了解所在城市住宅及公共建筑地下室的构造情况。

一、基础与地基的概念

1. 基础的概念

基础是指建筑物埋在地面以下的承重构件。它承受上部建筑物传递的全部荷载，并将这些荷载连同自重传递给下面的土层。

2．地基的概念

承受由基础传来荷载的土层，地基承受建筑物荷载而产生的应力和应变是随着土层深度的增加而减小，不是建筑物的组成部分。其中，持力层是指具有一定的地应力，直接承受建筑荷载，并需要进行力学计算的土层；下卧层是指持力层以下的土层，如图 2–2 所示。

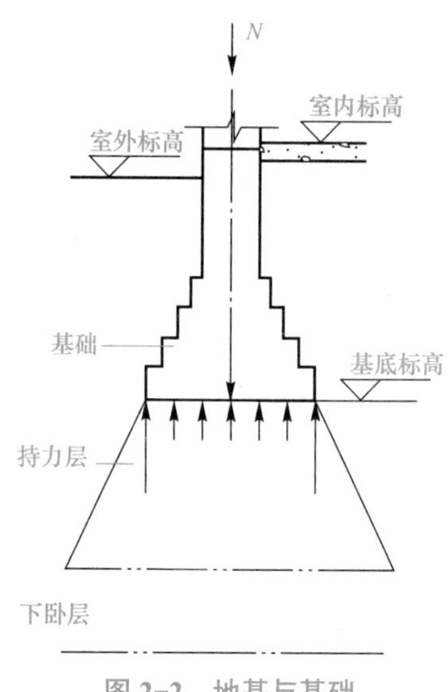

图 2–2　地基与基础

地基按土层性质不同，可分为天然地基和人工地基两大类。凡天然土层具有足够的承载力，不需经人工加固或改良便可作为建筑物地基的为天然地基；人工地基是指当建筑物上部的荷载较大或地基的承载力较弱，须预先对土壤进行人工加固或改良后才能作为建筑物地基。

知识拓展

地基与基础的区别与联系

其实地基与基础工程中“地基”与“基础”是独立的两个部分，两个部分既有区别又有不可分割的联系。基础是建筑物的地下部分，是墙、柱等上部结构的地下延伸，是建筑物的一个组成部分，它承受建筑物的荷载，并将其传递给地基。地基是指基础以下的土层，承受由基础传来的建筑物荷载，地基不是建筑物的组成部分。

二、基础的类型

（一）基础的埋置深度及其影响

由室外设计地面到基础底面的距离，称为基础的埋置深度，简称基础的埋深，如图 2–3 所示。埋深大于等于 5 m 为深基础；小于 5 m 为浅基础。但基础的埋置深度不宜过小，至少不能小于 500 mm。否则，地基受到压力后可能将四周土挤走，使基础失稳，或受各种侵蚀、雨水冲刷、机械破坏而导致基础暴露，从而影响建筑的安全。

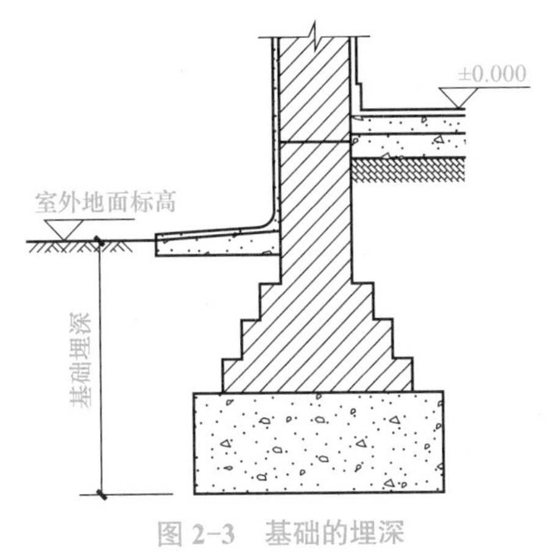

图 2-3 基础的埋深

影响基础埋置深度的因素有很多，主要考虑以下几种：

（1）土层构造情况。在满足地基稳定和变形要求的前提下，基础宜浅埋，当上层地基的承载力大于下层土时，宜利用上层土做持力层。

（2）地下水水位。当表面软弱土层很厚，可采用人工地基或深基础。基础应建立在坚实可靠的地基上，不能设置在承载力低，压缩性高的软弱土层上；存在地下水时，如黏性土遇水后，含水量增加，体积膨胀，使土的承载力下降。含有侵蚀性物质的地下水，对基础将产生腐蚀。

（3）冻结深度。当冻结深度浅于 500 mm 的南方地区或地基土为非冻胀土时，可不考虑土的冻结深度对基础埋深的影响；当季节冰冻地区，地基为冻胀土时，为避免建筑物受地基土冻融影响产生变形和破坏，应使基础底面低于当地冻结深度。

（4）相邻建筑物基础。相邻建筑物的基础埋深当存在相邻建筑物时，一般新建建筑物基础的埋深不应大于原有建筑基础；当新建建筑物基础的埋深必须大于原有建筑基础的埋深时，为了不破坏原基础下的地基土，应与原基础保持一定的净距，一般为相邻两基础底高差的 2 倍。

（5）建筑物自身构造。建筑物很高，自重也很大，若考虑自身的稳定性，则基础应深埋。建造带有地下室、地下设备层时，基础必须深埋。

（二）基础的分类

1. 按材料及受力特点分类

当采用刚性材料制作的基础称为刚性基础。刚性材料一般是指砖、石、混凝土、灰土等抗压强度好而抗弯、抗剪等强度很低的材料。刚性基础底宽应根据材料的刚性角来决定。刚性角是基础放宽的引线与墙体垂直线之间的夹角，凡受刚性角限制的为刚性基础，如图 2-4 所示，α 为刚性角。刚性基础多用于地基承载力高的底层或多层建筑；反之，不受材料刚性角限制，不仅能承受较大的压应力，还能承受较大的拉应力的基础为柔性基础。其下需要设置保护层，以保护基础钢筋不受锈蚀。

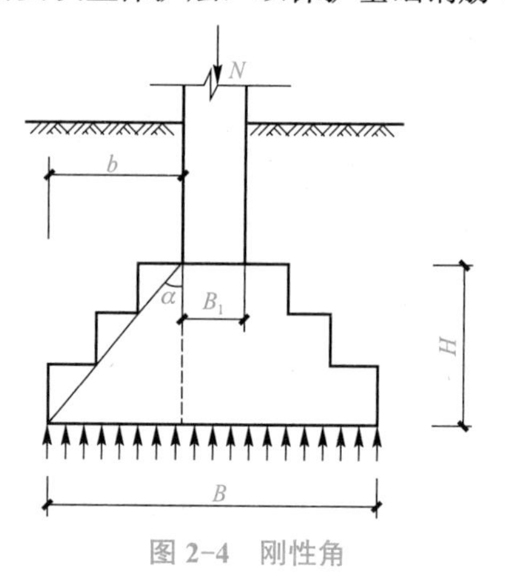

图 2-4　刚性角

刚性基础台阶宽高比的允许值见表 2-1。

表 2-1　刚性基础台阶宽高比的允许值

基础种类	质量要求	台阶宽高比的允许值		
		$P_k \leqslant 100$	$100 < P_k \leqslant 200$	$200 < P_k \leqslant 300$
混凝土基础	C15 混凝土	1 ： 1.00	1 ： 1.00	1 ： 1.25
毛石混凝土基础	C15 混凝土	1 ： 1.00	1 ： 1.25	1 ： 1.50
砖基础	砖不低于 MU10，砂浆不低于 M5	1 ： 1.50	1 ： 1.50	1 ： 1.50
毛石基础	砂浆不低于 M5	1 ： 1.25	1 ： 1.50	—
灰土基础	体积比为 3 ： 7 或 2 ： 8 的灰土，其最小干密度： 粉土 1.55 t/m³ 粉质黏土 1.50 t/m³ 黏土 1.45 t/m³	1 ： 1.25	1 ： 1.50	—
三合土基础	体积比 1 ： 2 ： 4 ～ 1 ： 3 ： 6（石灰 ： 砂 ： 集料），每层均虚铺 220 mm、夯至 150 mm	1 ： 1.50	1 ： 2.00	—

注：1. P_k 为荷载效应标准组合时基础底面处的平均压力值（kPa）；
2. 阶梯形毛石基础的每阶梯伸出宽度，不宜大于 200 mm。

2. 按构造形式分类

基础按构造形式不同可分为条形基础、独立基础、井格基础、筏形基础、箱形基础和桩基础等。

（1）条形基础。条形基础为连续的带形，也称带形基础。其有墙下条形基础和柱下条形基础两类。当地基条件较好、基础埋置深度较浅时，墙承式的建筑多采用条形基础，以便传递连续的条形荷载。条形基础常用砖、石、混凝土等材料建造。当地基承载能力较小，荷载较大时，承重墙下也可采用钢筋混凝土条形基础，如图 2–5 所示。

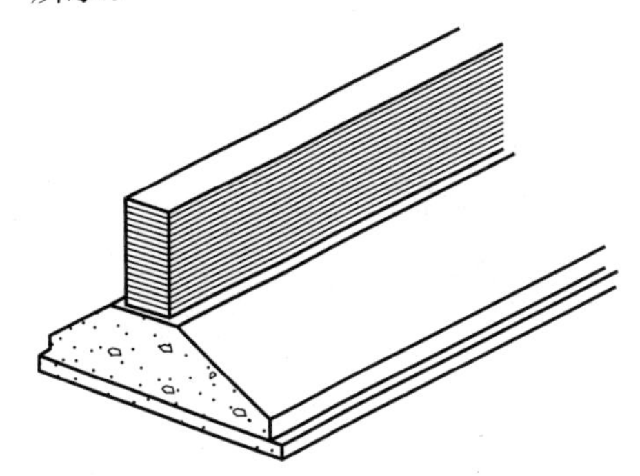

图 2–5　条形基础

（2）独立基础。当建筑物上部采用框架结构或单层排架结构承重，且柱距较大时，基础常采用方形或矩形的单独基础，这种基础称为独立基础。独立基础常用的断面形式有阶梯形、锥形、杯形等，如图 2–6 所示。独立基础主要用于柱下，在墙承式建筑中，当地基承载力较弱或埋深较大时，为了节约基础材料，减少土石方工程量，加快工程进度，也可采用独立基础。

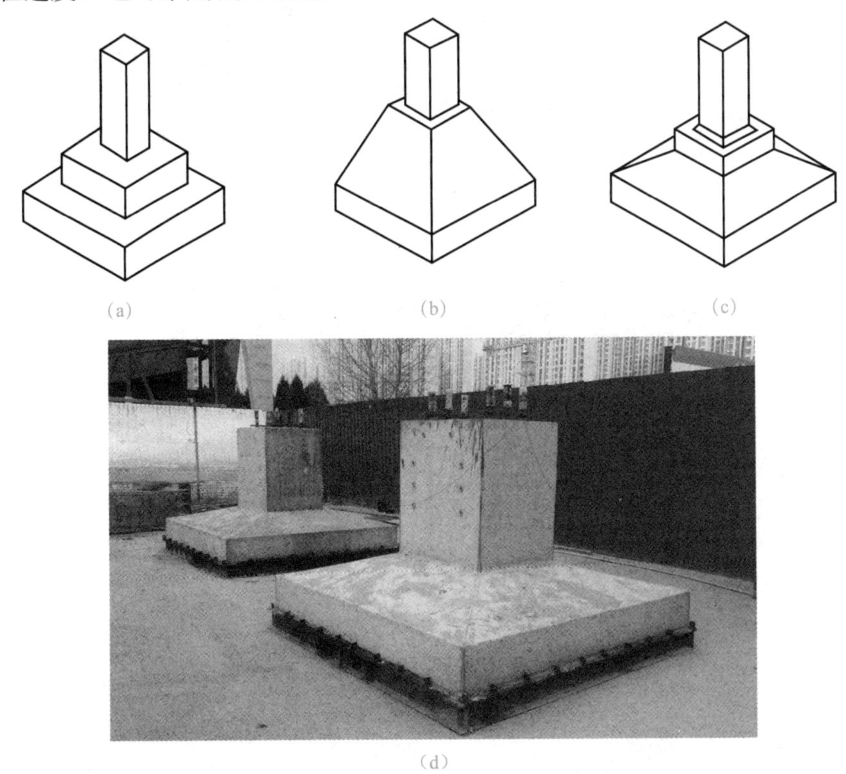

图 2–6　独立基础形式及实物现场

（a）阶梯形；（b）锥形；（c）杯形；（d）实物

（3）井格基础。当框架结构处于地基条件较差或上部荷载较大时，为了提高建筑物的整体性，防止柱子之间产生不均匀沉降，常将柱下基础沿纵横两个方向扩展连接起来，做成十字交叉的井格基础，如图 2–7 所示。

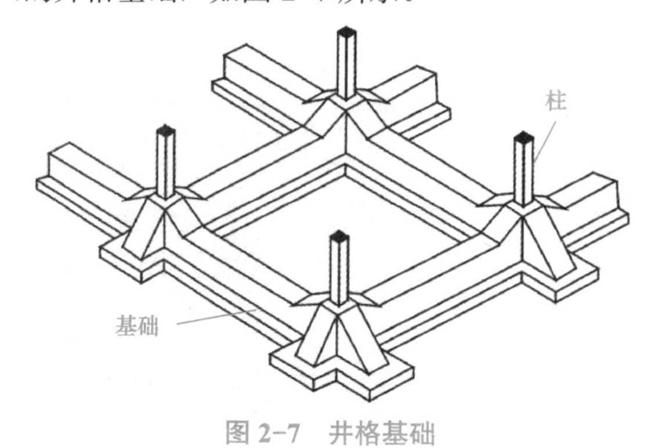

图 2–7　井格基础

（4）筏形基础。当上部荷载较大，地基承载力较低，条形基础的底面面积占建筑物平面面积较大比例时，可考虑选用整片的筏板承受建筑物的荷载并传给地基，这种基础形似筏子，称为筏形基础。筏形基础整体性好，可跨越基础下的局部较弱土。筏形基础根据使用的条件和断面形式，又可分为板式和梁式，如图 2–8 所示。

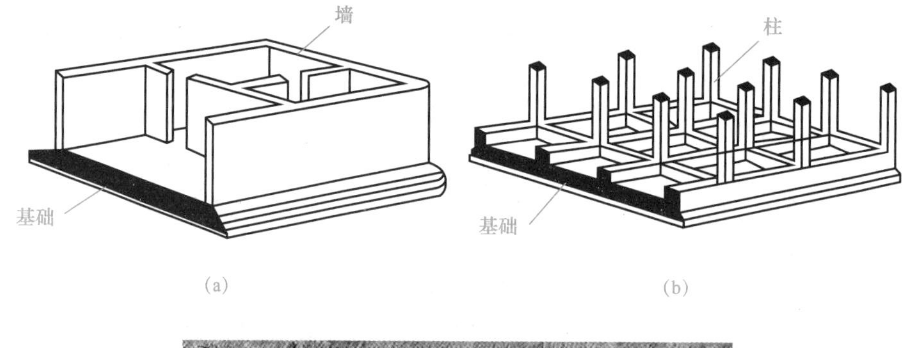

（a）　　（b）

（c）

图 2–8　筏式基础及基础现场

（a）板式；（b）梁式；（c）实物

（5）箱形基础。当建筑物很大，或浅层地质情况较差，基础需增大埋深时，为增加建筑物的整体刚度，不致因地基的局部变形影响上部结构时，常采用钢筋混凝土将基础四周的墙、顶板、底板整浇成刚度很大的盒状基础，叫作箱形基础。箱形基础是一种刚度很大的整体基础，它是由钢筋混凝土顶板、底板和纵、横墙组成的，如图 2-9 所示。

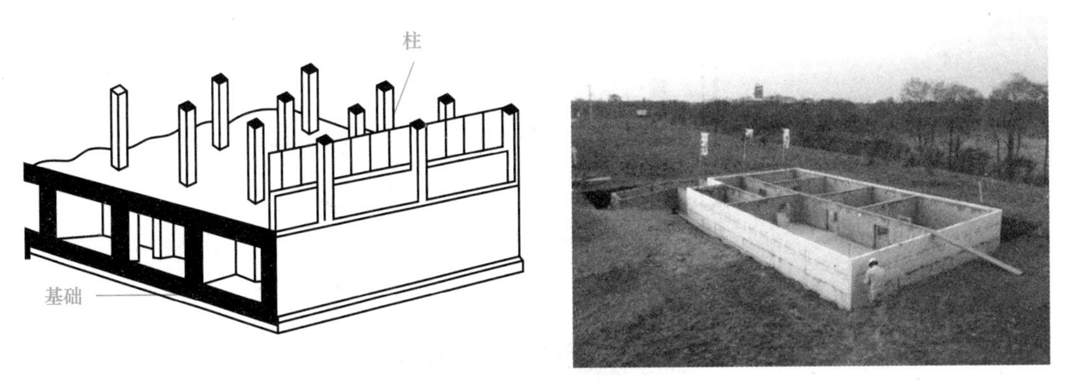

图 2-9 箱形基础

（6）桩基础。当建筑物荷载较大，地基的软弱土层厚度在 5 m 以上，基础不能埋在软弱土层内时，可采用桩基础，如图 2-10 所示。桩基础按其受力性能可分为端承桩和摩擦桩两种。端承桩是将建筑物的荷载通过桩端传递给坚硬土层；而摩擦桩是通过桩侧表面与周围土壤的摩擦力传递给地基。目前采用最多的是钢筋混凝土桩，包括预制桩和灌注桩两大类。

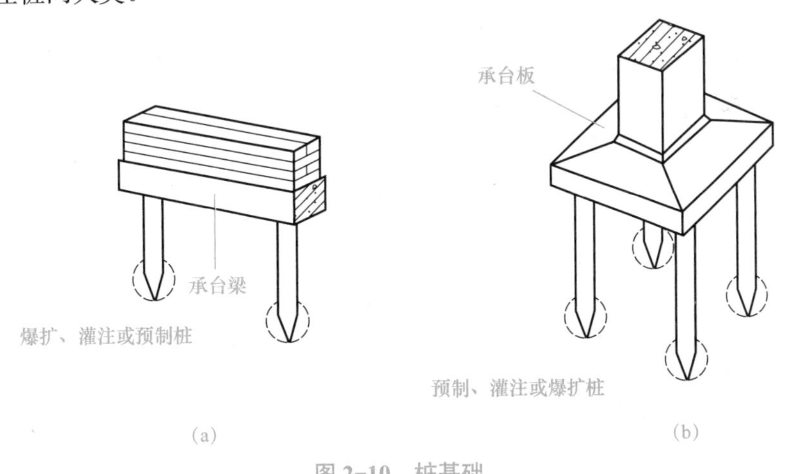

图 2-10 桩基础

（a）墙下桩基础；（b）柱下桩基础

三、地下室的构造

地下室是建筑物中处于室外地面以下的房间。在房屋底层以下建造地下室，可以提高建筑用地效率。一些高层建筑的基础埋深很大，如果充分利用这一深度来建造地下室，则经济效果和使用效果俱佳，如图 2-11 所示。

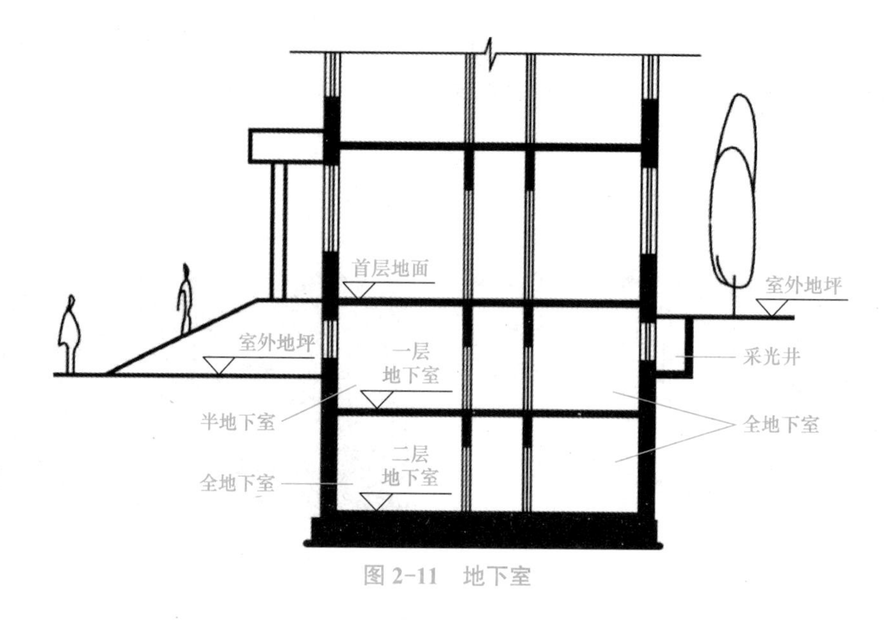

图 2-11　地下室

（一）地下室的分类

1. 按使用功能分类

（1）普通地下室。普通地下室一般用作高层建筑的地下停车库、设备用房，根据用途及结构的需要可分为一、二、三层和多层地下室。

（2）人防地下室。人防地下室是结合人防要求设置的地下空间，用以应付战时情况下人员的隐蔽和疏散，并具备保障人身安全的各项技术措施。人防地下室的设计应符合我国对人防地下室的有关建设规定和设计规范。人防地下室一般应设有防护室、防毒通道、通风滤毒室、洗消间及厕所等。

知识拓展

人防地下室与普通地下室的联系与区别

人防地下室是人防工程的重要组成部分，是战时提供人员、车辆、物资等掩蔽的主要场所，由于地下室的特殊性，它们也常作为防灾、减灾指挥所及避难所。人防地下室和普通地下室有着很多相同点，这使很多人认为普通地下室就是人防地下室。人防地下室自身所具有的特点也使部分人认为，人防地下室只能用于战时的防空袭，在平时是无法使用的。这些观点都是错误的，现就结合人防地下室与普通地下室的相同和不同点进行说明，让人们了解什么是人防地下室。

1. 相同点

人防地下室与普通地下室最主要相同点就是它们都属于埋在地下的工程，在平时都可以用作商场、停车场、医院、娱乐场所，甚至是生产车间。它们都有相应的通风、照明、消防、给水排水设施，因此，从工程的外表和用途上是很难区分该地下工程是否是人防地下室。

2. 不同点

人防地下室由于在战时具有防备空袭和核武器、生化武器袭击的作用，因此，在工程的设计、施工及设备设施上与普通地下室有很多区别。在工程的设计中，普通地下室只需要按照该地下室的使用功能和荷载进行设计就可以了，它可以全埋或半埋于地下。而人防地下室除考虑平时使用外，还必须按照战时标准进行设计，因此，在人防地下室只能是全部埋于地下的，由于战时工程所承受的荷载较大，人防地下室的顶板、外墙、底板、柱子和梁都要比普通地下室的尺寸大。有时，为了满足平时的使用功能需要，还需要进行临战前转换设计，如战时封堵墙、洞口、临战加柱等。另外，对于重要的人防工程，还必须在顶板上设置水平遮弹层用来抵挡导弹、炸弹的袭击。

2. 按结构形式分类

（1）砖墙结构地下室。当上部荷载不大及地下水水位较低时，可采用砖墙结构地下室。

（2）钢筋混凝土结构地下室。当地下水水位较高并且上部荷载很大时，常采用钢筋混凝土墙结构的地下室。

3. 按地下室埋入地下深度分类

（1）全地下室。全地下室是指地下室地面低于室外地坪的高度超过该房间净高的1/2。全地下室由于埋入地下较深，通风和采光较困难，一般多用作储藏仓库、设备间等建筑辅助用房；也可利用其受外界噪声、振动干扰小的特点，作为手术室和精密仪表车间使用；利用其受气温变化影响小、冬暖夏凉的特点，作为仓库使用；利用其墙体由厚土覆盖，受水平冲击和辐射作用小的特点，作为人防地下室使用。

（2）半地下室。半地下室是指地下室地面低于室外地坪的高度为该房间净高的1/3～1/2。半地下室相当于一部分在地面以上，易于解决采光、通风的问题，可作为办公室、客房等普通地下室使用。

（二）地下室的组成

地下室一般由墙体、底板、顶板、门窗、楼梯和采光井六部分组成，如图2–12所示。

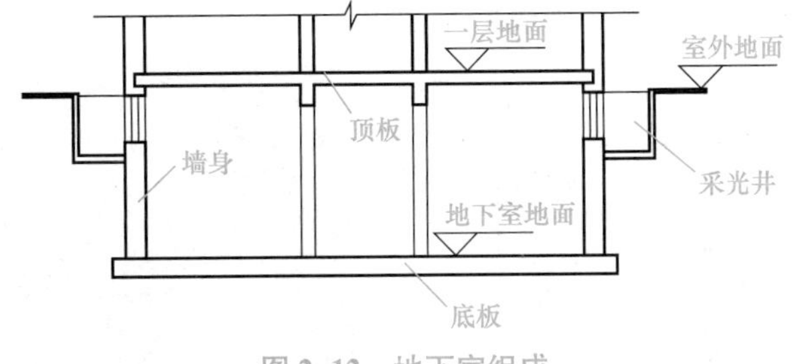

图 2–12　地下室组成

1. 墙体

地下室的外墙不仅要承受垂直荷载，还要承受土地、地下水和土壤冻胀的侧压力，因此地下室的外墙，如用钢筋混凝土墙，则其最小厚度除应满足结构要求外，还应满足抗渗厚度的要求，其最小厚度不小于 250 mm。外墙还应做防潮或防水处理。

2. 底板

当底板处于最高地下水水位以上并且无压力产生时，可按一般地面工程处理，即垫层上先浇筑厚度为 50 ～ 80 mm 的混凝土，再做面层。当底板处于最高地下水水位以下时，底板不仅要承受上部垂直荷载，还要承受地下水的浮力荷载，因此应采用钢筋混凝土底板并双层配筋，在底板下垫层上还应设置防水层，以防止渗漏。

3. 顶板

通常顶板选用钢筋混凝土预制板或现浇板。若为人防地下室，则必须采用现浇板，并按人防地下室的有关设计规定确定顶板的厚度和混凝土的强度等级。在无采暖的地下室顶板上（即首层地板处），应设置保温层，以利于首层房间的使用舒适。

4. 门窗

普通地下室的门窗与地上房间门窗相同。地下室的外窗若在室外地坪以下时，应设置采光井和防护箅子，以利于室内采光、通风和室外行走安全。人防地下室一般不允许设窗，如需开窗，则应采取战时堵严措施。人防地下室的外门应按等级要求设置相应的防护构造。

5. 楼梯

楼梯可与地面上的房间结合设置。对于层高低或用作辅助房间的地下室，可设置单跑楼梯。对有防空要求的地下室，至少要设置两部楼梯通向地面的安全出口，而且要求其中一个是独立的安全出口。这个安全出口的周围不得有较高的建筑物，以防止空袭倒塌堵塞出口而影响疏散。

6. 采光井

为考虑地下室平时利用，在采光窗的外侧设置采光井。一般每个窗子单独设置一个采光井，也可以将几个窗井连接在一起，中间用墙分开。采光井由侧墙和底板构成。侧墙可以用砖墙或钢筋混凝土板墙制作；底板一般为钢筋混凝土浇筑，如图 2-13 所示。采光井底板应有 1% ～ 3%的坡度，把积存的雨水用钢筋水泥管或陶管引入地下管网。采光井的上部应有铸铁箅子或尼龙瓦盖，以防止人员、物品掉入其中。

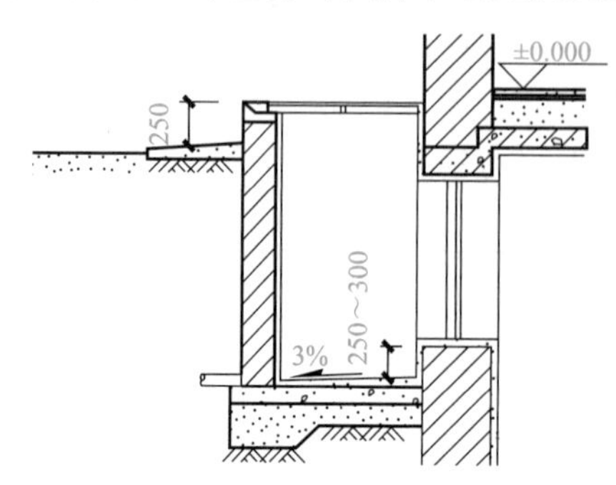

图 2-13　采光井

※ 实训八

1. 实训目的

让学生课后自主到所在城市的住宅及公共建筑的地下室进行考查和实训，了解住宅、公共建筑的地下室整体情况，掌握地下室的构造及使用材料，从而能够根据地下室判断其组成部分。

2. 实训方式

已建工程地下室构造的调研。

学生分组：以 10 ～ 15 人为一组，由教师或现场负责人指导。

重点调研：参观地下室并对其组成进行分析。

调研方法：结合施工现场和工程实际情况，在教师或现场负责人指导下，熟知地下室常见构造和使用情况。

3. 实训内容及要求

（1）认真完成调研日记。

（2）填写材料调研报告。

（3）写出实训小结。

※ 习　题

一、选择题

1. 下面属于柔性基础的是（　　）。

A. 钢筋混凝土基础　　B. 毛石基础

C. 素混凝土基础　　D. 砖基础

2. 基础的埋深一般不小于（　　）mm。

A. 300　　B. 400　　C. 500　　D. 800

3. 当基础需埋在地下水水位以下时，基础地面应埋置在最低地下水水位以下至少（　　）mm 的深度。

A. 200　　B. 300　　C. 400　　D. 600

4. 室内外高差为 600 mm，基础底面的标高为 -1.500 m，那么基础的埋深是（　　）m。

A. 1.500　　B. 0.900　　C. 2.100　　D. 2.200

5. 深基础是指建筑物的基础埋深大于等于（　　）m。

A. 6　　B. 5　　C. 4　　D. 3

6. 地基（　　）。

A. 是建筑物的组成构件　　B. 不是建筑物的组成构件

C. 是基础的混凝土垫层　　D. 是基础的组成部分

二、填空题

1. 地基可分为天然地基和__________。

2. 基础的埋深是指从__________到基础底面的距离。

3. 基础根据其所用的材料和受力情况不同可分为刚性基础和__________。

4. 用刚性材料制作的基础叫作__________基础，这种基础必须满足__________的要求，是选用__________强度大，受拉强度小的材料砌筑的基础。

5. 承重墙下的基础一般采用__________。

6. 基础根据埋深分为浅基础和深基础，桩基础属于__________。

三、名词解释

1. 地基与基础

2. 全地下室

四、简答题

1. 地基与基础的区别是什么?

2. 影响基础埋深的因素有哪些?

3. 基础按照构造形式可分为哪几种类型? 各适用于哪种情况?

单元三

柱与墙

墙体是建筑的主要围护构件和结构构件，要有足够的强度和稳定性，具有保温、隔热、隔声、防火、防水的能力。本单元主要介绍了包括墙体的作用、类型、砌体墙的墙体材料、砌筑方式及墙体的细部构造；隔墙的种类及构造。另外，对幕墙的基本构造、墙面装修及墙体保温隔热等知识也进行了适当的介绍。

【知识目标】

1. 掌握墙体的类型；
2. 了解砖墙的墙体材料，熟悉砖墙的砌筑方式及墙体的细部构造；
3. 掌握砌体墙的类型及常见做法；
4. 掌握隔墙的类型及常见做法。

【能力目标】

1. 能够描述各类墙体的组砌方式；
2. 能够绘制墙体细部构造节点图，并运用构造知识解决工程实际问题。

【素质目标】

1. 具有吃苦耐劳、踏实肯干的工作态度；
2. 具有良好的实践执行能力。

【实验实训】

到学校附近的建筑物中实地考察墙体的类型及细部构造。

一、墙体的作用、分类与设计要求

（一）墙体的作用

建筑墙体的作用是承重、围护与分隔空间。墙体不仅要有足够的强度和稳定性，还应具有保温、隔热、隔声、防火、防水的能力。

1．承重作用

在承重墙体中，墙体主要承受上部屋顶、楼板传来的荷载、水平的风荷载、地震荷载及墙体的自重。

2．围护作用

围护作用是指墙体抵御自然界的风、雨、雪的侵袭，防止太阳辐射、噪声干扰以及室内热量的散失，保温、隔热、隔声的作用。

3．分隔作用

分隔作用是指墙体将室内与室外空间分隔开，划分房间和使用空间的作用。

（二）墙体的分类

1．按所在位置分类

（1）外墙：位于建筑物四周的墙，与室外直接接触。

（2）内墙：位于建筑物内部的墙，可分隔内部空间。

（3）横墙：沿建筑物横向布置的墙，可分为外横墙（山墙）、内横墙。

（4）纵墙：沿建筑物纵向布置的墙，有外纵墙（外檐墙）、内纵墙之分。

（5）山墙：一般称为外横墙，是位于房屋两端的墙。

平面上门窗洞口之间的墙体可以称为窗间墙；立面上窗洞口之间的墙体可以称为窗下墙，如图 2-14 所示。

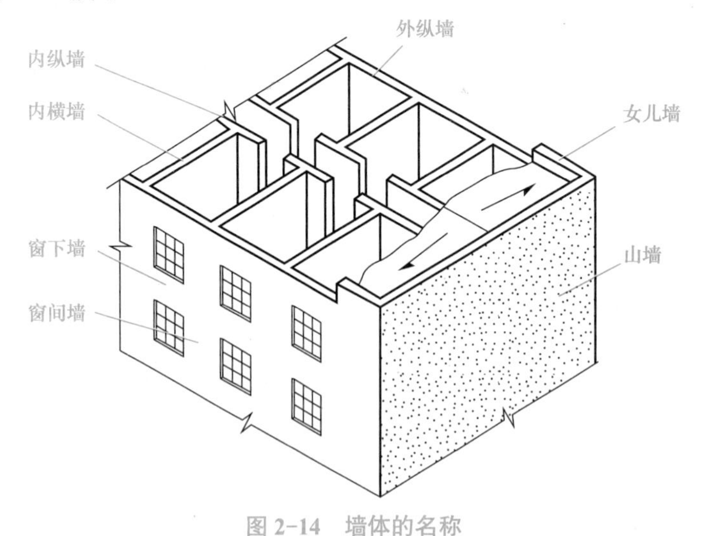

图 2-14　墙体的名称

2．按受力情况分类

墙体按结构垂直方向的受力情况不同，可分为承重墙和非承重墙。承重墙直接承受上部楼板及屋顶传递的荷载；非承重墙不承受外来荷载，又细分为自承重墙和隔墙。在框架结构中，非承重墙可分为填充墙和幕墙。

3．按材料分类

墙体按所用材料不同，可分为砖墙、石墙、混凝土墙等。砖墙是指砖和砂浆砌筑砖墙；石块和砂浆砌筑的是石墙；土坯和黏土砂浆砌筑的墙，在模板内填充黏土夯实的墙是土墙；钢筋混凝土现浇或预制而成的墙则是钢筋混凝土墙；砌块砌筑则为砌块墙。

各种墙体的构造形式

4．按构造形式分类

墙体按构造形式不同，可分为实体墙、空体墙、组合墙。实体墙是由烧结普通砖或其他砌块砌筑或由混凝土等材料浇筑而成的实心墙体；烧结普通砖砌筑而成的空斗墙或由多孔砖砌筑而成的具有空腔的墙体为空体墙；复合墙指的是两种或两种以上的材料组合成的墙体，如混凝土、加气混凝土复合板材墙，其中混凝土起承重作用，加气混凝土起保温隔热作用。

5．按施工方法分类

按施工方法不同，墙体将各种加工好的块材用砂浆按一定的技术要求砌筑而成的砌叠墙；直接在墙体部位竖立模板，在模板内浇筑混凝土，经振捣密实而成的板筑墙；将工厂生产的大型板材运至现场进行机械化安装而成的装配式板材墙。

（三）墙体的设计要求

根据墙体所处的位置及功能的不同，墙体构造应满足如下要求。

1．强度和稳定性要求

墙体的强度是指墙体承受荷载的能力，它与所采用的材料，同一材料的强度等级，墙体的截面面积、构造及施工方式有关。作为承重墙的墙体，必须具有足够的强度，以确保结构的安全。墙体的稳定性与墙的高度、长度和厚度有关。高而薄的墙稳定性差，矮而厚的墙稳定性好；长而薄的墙稳定性差，短而厚的墙稳定性好。一般通过采用合适的高厚比，加设壁柱、构造柱、圈梁、墙内加筋等办法来加强墙体的稳定性。

各种墙体的承重形式

2．建筑节能要求

为贯彻落实国家的节能政策，改善寒冷地区建筑能耗大、热工效率低的状况，必须通过建筑设计和构造措施来节约能耗。通常通过采取将建筑物建在避风和向阳的地段，体形设计时尽量减小外表面面积，改善围护构件的保温性能，重视自然通风等措施来减少日常能耗。

3．隔声要求

为保证建筑物内有较好的工作和休息环境，墙体应具有良好的隔声性能，通常采用密实、体积密度大或空心、多孔的墙体材料来提高墙体的隔声性能。

4．防火要求

在防火方面，应符合防火规范中相应的燃烧性能、耐火极限的规定及其他相应的防火规范要求。

5. 防水防潮要求

卫生间、厨房、实验室等用水房间的墙体及地下室的墙体应满足防水、防潮的要求。

6. 建筑工业化要求

建筑工业化的关键是墙体改革，可采用预制装配式墙体材料构造方案为机械化施工创造条件。

二、砖墙

用砖块与砂浆砌筑的墙，具有较好的承重、保温、隔热、隔声、防火、耐久等性能，为低层和多层房屋所广泛采用。砖墙可用于承重墙、外围护墙和内分隔墙。

（一）常用砌筑材料

1. 砖

（1）砖的分类。从材料分，可分为黏土砖、灰砂砖、页岩砖、煤矸石转、水泥砖及各种工业废料砖（炉渣砖、烧结粉煤灰砖等）。从形状分，可分为有实心砖、空心砖、多孔砖。目前，常用的有烧结普通砖、蒸压粉煤灰砖、蒸压灰砂砖、烧结空心砖和烧结多孔砖。烧结普通砖是指各种烧结的实心砖，其主要原料有黏土、粉煤灰、页岩、煤矸石等。烧结空心砖（35%）和烧结多孔砖（15%～30%）主要是用于非承重墙体，但不应用于地面以下或防潮层以下的砌体。

（2）砖的尺寸。“标准砖”尺寸为 240 mm×115 mm×53 mm。考虑到砌筑时的砂浆（灰缝）厚度为 10 mm，所以，4 块砖长、8 块砖宽、16 块砖厚均为 1 m，如图 2-15 所示。

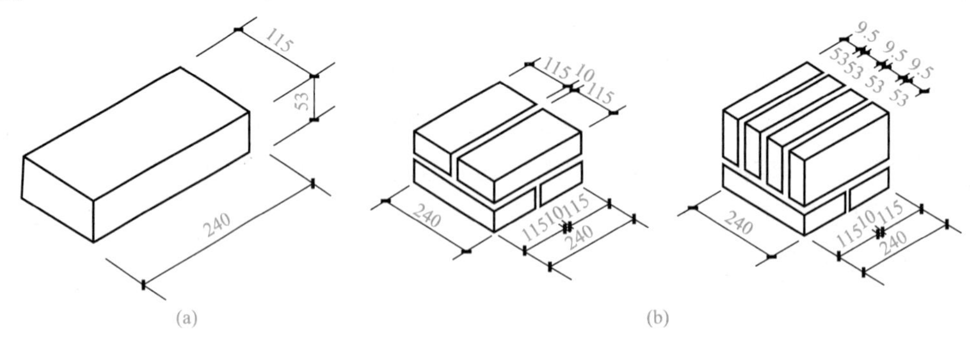

图 2-15　普通实心砖的尺寸关系

（a）标准砖的尺寸；（b）标砖尺寸与组砌关系

烧结空心砖和烧结多孔砖的尺寸有两种：一种是与现行统一模数一致，即砖尺寸为 190 mm×190 mm×90 mm 的砖，长、宽、厚各加上一个灰缝（10 mm），即为 200 mm×200 mm×100 mm；另一种可与标准黏土砖配合使用，只是将宽和厚度改为符合现行模数的尺寸，如 240 mm×115 mm×95 mm 或 240 mm×180 mm×115 mm 等（图 2-16）。

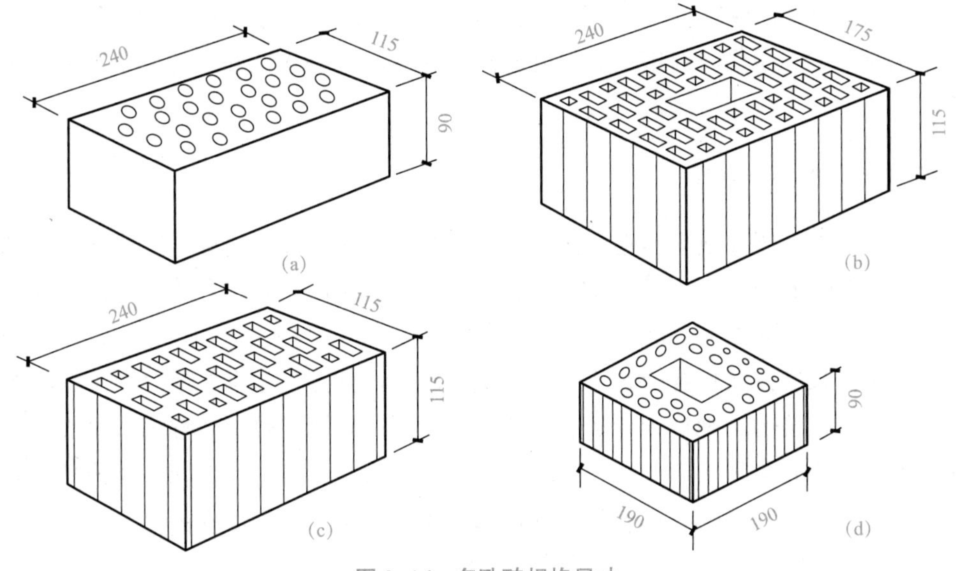

图 2-16　多孔砖规格尺寸

（a）KP1 型；（b）DP2 型；（c）DP3 型；（d）M 型

（3）砖的强度等级。标准砖的强度等级，是根据砖的抗压和抗折强度确定的。机制标准砖共分为 MU30、MU25、MU20、MU15、MU10 等五个等级，单位是 N/ mm^2（MPa）。

知识拓展

砖与砌块的区别

首先，制作材料不同：砌块是利用混凝土，工业废料（炉渣、粉煤灰等）或地方材料制成的人造块材，而建筑中常用的砖一般是黏土烧制而成。其次，从建筑的意义上来说，二者的形态不同：一般来说砌块外形尺寸比砖大。砖在制作过程中都要有加热的过程，一般是焙烧或是蒸汽加热；砌块一般都是预制的，不需要加热，类似混凝土，原料按配合比经下料、搅拌、浇捣、养护后定型，需要一定时间。最后，砖材料在砌筑前需要浇水湿润，而砌块一般不需要浇水或不可浇水。

2．砂浆

砂浆由胶凝材料（水泥、石灰）和填充料（砂、矿渣、石屑等）混合后再加水搅拌而成，主要作用是将砖块胶结为一体，使砖块垫平，将砖块之间的缝隙填满，使砖块之间传力均匀，提高砖砌体的整体性和承载力，将砖块黏结成砌体，提高墙体的强度、稳定性及保温、隔热、隔声、防潮等性能。砂浆强度等级共分为 M5、M7.5、M10、M15、M20、M25、M30 等七个级别。常用的砌筑砂浆有水泥砂浆、混合砂浆、石灰砂浆三种。水泥砂浆主要由水泥、砂、水等材料组成，为水硬性材料，强度高，适用于砌筑潮湿环境的砌体。石灰砂浆主要由石灰、砂、水等材料组成，是气硬性材料，强度不高，用于砌筑一般次要的民用建筑中地面以上的砌体。混合砂浆是由水泥、石灰膏、砂、水等材料组成，强度较高，和易性和保水性好，常用于砌筑地面以上的砌体。

（二）砖墙的组砌方式

组砌的关键在于要横平竖直、上下错缝、内外搭接、砂浆饱满、厚度均匀。错缝距离不小于 60 mm，砌块间搭接长度不小于砌块长度的 1/3。砖墙厚度以标准砖的长度为单位（连同灰缝厚度 10 mm）。

将砖块的长度方向顺着墙的长度方向水平放置，称为“顺砌”或“顺砖”。而与顺砌方向垂直放置的，则称为“丁砌”或“丁砖”，砖墙中每层砖称为“每皮砖”。常见的砌筑方式有全顺式、一顺一丁式、多顺一丁式、每皮丁顺相间式及两平一侧式等（图 2–17）。实心砖墙体的厚度除应满足强度、稳定性、保温隔热、隔声及防火等功能方面的要求外，还应与砖的规格尺寸相配合（图 2–18）。

（1）全顺式：每皮砖为顺砖，上下皮错缝 120 mm。

（2）一顺一丁砌式：一层砌顺砖、一层砌丁砖，相间排列，重复组合。

（3）每皮丁顺相间式：“梅花丁”“沙包丁”，在每皮之内，丁砖和顺砖相间砌筑而成。

（4）多顺一丁式：多层顺砖、一皮丁砖相间砌筑。

（5）两平一侧式：每层由两皮顺砖与一皮侧砖组合相间砌筑而成，主要用来砌筑 18 墙。

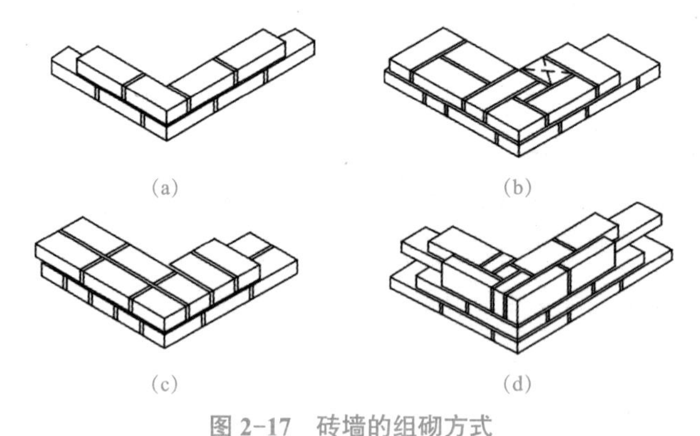

图 2–17　砖墙的组砌方式

（a）全顺式；（b）每皮丁顺相间式；（c）一丁一顺式；（d）两平一侧式

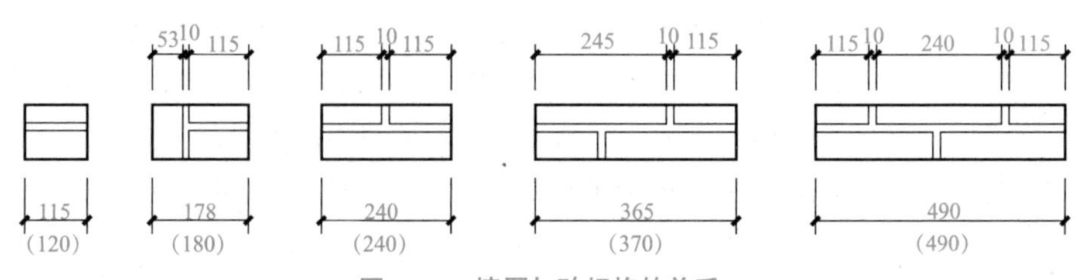

图 2–18　墙厚与砖规格的关系

（三）砖墙细部构造

为了保证砌体墙的耐久性和墙体与其他构件的连接，应在相应的位置进行细部构造处理。墙体细部构造包括墙身防潮、勒脚、散水、窗台、门窗过梁、圈梁和构造柱等，如图 2-19 所示。

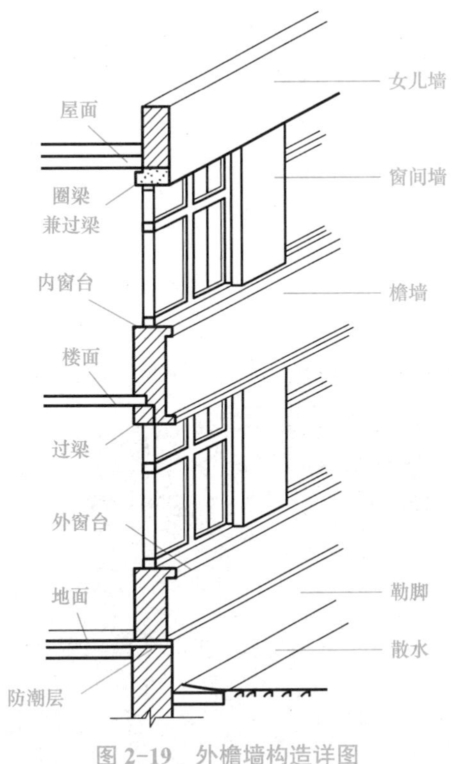

图 2-19　外檐墙构造详图

1．墙身防潮

在墙脚铺设防潮层，以防止土壤中的水分由于毛细作用上升使建筑物墙身受潮，提高建筑物的耐久性，保持室内干燥、卫生。墙身防潮层应在所有的内外墙中连续设置，且按构造形式不同，可分为水平防潮层和垂直防潮层两种。

防潮层的位置设置主要遵循以下原则：当室内地面垫层为混凝土等密实材料时，防潮层设置在垫层厚度中间位置，一般低于室内地坪 60 mm；当室内地面垫层为三合土或碎石灌浆等非刚性垫层（透水材料）时，防潮层的位置应与室内地坪平齐或高于室内地坪 60 mm；当室内地面低于室外地面或内墙两侧的地面出现高差时，除要分别设置两道水平防潮层外，还应对两道水平防潮层之间靠土一侧的垂直墙面做防潮处理（图 2-20）。

2．勒脚

勒脚是外墙墙角，接近室外地面的部分。其主要作用是防止外界机械性碰撞对墙体的损坏和屋檐滴下的雨、雪水及地表水对墙的侵蚀并且美化建筑外观，如图 2-21 所示。

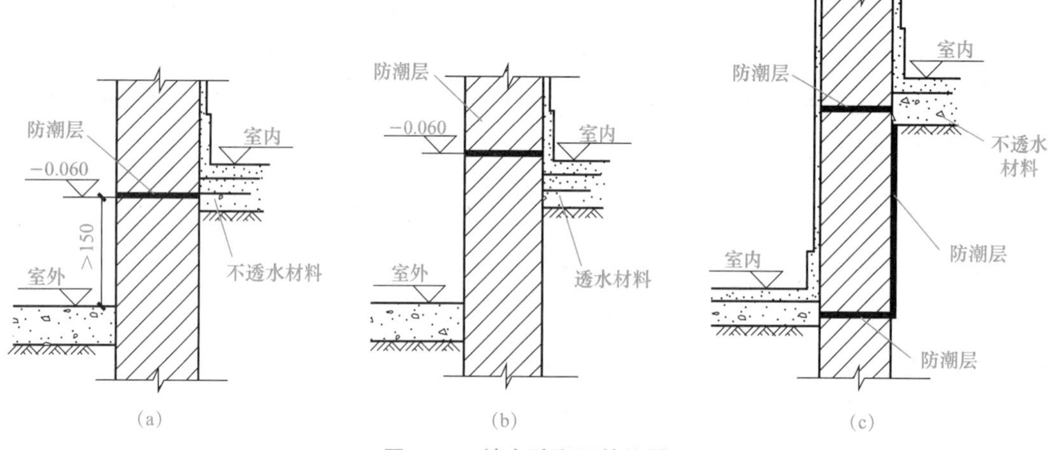

图 2-20　墙身防潮层的位置

（a）地面垫层为密实材料；（b）地面垫层为透水材料；（c）室内地面有高差

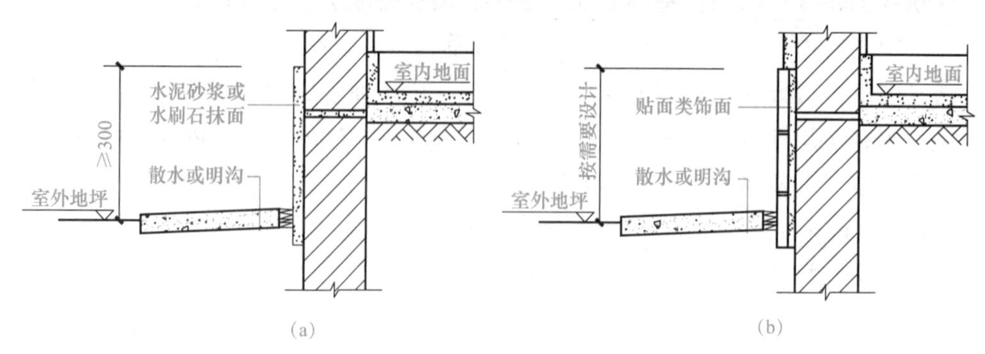

图 2-21　勒脚

（a）抹灰勒脚；（b）贴面勒脚

3. 散水、明沟

散水是指靠近勒脚下部的水平排水坡；在外墙四周或散水外缘设置的排水沟为明

沟。散水的做法通常是在基层土壤上现浇混凝土（图 2–22）或用砖、石铺砌，水泥砂浆抹面。明沟通常采用素混凝土浇筑，也可用砖、石砌筑，并用水泥砂浆抹面。

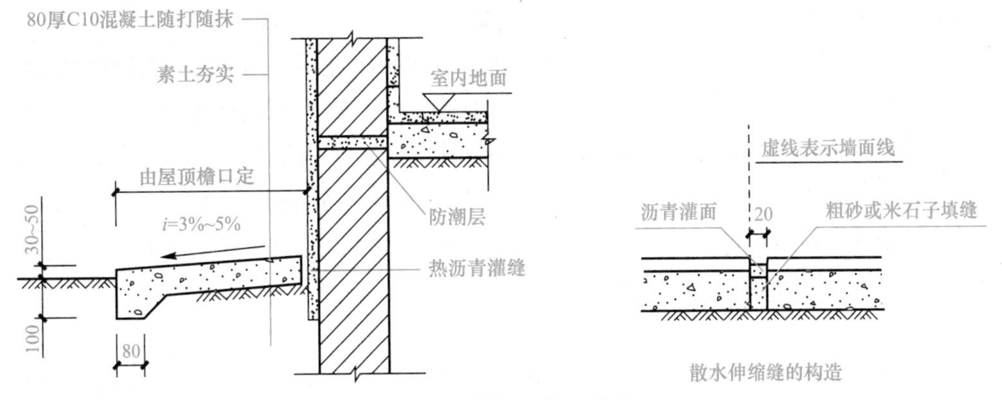

图 2–22　混凝土散水构造

4. 窗台

窗洞口下部的防水和排水构造，防止雨水积聚在窗下侵入墙身和向室内渗透；同时，也是建筑立面重点处理的部位，有外窗台和内窗台之分。

（1）外窗台的构造做法有砖砌窗台和预制混凝土板窗台两种。主要构造要点是窗台表面应做不透水层；窗台表面应做 10% 左右的排水坡度；悬挑窗台下做滴水或抹水泥砂浆，如图 2–23 所示。

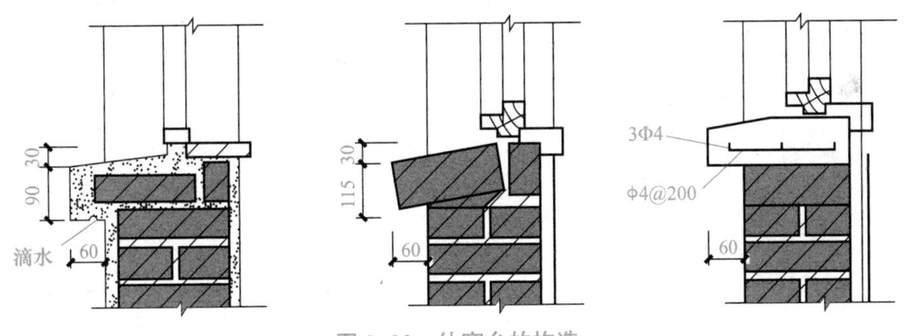

图 2–23　外窗台的构造

（2）内窗台一般水平放置，通常结合室内装修做成水泥砂浆抹面、贴面砖、木窗台板等。在我国严寒地区和寒冷地区，室内为散热器（暖气片）采暖时，为便于安装暖气片，窗台下留凹龛，称为暖气槽（图 2–24）。

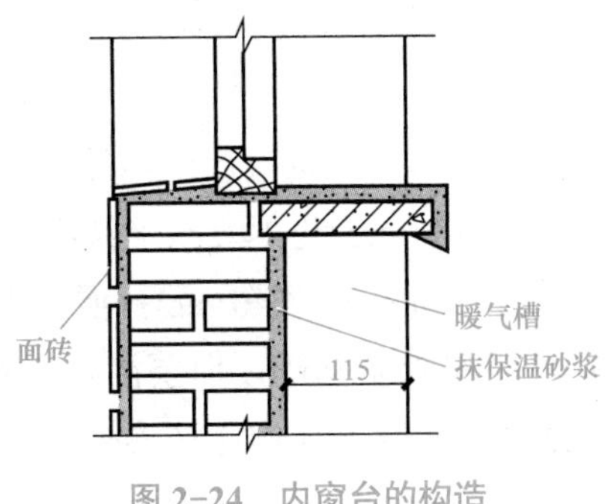

图 2–24　内窗台的构造

5. 过梁

门窗过梁是指设置在门窗洞口上部的横梁。其作用是承受洞口上部墙体和楼板传来的荷载，并将这些荷载传递给洞口两侧的墙体。

门窗过梁有钢筋砖过梁、钢筋混凝土过梁。钢筋砖过梁是指配置了钢筋的平砌砖过梁。当门窗洞口跨度超过 2 m 或上部有集中荷载时，需采用钢筋混凝土过梁。钢筋混凝土过梁有现浇和预制两种，梁高及配筋由计算确定。为了施工方便，梁高应与砖的块数相适应以方便墙体的连续砌筑，故常见的梁高为 60 mm、120 mm、180 mm、240 mm，即 60 mm 的整倍数。梁宽一般同墙厚，梁两端支承在墙上的长度不应少于 240 mm，以保证有足够的承压面积。

6. 圈梁

由于墙体可能承受上部集中荷载、开设门窗洞口、遭受地震等，使墙体的强度及稳定性有所降低，因而应对墙身采取加固措施，即增加壁柱和门垛，设置圈梁和构造柱等，如图 2-25 所示。

当圈梁被门窗洞口（如楼梯间窗洞口）截断时，应在洞口上部设置附加圈梁，进行搭接补强。附加圈梁与圈梁的搭接长度不应小于两梁高差的两倍，最少不能小于 1 000 mm，如图 2-26 所示。圈梁的数量和位置与建筑物的高度、层数、地基状况和地震烈度有关。圈梁有钢筋砖圈梁和钢筋混凝土圈梁两种。钢筋混凝土圈梁宜设置在与楼板或屋面板同一标高处（称为板平圈梁）；或紧贴板底（称为板底圈梁）。

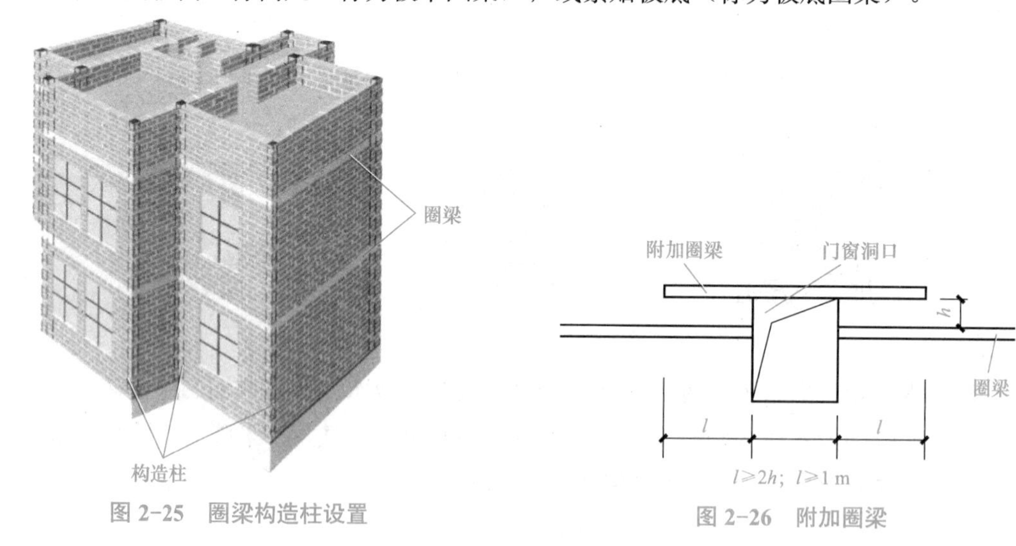

图 2-25　圈梁构造柱设置　　　图 2-26　附加圈梁

7. 构造柱

构造柱（图 2-27）具体构造要求：先砌墙后浇钢筋混凝土柱，构造柱与墙的连接处宜砌成马牙槎，并沿墙高每隔 500 mm 设 2Φ6 水平拉结钢筋连接，每边伸入墙内不少于 1 000 mm；柱截面应不小于 180 mm×240 mm；混凝土的强度等级不小于 C15；纵向钢筋采用 4Φ12，构造柱可不单独做基础，但要深入室外地面下 500 mm，或下端应锚固于基础或基础圈梁内与圈梁相连。与构造柱连接处的墙应砌成马牙槎，每一个马牙槎沿高度方向的尺寸不应超过 300 mm 或 5 皮砖高，马牙槎从每层柱脚开始，应先退后进，进退相差 1/4 砖。

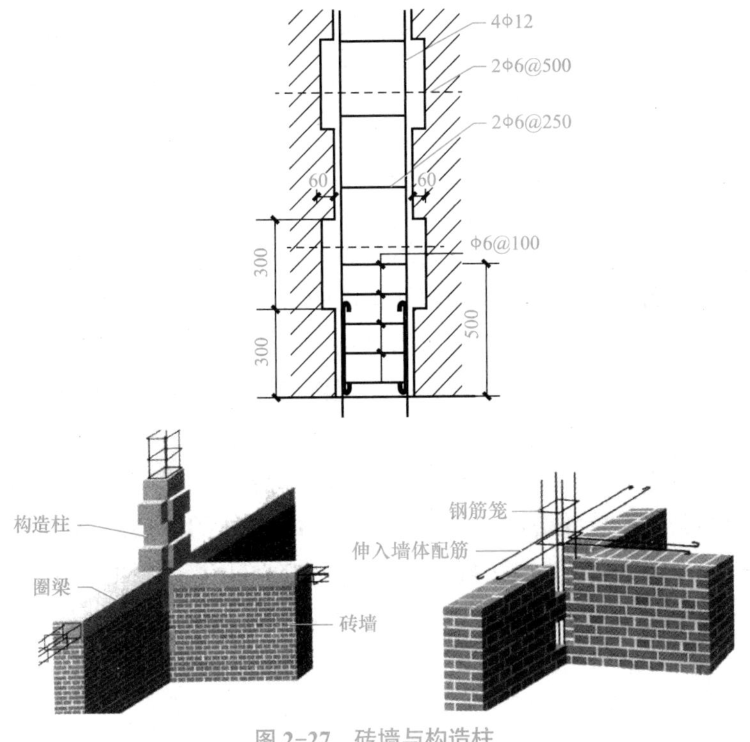

图 2-27 砖墙与构造柱

三、砌块墙

砌块墙是用砌块和砂浆砌筑成的墙体，可作为工业与民用建筑的承重墙和围护墙。砌块墙根据砌块尺寸的大小，分为小型砌块、中型砌块和大型砌块墙体；按材料，分为加气混凝土墙、硅酸盐砌块墙、水泥炉渣空心墙、石灰石墙等。

（一）砌块墙的材料

1．砌块

砌块按材料可分为普通混凝土砌块、轻集料混凝土砌块、加气混凝土砌块及利用各种工业废料制成的砌块（炉渣混凝土砌块、蒸养粉煤灰砌块等）；按构造形式可分为实心砌块和空心砌块；按功能可分为承重砌块和保温砌块等；按尺寸和质量可分为大、中、小型砌块三种类型。

2．砌筑砂浆

混凝土砌块的砌筑砂浆是由水泥、砂、水及根据需要掺入的掺合料和外加剂等组分的，按一定比例，经机械拌和制成的。专门用于砌筑混凝土砌块的砌筑砂浆，简称“砌块专用砂浆”。混凝土小型空心砌块砌筑砂浆的强度等级共分为 M5、M7.5、M10 和 M15 等四种。

3．灌孔混凝土

砌块灌孔混凝土是由水泥、集料、水及根据需要掺入的掺合料和外加剂等组分的，按一定比例，经机械搅拌后用于浇筑混凝土砌块砌体芯柱或其他需要填实部位孔洞的混凝土，简称“砌块灌孔混凝土”，混凝土小型空心砌块的灌孔混凝土强度等级共分为 C20、C25 和 C30 三种。

（二）砌块墙的排列与组合

由于砌块的尺寸较大，砌筑不够灵活，因此在砌筑前必须进行砌块的排列设计，尽量提高主要砌块的使用率，减少局部补填砖的数量。砌块排列组合图一般包括各层平面和内外墙立面分块图。在进行砌块的排列组合时，应按门窗和墙面尺寸的布置情况对墙面进行合理的分块，正确选择砌块的规格尺寸，尽量减少砌块的规格类型，优先采用大规格的砌块做主要砌块。

砌块排列设计应满足以下要求：上下皮砌块应错缝搭接，尽量减少通缝；墙体交接处和转角处的砌块应彼此搭接，以加强整体性；优先采用大规格砌块，使主砌块的总数量在 70% 以上；尽量减少砌块规格，在砌体中允许用极少量的普通砖来镶砌填缝；空心砌块上下皮之间应孔对孔、肋对肋，以有足够的接触面。

（三）防湿构造

砌块多为多孔材料，吸水性强，容易受潮，特别是在檐口、窗台、勒脚及落水管附近墙面等部位。在湿度较大的房间中，砌块墙也须有相应的防湿措施（图 2–28）。

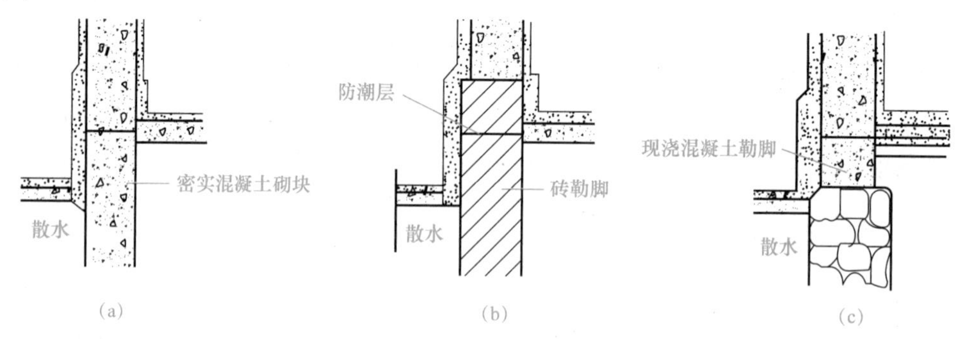

图 2–28　勒脚防湿构造

（a）密实混凝土砌块；（b）实心砖砌块；（c）现浇混凝土勒脚

四、隔墙构造

隔墙是分隔建筑物内部空间的墙。隔墙不承重，一般要求轻、薄，有良好的隔声性能。对于不同功能房间的隔墙有不同的要求，如厨房的隔墙应具有耐火性能；卫生间的隔墙应具有防潮能力。隔墙应尽量便于拆装。

隔墙可分为普通砖隔墙、砌块隔墙、木骨架隔墙、木骨架隔墙、轻钢龙骨隔墙和板材隔墙。

1．普通砖隔墙

普通砖隔墙一般采用半砖隔墙。半砖隔墙用烧结普通砖以全顺式方式砌筑而成（砌筑砂浆的强度等级不低于 M5）。由于墙体轻而薄，稳定性较差，因此在构造上要求隔墙与承重墙或柱之间连接牢固，一般要求隔墙两端的承重墙须留出马牙槎，并沿墙高度每隔 500 mm 砌入 2Φ6 的拉结钢筋，伸入隔墙的长度不宜小于 500 mm；还应沿隔墙高度每隔 1 200 mm 设置一道 30 mm 厚的水泥砂浆层，内放 2Φ6 钢筋，如图 2–29 所示。

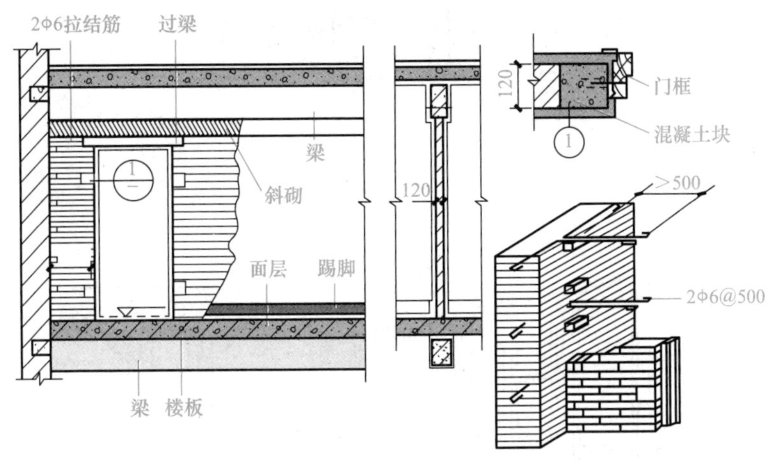

图 2–29　普通砖隔墙的构造

2．砌块隔墙

为减轻隔墙自重，可采用轻质砌块。砌块隔墙的墙厚一般为 90 ～ 120 mm。其加固构造措施同普通砖隔墙，砌块不够整块时宜用烧结普通砖填补。因砌块孔隙率大、吸水量大，故砌筑时应先在墙下部实砌 3 ～ 5 皮实心砖后，再砌砌块。

3．木骨架隔墙

木骨架隔墙的骨架由上槛、下槛、墙筋、横撑或斜撑组成。面层目前的普遍做法是在木骨架上钉各种成品板材，如纤维板、胶合板、石膏板等，并在骨架、木基层板背面刷两遍防火涂料，以提高其防火性能，如图 2–30 所示。

4．轻钢龙骨隔墙

轻钢龙骨隔墙是用轻钢龙骨做骨架，纸面石膏板、纤维水泥加压板、纤维石膏板、石英粉硅酸钙板等做面层，如图 2–31 所示。

5．板材隔墙

板材隔墙是指轻质的条板用胶粘剂拼合在一起形成的隔墙，即不需要设置隔墙龙骨，由隔墙板材自承重，将预制或现制的隔墙板材直接固定于建筑主体结构上的隔墙工程。由于板材隔墙是用轻质材料制成的大型板材，在施工中可以直接拼装而不用依赖骨架，因此具有自重轻、墙身薄、拆装方便、节能环保、施工速度快、工业化程度高的特点（图 2–32）。

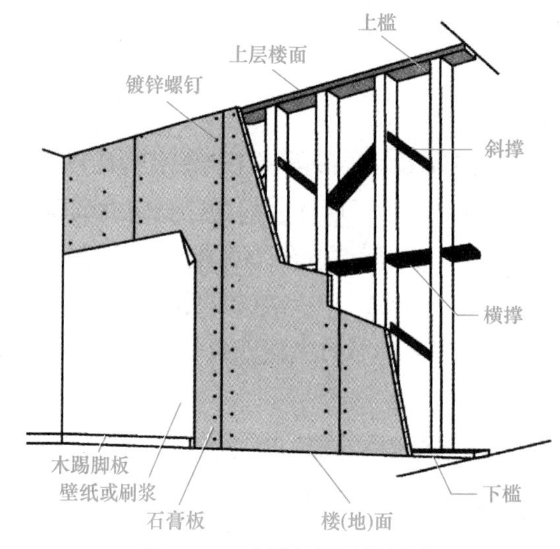

图 2-30　木骨架隔墙的构造

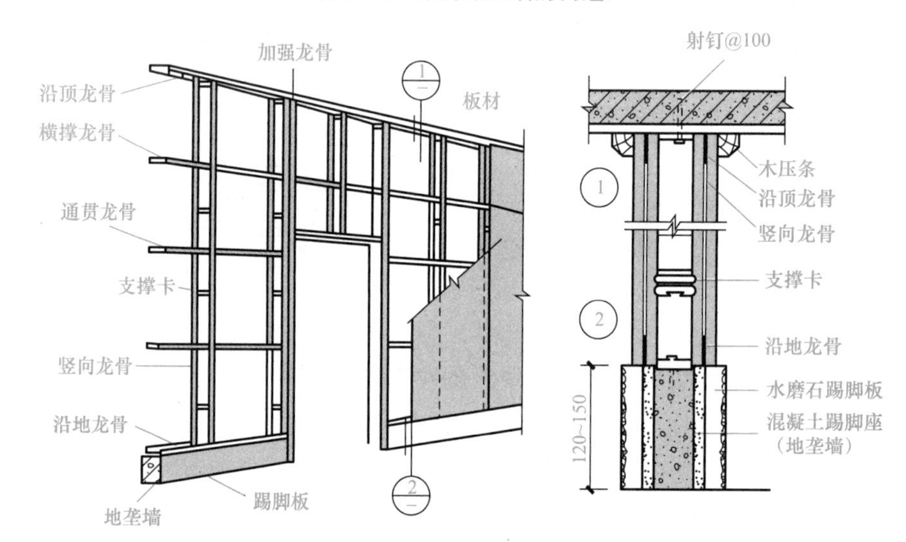

图 2-31　轻钢龙骨隔墙的构造

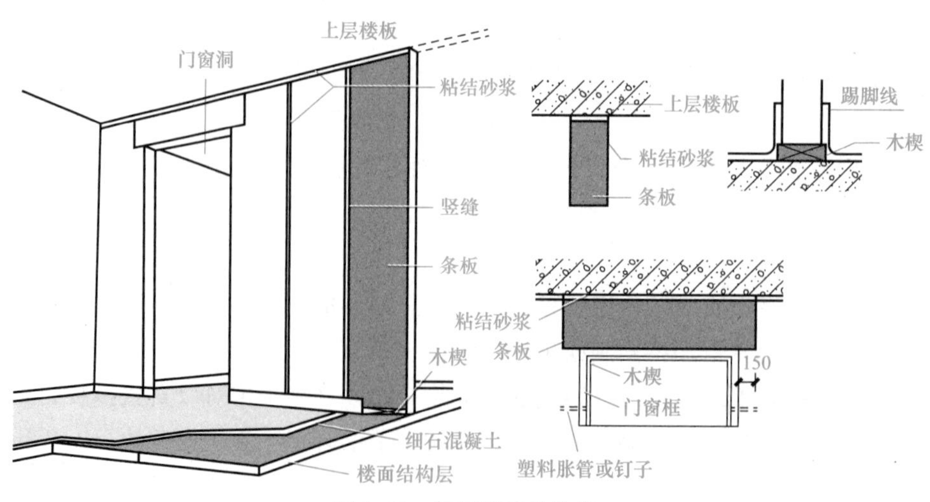

图 2-32　板材隔墙的构造

※ 实训九

了解常见墙体的类型，掌握墙体的构造，能够根据图纸及墙体构造知识解决工程实际问题，在学校附近选择一处建筑物，根据图纸和现场情况考察，将考察内容写成考察报告。

1. 实训目的

课后，让学生在老师或者负责人的带领下，拿到建筑图纸，选择学校就近的建筑物墙体，分析该建筑物墙体的类型、细部构造。

2. 实训方式

（1）墙体类型及细部构造分析。

学生分组：以 3 ～ 5 人为一组，自主地对建筑图纸中的墙体进行分析。

重点分析：墙体的类型、厚度、所使用的材料及细部构造的做法。

调查方法：以实际施工图纸分析，了解建筑工程墙体的常用类型及细部构造。

（2）建筑墙体构造考察。

学生分组：以 10 ～ 15 人为一组，由教师或现场负责人指导。

重点调研：根据分析的图纸情况，到实际建筑中进行考察。

调研方法：结合建筑物实际情况，在教师或现场负责人指导下，分析现场墙体的分类及细部构造。

3. 实训内容及要求

（1）认真完成墙体图纸分析报告。

（2）填写墙体考察报告。

（3）写出实训小结。

※ 习　题

一、选择题

1. ±0.000 以下部位的砌筑砂浆应该采用（　　）。

A. 水泥砂浆　　B. 混合砂浆

C. 石灰砂浆　　D. 均可

2. ±0.000 以下应该采用（　　）。

A. 多孔砖　　B. 空心砌块　　C. 实心砖　　D. 灰砂砖

3. 构造柱的截面尺寸宜采用（　　）。

A. 240 mm × 180 mm　　B. 120 mm × 240 mm

C. 240 mm × 240 mm　　D. 180 mm × 240 mm

4. 下列砂浆既有较高的强度又有较好的和易性的是（　　）。

A. 水泥砂浆　　B. 石灰砂浆　　C. 混合砂浆　　D. 黏土砂浆

5. 图 2-33 中砖墙的组砌方式是（　　）。

A. 梅花丁

B. 多顺一丁

C. 一顺一丁

D. 全顺式

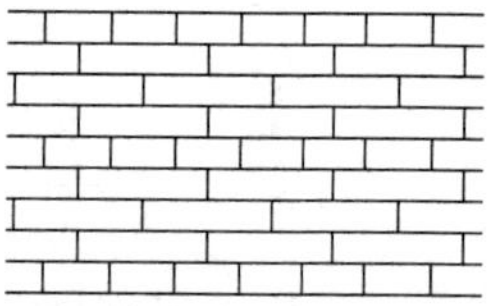

图 2-33　选择题 5 图

6. 图 2-34 中砖墙的组砌方式是（　　）。

A. 梅花丁

B. 多顺一丁

C. 全顺式

D. 一顺一丁

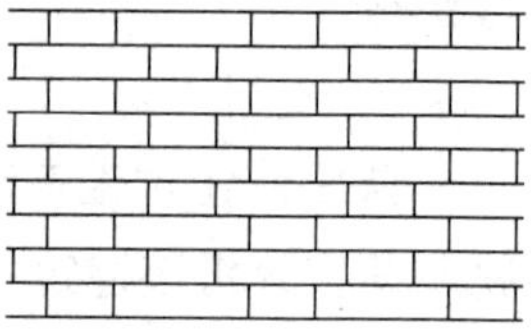

图 2-34　选择题 6 图

二、填空题

1. 砌体结构的抗震能力通过在墙体中加设__________和__________。

2. 框架结构的填充墙是__________墙（承重、非承重），柱子基础的构造形式采用柱下__________。

三、名词解释

1. 勒脚

2. 过梁

四、简答题

1. 实体砖墙有哪些砌筑方式？组砌的原则是什么？

2. 圈梁和构造柱的作用是什么？

单元四

楼板层与地面

楼板和地面是建筑物构造组成部分之一。楼板是水平方向的承重构件，在垂直方向上还将房屋分为若干层，将水平方向上的荷载及自重通过墙、梁或柱传递给基础。本单元主要介绍了楼板层的基本构造及钢筋混凝土楼板的主要类型和基本构造，楼地面的装修，阳台、雨篷的基本构造。

【知识目标】

1. 掌握楼板层的类型，了解楼板层的设计要求；
2. 掌握钢筋混凝土楼板的类型，熟练掌握现浇钢筋混凝土楼板的类型、基本构造及应用情况；
3. 掌握楼地面防潮、防水和保温做法；
4. 掌握常见的楼地面装修方法；
5. 掌握阳台和雨篷的基本构造。

【能力目标】

1. 能够绘制楼层结构布置图；
2. 能够绘制地面构造、顶棚构造、阳台构造图。

【素质目标】

1. 具有良好的组织、沟通和协作的能力；
2. 具有协同合作的团队精神。

【实验实训】

考察学校的教室、卫生间地面构造。

一、楼板层的基本组成及其分类

（一）楼板层的基本组成

楼板层与底层地坪层统称楼地层，它们是房屋的重要组成部分。楼板层是建筑物中分隔上下楼层的水平构件，它不仅承受自重和其上的使用荷载，并将其传递给墙或柱，而且对墙体也起着水平支撑的作用。另外，建筑物中的各种水平管线也可敷设在楼板层内。

根据建筑使用的要求，楼板层一般可分为面层、结构层、附加层和顶棚层四部分，如图 2–35 所示。地层主要由面层、垫层和基层组成，如图 2–36 所示。根据使用要求和构造做法的不同，楼地层有时还需设置找平层、结合层、防水层、隔声层、隔热层等附加构造层。

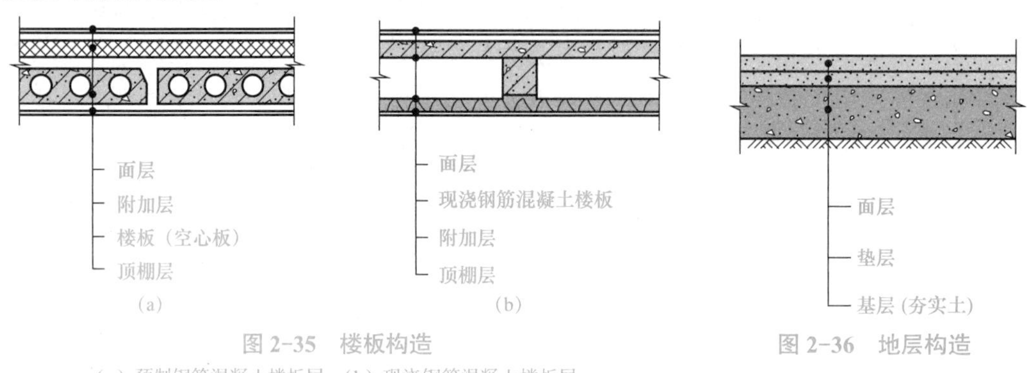

图 2–35　楼板构造

（a）预制钢筋混凝土楼板层；（b）现浇钢筋混凝土楼板层

图 2–36　地层构造

1．面层

面层又称为楼面。面层与人、家具设备等直接接触，起着保护楼板、承受并传递荷载的作用；同时，对室内有很重要的清洁及装饰作用。

2．结构层

结构层即楼板，是楼层的承重部分。

3．顶棚层

顶棚层位于楼板层最下层，主要作用是保护楼板、安装灯具、装饰室内、遮掩各种水平管线等。

4．附加层

附加层又称功能层，对有特殊要求的室内空间。楼板层应增设一些附加层次，主要作用是隔声、隔热、保温、防水、防潮、防腐蚀、防静电等。

（二）楼板层的设计要求

1．强度和刚度要求

强度要求是指楼板层应保证在自重和活荷载的作用下安全可靠，不被破坏；刚度要求是指楼板层在一定荷载作用下不发生过大变形，以保证正常使用。强度主要通过结构设计来满足；刚度可通过结构规范限制楼板的最小厚度来保证。

2．隔声要求

楼板层和地坪层应具有一定的隔声能力，可避免上下层房间的相互影响。不同使用性质的房间对隔声的要求不同，一般楼层的隔声量为 40 ～ 50 dB。楼板主要是隔绝固体传声，如人的脚步、拖动家具、敲击楼板等声音。

3．防火要求

建筑物各构件均应按建筑物的耐火等级进行防火设计，以保证火灾发生时在一定时间内不会因楼板塌陷而给生命和财产带来损失。

4．防水、防潮要求

对于卫生间、厨房、学校的实验室、医院的检验室等有水的房间，因其地面潮湿、易积水，故都应进行防潮、防水处理，以防水的渗漏影响下层空间的正常使用或渗入墙体，使结构内部产生冷凝水，破坏墙体和内外饰面。

5．管线敷设要求

由于现代建筑中的各种服务设施更加完善，有更多的管道和线路将借楼板层来敷设。因此，为保证室内平面布置更加灵活、空间使用更加完整，在楼板层的设计中必须仔细考虑各种设备管线的走向，以便于管线的敷设。

6．经济要求

在多层房屋中楼板层和地坪层的造价占总造价的20%～30%，因此，在进行结构选型、确定构造方案时，应与建筑物的质量标准和房间使用要求相适应，减少材料消耗，降低工程造价，满足建筑经济的要求。

（三）楼板层的分类

楼板层根据所采用材料不同，可分为木楼板层、钢筋混凝土楼板层和压型钢板组合楼板层。木楼板层具有自重轻、构造简单、吸热系数小等优点，但其隔声、耐久和防火性较差，耗木材量大，除林区外，现已极少采用；钢筋混凝土楼板层因其承载能力大、刚度好，且具有良好的耐久性、防火性和可塑性，目前被广泛采用；压型钢板组合楼板层是利用压型钢板为底模，上部浇筑混凝土而形成的一种组合楼板。它具有强度高、刚度大、施工速度快等优点，但钢材用量大，造价高。

二、钢筋混凝土楼板

钢筋混凝土楼板根据施工方法的不同，可分为现浇式和装配式两种类型。

（一）现浇式钢筋混凝土楼板

现浇式钢筋混凝土楼板是在施工现场支模、绑扎钢筋、浇筑混凝土而成型的楼板。它的优点是整体性好，特别适用于抗震设防要求较高的建筑物。对有管道穿过、平面形状不规整或防水要求较高的房间，也可采用现浇式钢筋混凝土楼板。但是，现浇式钢筋混凝土楼板有施工工期较长、现场湿作业多、需要消耗大量模板等缺点。

现浇整体式钢筋混凝土楼板根据受力和传力情况不同，可分为板式楼板、梁板式楼板、无梁式楼板和压型钢板组合板等。

知识拓展

平板、有梁板、无梁板的区别

平板、有梁板与无梁板的区别就是支承支座不同。平板由墙支承；有梁板的板将作用力传递给梁，再传递给墙和柱；无梁板由墙和柱来支承。钢筋混凝土有梁板是指板下带有肋（梁）的板，在框架结构中不包括柱与柱之间的梁，该梁应按单梁定额单独计算，不应包含在有梁板内；钢筋混凝土无梁板是指不带梁，直接由柱支承，带柱帽的楼板，其板较厚，主要用于冷库、仓库、菜场等建筑物。钢筋混凝土平板是指搁置在墙或框架结构柱间梁上的板。

1. 板式楼板

楼板内不设梁，将板直接搁置在承重墙上，楼面荷载可直接通过楼板传递给墙体，这种厚度一致的楼板称为平板式楼板。

楼板根据受力特点和支承情况的不同，可分为单向板和双向板。当板的长边与短边之比大于 2 时，板基本上沿短边方向传递荷载，这种板称为单向板；当板的长边与短边之比小于等于 2 时，荷载沿长边和短边两个方向传递，这种板称为双向板。

2. 梁板式楼板

对平面尺寸较大的房间，若仍采用板式楼板，会因板跨较大而增加板厚。为此，通常在板下设置梁来减小板跨。这时，楼板上的荷载先由板传递给梁，再由梁传递给墙或柱。这种由板和梁组成的楼板称为梁板式楼板。

（1）单向板肋梁楼板。当板为单向板时，称为单向板肋梁楼板。单向板肋梁楼板由板、次梁和主梁组成，如图 2-37 所示。

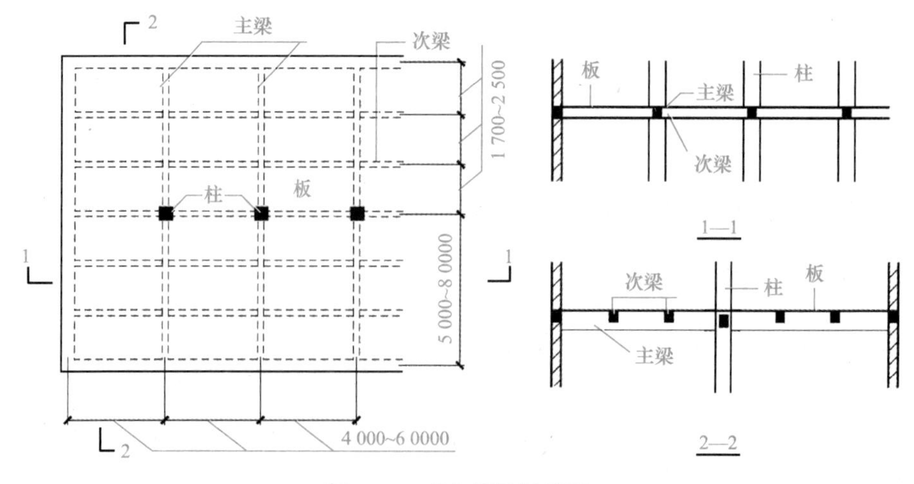

图 2-37　单向板肋梁楼板

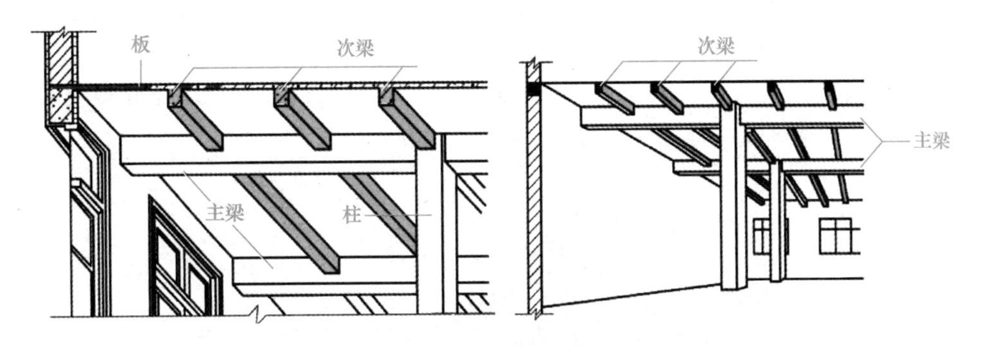

图 2-37 单向板肋梁楼板（续）

（2）双向板肋梁楼板。双向板肋梁楼板也称井式楼板，如果房间平面形状为方形或接近方形（长边与短边之比小于 1.5）时，两个方向梁正放正交或斜放正交，梁的截面尺寸相同等距离布置而形成方格，梁无主梁和次梁之分，这种楼板称为井字梁式楼板或井式楼板，如图 2-38 所示。

井式楼板梁跨可达 30 m，板跨一般为 3 m 左右。由于井式楼板一般井格外露，产生结构带来的自然美感，房间内无柱，多用于公共建筑的门厅、大厅或会议室、小型礼堂等。

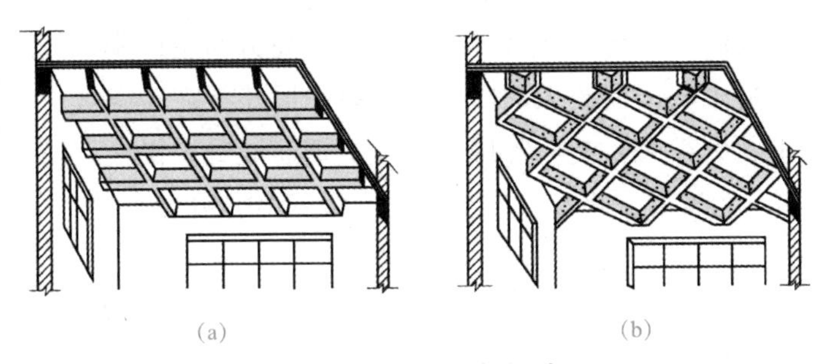

(a)　　(b)

图 2-38 井式楼板构造

（a）正井式；（b）斜井式

3. 无梁楼板

无梁楼板是指将楼板直接支承在柱上，不设置主梁和次梁。无梁楼板可分为有柱帽和无柱帽两种。当楼面荷载比较小时，可采用无柱帽楼板；当楼面荷载较大时，为提高楼板的承载能力、刚度和抗冲切能力，必须在柱顶加设柱帽，如图 2-39 所示。

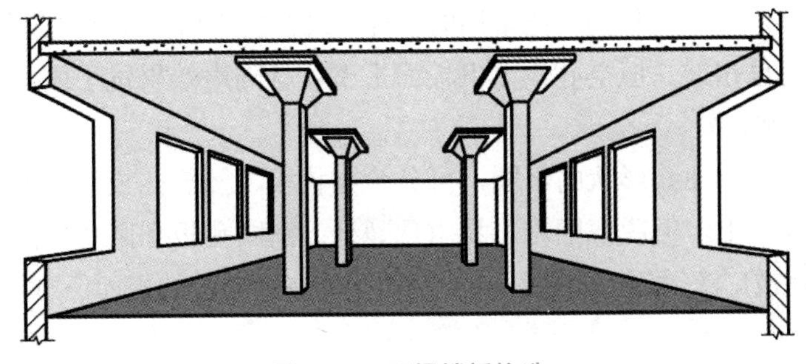

图 2-39 无梁楼板构造

4．压型钢板组合楼板

压型钢板组合楼板是以截面为凹凸相间的压型钢板做衬板，与现浇混凝土面层浇筑在一起构成的整体性很强的一种楼板，如图 2-40 所示。

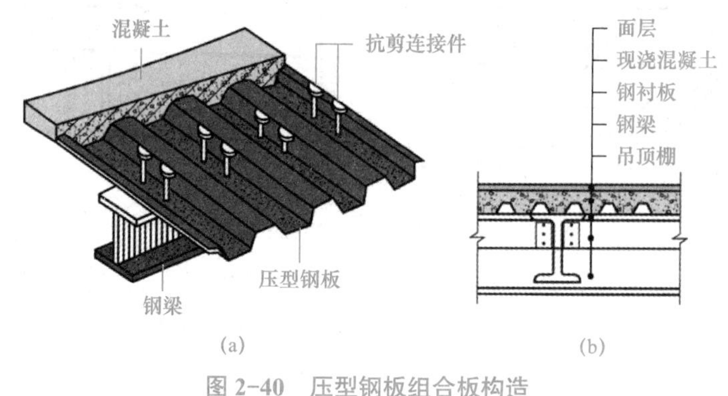

图 2-40　压型钢板组合板构造

（a）立体图；（b）基本组成

（二）装配式钢筋混凝土楼板

装配式钢筋混凝土楼板是将楼板在预制厂或施工现场预制，然后在施工现场装配而成。这种楼板可节省模板，提高劳动生产率，加快施工速度，缩短工期，但楼板的整体性较差，近几年在地震设防地区的应用范围受到很大限制。常用的装配式钢筋混凝土楼板，根据其截面形式可分为实心平板、空心板和槽形板三种类型。

装配式技术的应用

1．实心平板

实心平板的跨度一般小于 2.5 m，板厚为跨度的 1/30，一般为 50 ～ 80 mm，板宽为 400 ～ 900 mm。板的两端支承在墙或梁上。对板的支承长度也有具体规定：搁置在钢筋混凝土梁上时，不小于 80 mm；搁置在内墙时，不小于 100 mm；搁置在外墙时，不小于 120 mm。预制实心平板由于其跨度小、板面上下平整、隔声效果差，故常用于过道和小房间、卫生间的楼板，也可作为架空搁板、管沟盖板、阳台板、雨篷板等，如图 2-41 所示。

2．空心板

空心板（图 2-42）是目前广泛采用的一种形式。它的结构计算理论与槽形板相似，两者的材料消耗也相近，但空心板上下板面平整，且隔声效果优于槽形板，因此较槽形板有更大的优势。

空心板根据板内抽孔形状的不同，可分为方孔板、椭圆孔板和圆孔板。方孔板能节约一定量的混凝土，但脱模困难，易出现裂缝；椭圆孔板和圆孔板的刚度较好，制作也方便，因此被广泛采用。需要注意的是，不能在空心板的板面任意打洞。

3．槽形板

槽形板（图 2-43）是一种梁板结合的预制构件，即在实心板的两侧及端部设有边肋，作用在板上的荷载由边肋来承担。当板的跨度较大时，需要在板的中部每隔 1 500 mm 增设横肋一道。

一般槽形板的跨度为 3 ～ 6 m，板宽为 500 ～ 1 200 mm，板肋高为 120 ～ 240 mm，板厚仅为 30 ～ 50 mm。槽形板减轻了板的自重，具有节省材料、便于在板上开洞等优点；但隔声效果较差。

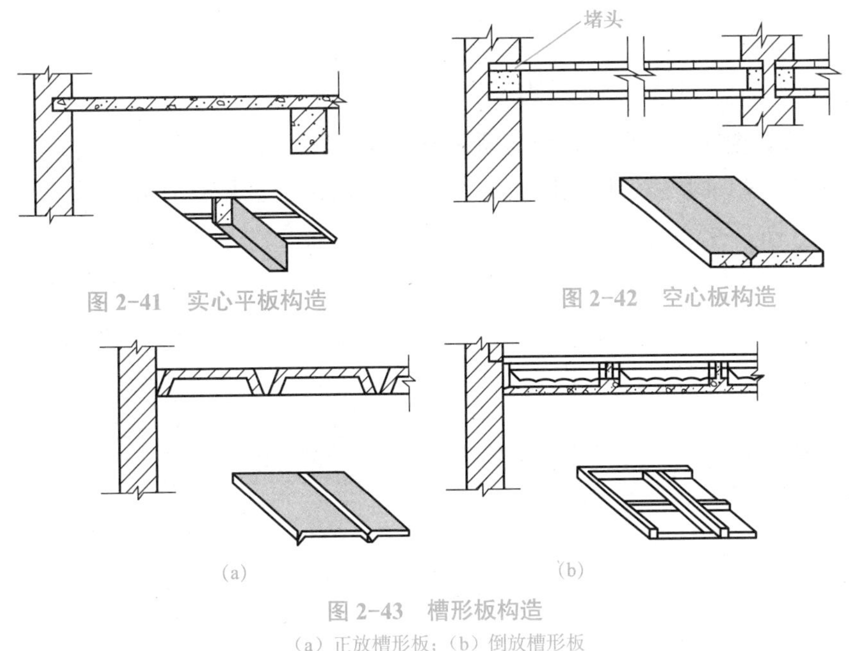

图 2-41　实心平板构造

图 2-42　空心板构造

(a)　(b)

图 2-43　槽形板构造

（a）正放槽形板；（b）倒放槽形板

三、楼地层的防潮、防水及隔声构造

（一）楼地面的构造

楼地面是楼板层面层和地坪层的总称。它是人们日常生活、工作、学习必须接触的部分，楼地面的材料和做法应根据房间的使用要求和装饰要求来选择，按面层材料和施工工艺的不同，楼地面可分为整体面层楼地面、块料面层楼地面、卷材楼地面等。

1．整体面层楼地面

用现场浇筑的方法制成整片的地面，称为整体地面。整体地面的面层无接缝，一般造价较低，施工简便。常用的有水泥砂浆楼地面、细石混凝土楼地面、水磨石楼地面、菱苦土楼地面等。

（1）水泥砂浆楼地面。水泥砂浆楼地面（图 2-44）是在混凝土垫层或结构层上抹 1∶2 或 1∶2.5 的厚度为 15 ～ 20 mm 的水泥砂浆作为面层。水泥砂浆面层必须做在刚性垫层上，通常是在夯实的素土上做 60 ～ 80 mm 厚的混凝土垫层。水泥砂浆楼地面构造简单、坚固耐磨、防水防潮、造价低；但导热系数大，冬天令人感觉阴冷，是一种被广泛采用的低档楼地面。

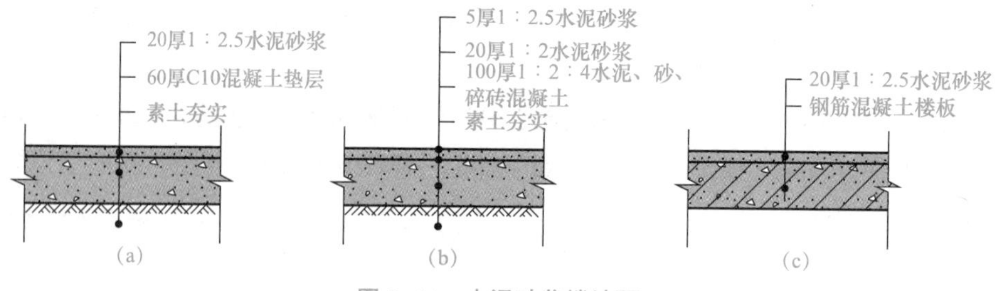

图 2-44　水泥砂浆楼地面

（a）底层地面单层做法；（b）底层地面双层做法；（c）楼层地面

（2）水磨石楼地面。水磨石楼地面质地美观、表面光洁、不起尘、易清洁，具有很好的耐久性、耐油耐碱、防火防水的优点，通常用于公共建筑门厅、走道、主要房间的楼地面（图 2-45）。

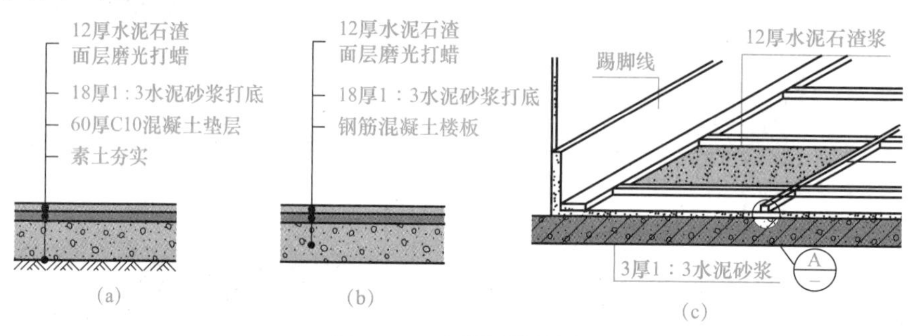

图 2-45　水磨石楼地面

（a）底层地面；（b）楼层地面；（c）嵌分隔条

2. 块料面层楼地面

块料面层楼地面（图 2-46）是指用各种预制的铺地用砖或板材所做的地面，如铺砖楼地面、缸砖楼地面、楼地面砖楼地面、陶瓷马赛克楼地面、石材楼地面、木地板楼地面（图 2-47）、塑料板楼地面（图 2-48）等。这类楼地面的垫层可以是刚性的也可以是非刚性的，主要依据面层材料而定。为使面层铺设平整、黏结牢固，垫层与面层之间需要做结合层，大多数面层可以用水泥砂浆做结合层；对于混凝土板、烧结砖等厚重面层，可以用砂或细炉渣做结合层；塑料板则需要用胶粘剂。

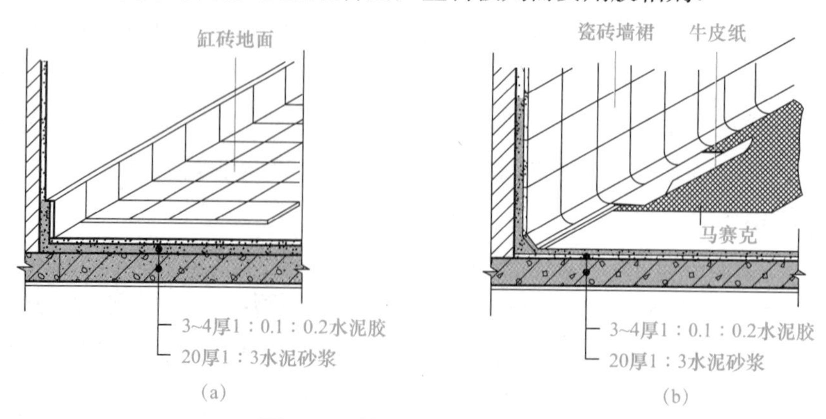

图 2-46　块料面层楼地面构造

（a）缸砖楼地面；（b）陶瓷马赛克楼地面

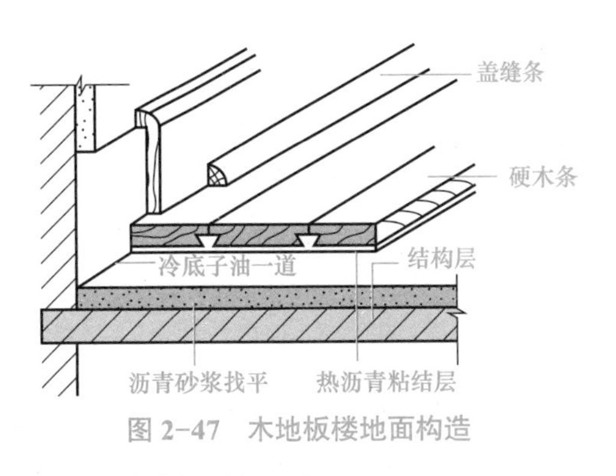

图 2-47　木地板楼地面构造

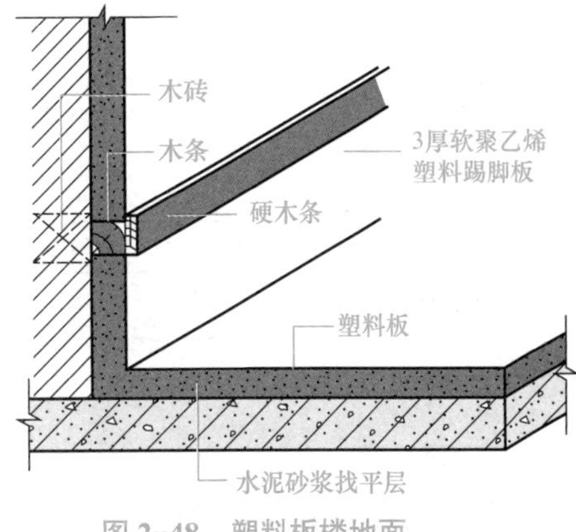

图 2-48　塑料板楼地面

3. 卷材层楼地面

在平整的基层上铺贴卷材时（如地板革、橡胶地粘、化纤地毯、羊毛地毯等），可满铺、局铺、干铺、粘贴等，如图 2-49 所示。

图 2-49　卷材类楼地面

（二）楼地层的防潮、防水

1. 地层防潮

地层与土直接接触，土中的潮气易侵蚀地层，使房间湿度增大，甚至造成地面、墙面和家具的霉变，严重影响房间的卫生状况和结构的耐久性。因此，必须对地层进行必要的防潮处理。

对无特殊防潮要求的房间，其地层防潮采用 C10 混凝土垫层 60 mm 厚即可，也可在混凝土垫层下铺一层粒径均匀的卵石或碎石、粗砂等。对防潮要求较高的房间，其地层防潮的具体做法是在混凝土垫层上、刚性整体面层下先刷一道冷底子油，然后刷憎水的热沥青两道或二布三涂防水层（图 2-50）。

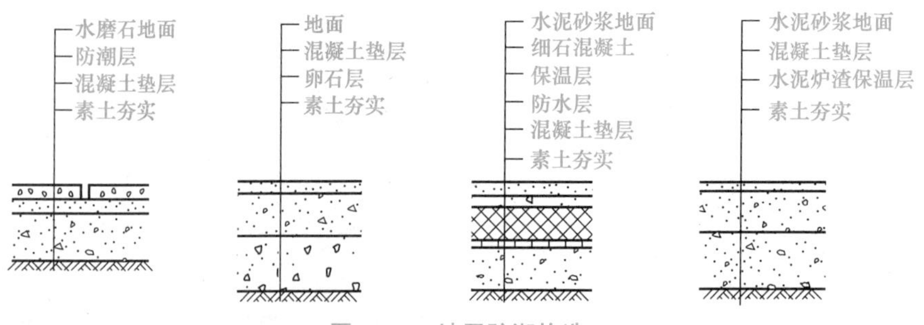

图 2-50　地层防潮构造

2．设保温层

室内潮气大多因为室内与地层温差大所致，设保温层可以降低温差，对防潮也起一定的作用。设保温层有两种做法：一种是在地下水水位低、土壤较干燥的地层，可在垫层下铺一层 1 ： 3 水泥炉渣或其他工业废料做保温层；另一种是在地下水水位较高的地区，可在面层与混凝土垫层间设保温层，并在保温层下做防水层。

3．架空地层

将地层底板搁置在地垄墙上，将地层架空，形成空铺地层，使地层与土间形成通风道，可带走地下潮气。

4．楼地层防水

对于室内积水机会多，容易发生渗漏现象的房间（如厨房、卫生间等），应做好楼地层的排水和防水构造。

（1）楼面排水。为便于排水，首先要设置地漏，并使地面由四周向地漏有一定的坡度，从而引导水流入地漏。地面排水坡度一般为 1% ～ 1.5%。

（2）楼层防水。为了提高防水质量，可在结构层或垫层与面层间设置一道防水层。常见的防水材料有防水卷材、防水砂浆和防水涂料等。还应将防水层沿房间四周墙体延伸至踢脚内至少 150 mm，以防止墙体受水侵蚀。在门口处，应将防水层铺出门外至少 250 mm（图 2-51）。

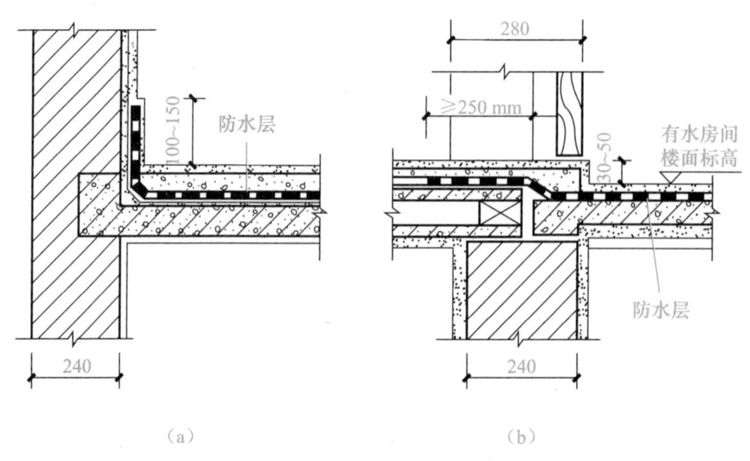

图 2-51　楼板层防水处理及管道穿越楼板时的处理

（a）防水层伸入踢脚；（b）防水层铺至门外

（三）楼板层隔声

楼层隔声的重点是对撞击声的隔绝，可从以下三个方面进行改善：在楼地层表面铺设地毯、橡胶、塑料毡等柔性材料；在楼板与面层之间加片状、条形状的弹性垫层以降低楼板的振动，即“浮筑式楼板”；楼板和顶棚间留有空气层，还可以在顶棚铺设吸声材料。

四、雨篷与阳台

（一）雨篷

雨篷是建筑物入口处和顶层阳台上部用以遮挡风雨、保护外门免受雨水侵害和人们进出时不被滴水淋湿及空中落物砸伤的水平构件，它还有一定的装饰作用，如图 2–52 所示。雨篷按所用材料不同，主要有玻璃雨篷、钢筋混凝土雨篷等。

图 2–52　钢架玻璃雨篷

（二）阳台

阳台悬挑于建筑物每一层的外墙上，是连接室内的室外平台，给楼层上的居住人员提供一定的室外活动与休息空间，是多层住宅、高层住宅和旅馆等建筑中不可缺少的一部分。

1. 阳台的栏杆和扶手

阳台的栏杆是设置在阳台外围的保护设施，主要供人们扶靠之用，以保障人身安全。栏杆的高度一般为 1.0 ～ 1.2 m，栏杆间的净距不大于 120 mm。栏杆按立面形式的不同，有空花式、混合式和实体式；按材料的不同，可分为砖砌栏板、钢筋混凝土栏板和金属栏杆。

2. 阳台隔板

阳台隔板有砖砌和钢筋混凝土隔板两种。阳台隔板用于连接双阳台。砖砌隔板一般采用 60 mm 和 120 mm 厚两种，因为荷载较大且整体性较差，所以现在多采用钢筋混凝土隔板。

3. 阳台排水

对于非封闭阳台，为防止雨水从阳台进入室内，阳台地面标高应低于室内地面 30 mm 以上，并向排水口处找 0.5% ～ 1% 的排水坡，以利于雨水的迅速排除。

阳台一侧栏杆下应设置排水孔，孔内埋设 ϕ40 或 ϕ50 镀锌钢管或塑料管，管口排水水舌向外挑出至少 80 mm，以防止排水时水溅到下层阳台。

对于高层或高标准建筑在阳台板的外墙与端侧栏板相接处内侧设置排水立管和地漏将水直接排出，使建筑立面保持美观、洁净，建筑墙体的作用是承重、围护与分隔空间。墙体要有足够的强度和稳定性，具有保温、隔热、隔声、防火、防水的能力。

4. 阳台保温

阳台板是墙体内导热系数最大的嵌入构件，是墙内形成冷桥的主要部位之一。严寒地区宜采取分离式阳台，将阳台与主体结构分离，即将阳台板支承在两侧独立的侧墙上或柱梁组成的独立框架上。

阳台保温的另一措施是阳台栏板的保温，在做墙体保温前要先做好阳台的防水工作，再填充一些保温材料，填充完毕后进行封闭。阳台栏板多采用与外墙相同的保温材料，如聚苯板薄抹灰、胶粉聚苯颗粒浆料、聚苯板现浇混凝土、钢丝网架聚苯板等。

※ 实训十

1. 实训目的

让学生在课后对所在学校的教室、卫生间所用的地面面层进行考察，根据考察情况设计教学楼的教室、卫生间地面构造，掌握常见楼地面的构造。

2. 实训方式

（1）对所在学校的教室、卫生间所用的地面进行考察。

学生分组：以 10 ～ 15 人为一组，由教师或现场负责人指导。

重点考察：参观楼地面面层所用材料。

考察方法：结合学校实际情况，在教师或现场负责人指导下，对楼地面面层材料进行考察，其他层进行分析。

（2）试设计某高校教学楼的教室、卫生间地面构造，绘制出其分层构造详图。

学生分组：单人一组，由教师指导。

重点内容：绘制构造详图。

设计方法：考察结果，自行设计教学楼的教室、卫生间地面构造，绘制出其分层构造详图。

3. 实训内容及要求

（1）认真完成考察日记、填写材料考察报告。

（2）绘出分层构造详图。

（3）写出实训小结。

※ 习　题

一、选择题

对于四边支承的板，当长边与短边之比等于或大于（　　）时，为单向板；当长边与短边之比小于或等于（　　）时，为双向板。

A. 1　　B. 1.5　　C. 2　　D. 3

二、填空题

1. 楼板层由__________、__________、__________、__________组成。
2. 现浇钢筋混凝土楼板可分为__________、__________、__________三种。
3. 地坪层一般由__________、__________、__________和__________组成。

三、名词解释

1. 板式楼板
2. 梁式楼板
3. 无梁楼板
4. 钢衬板组合楼板

四、简答题

1. 楼板层的设计要求是什么?
2. 现浇钢筋混凝土楼板的特点和适用范围是什么?

单元五

楼　　梯

房屋各楼层之间需要设置上下交通联系的设施，这些设施有楼梯、电梯、自动扶梯、爬梯、坡道、台阶等。楼梯作为竖向交通和人员紧急疏散的主要交通设施，使用得最为广泛；电梯主要用于高层建筑或有特殊要求的建筑；自动扶梯用于人流量大的场所，爬梯用于消防和检修；坡道用于建筑物入口处方便行车；台阶用于室内外高差之间的联系。

【知识目标】

1. 掌握钢筋混凝土楼梯的细部构造要求；
2. 理解楼梯的尺度要求和设计方法；
3. 了解常见楼梯的组成与类型；
4. 了解室外台阶与坡道的构造要求。

【能力目标】

能够绘制楼梯平面、立面、剖面及详图。

【素质目标】

1. 具有良好的组织、沟通和协作的能力；
2. 具有良好的实践执行能力。

【实验实训】

考察学校某平行双跑楼梯，并绘制出平面图、立面图及详图。

一、楼梯

楼梯作为建筑物垂直交通设施之一，首要的作用是联系上下交通通行；其次，楼梯作为建筑物主体结构还起着承重的作用。除此之外，楼梯有安全疏散、美观装饰等功能。有电梯或自动扶梯等垂直交通设施的建筑物也必须同时设有楼梯。在设计中，要求楼梯坚固、耐久、安全、防火；做到上下通行方便，便于搬运家具物品，有足够的通行宽度和疏散能力。

（一）楼梯的组成

楼梯一般由楼梯段、楼层平台、栏杆（栏板）扶手组成，如图 2-53 所示。

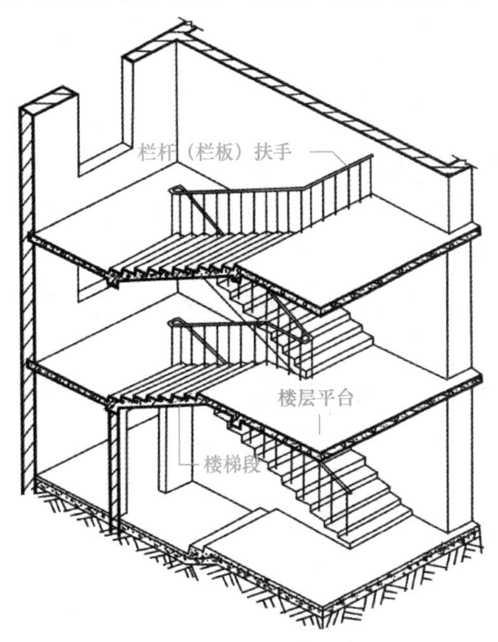

图 2-53　楼梯的组成

1. 楼梯段

设有踏步供建筑物楼层之间上下行走的通道称为楼梯段，它是由若干个踏步构成的。每个踏步一般由两个相互垂直的平面组成，供人行走时踏脚的水平面称为踏面，其宽度为踏步宽。踏步的垂直面称为踢面，其数量称为级数，高度称为踏步高。为了消除疲劳，每一楼梯段的级数一般不应超过 18 级；同时，考虑人们行走的习惯性，楼梯段的级数也不应少于 3 级，这是因为级数太少，不易为人们察觉，容易摔倒。

楼梯现场图

2. 楼梯平台

楼梯平台按平台所处的位置与标高，可分为楼层平台和中间平台。连接楼地面与梯段端部的平台称为楼层平台；介于两个楼层之间用于连接两个梯段的平台，称为中间平台。中间平台的主要作用是楼梯转换方向和缓解人们上楼梯的疲劳，故又称休息平台。

楼梯设计

3. 栏杆（栏板）扶手

栏杆（栏板）是布置在楼梯梯段和平台边缘处，有一定安全保障的围护构件。栏杆或栏板顶部供人们行走时用手扶持的构件，称为扶手。一般在梯段临空面设置。当梯段宽度较大时，非临空面也应加设靠墙扶手。

（二）楼梯的类型

楼梯按照所处的位置，有室内楼梯和室外楼梯之分；按照使用的材料，可将其分为钢筋混凝土楼梯、钢楼梯、木楼梯及组合材料楼梯；按照使用性质，可分为主要楼梯、辅助楼梯、疏散楼梯及消防楼梯。在工程中，常按楼梯的平面形式进行分类。

楼梯根据其平面形式，可分为以下几种：

（1）直行单跑楼梯：是指沿着一个方向上楼且无中间平台的楼梯，一般用于层高比较小的建筑，如图 2-54（a）所示。

（2）直行双跑楼梯：在直行单跑楼梯的基础上增设了中间平台，如图 2-54（b）所示。

（3）平行双跑楼梯：是指第二跑楼梯段折回和第一跑平行的楼梯。这种楼梯所占的楼梯间长度较小、面积紧凑、使用方便，是建筑物中采用较多的一种形式，如图 2-54（c）所示。

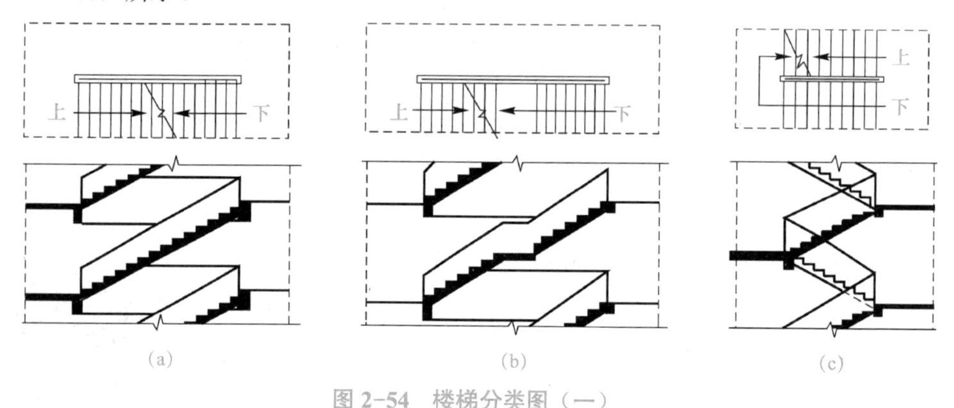

图 2-54　楼梯分类图（一）

（a）直行单跑楼梯；（b）直行双跑楼梯；（c）平行双跑楼梯

（4）平行双分与平行双合楼梯。

1）平行双分楼梯：楼梯第一跑在中间，为一较宽梯段，经过休息平台后，向两边分为两跑，各以第一跑一半的梯宽上至楼层。通常在人流多，楼梯宽度较大时采用。常用作办公类建筑的主要楼梯，如图 2-55（a）所示。

2）平行双合楼梯：楼梯第一跑为两个平行的较窄的梯段，经过休息平台后，合成一个宽度为第一跑两个梯段宽之和的梯段上至楼层，如图 2-55（b）所示。

（5）折行双跑（或转角）楼梯：是指第二跑与第一跑梯段之间成 90º 或其他角度的楼梯，如图 2-55（c）所示。

（6）折行多跑楼梯：是指楼梯段数较多的折行楼梯，常见的有折行三跑楼梯、四跑楼梯等。折行多跑式楼梯围绕的中间部分形成较大的楼梯井。在有电梯的建筑中，常在梯井部位布置电梯，如图 2-55（d）所示。

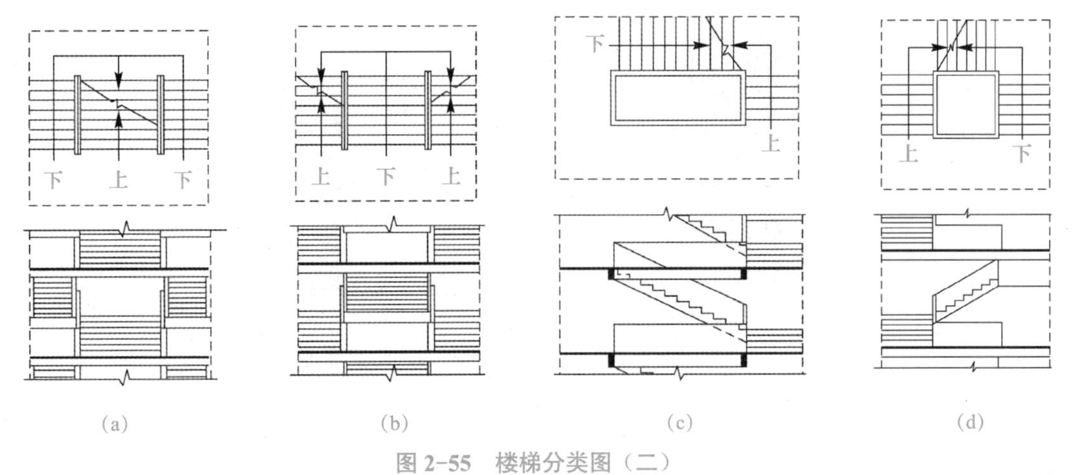

图 2-55　楼梯分类图（二）

（a）平行双分式楼梯；（b）平行双合式楼梯；（c）折行双跑楼梯；（d）折行三跑楼梯

（7）交叉跑与剪刀楼梯。

1）交叉跑楼梯：由两个直行单跑楼梯交叉并列而成。其通行的人流量大，且为上下楼层的人流提供了两个方向，但仅适用于层高低的建筑，如图 2-56（a）所示。

2）剪刀式楼梯：相当于两个双跑式楼梯对接，适用于层高较大且有人流多向性选择要求的建筑物，如商场、多层食堂等，如图 2-56（b）所示。

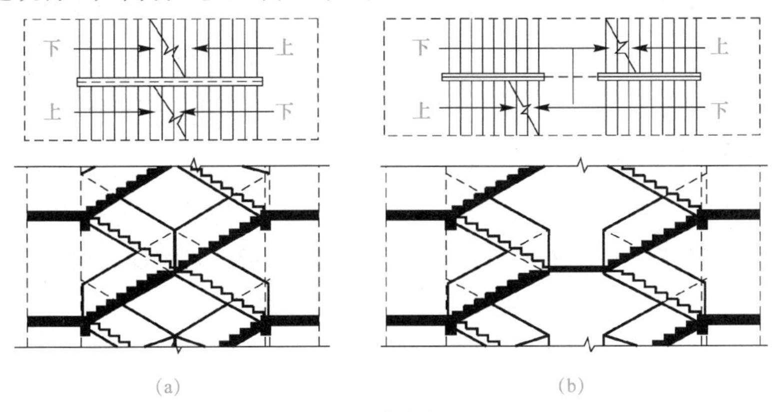

图 2-56　楼梯分类图（三）

（a）交叉跑楼梯；（b）剪刀式楼梯

（8）螺旋形楼梯：平面呈圆形，平台与踏步均呈扇形平面，踏步内侧宽度较小，行走时不安全。这种楼梯不能作为主要人流交通和疏散楼梯，但由于其造型美观，常作为建筑小品布置在庭院中或室内，如图 2-57（a）所示。

（9）弧形楼梯：与螺旋楼梯不同之处在于它围绕一个较大的轴心空间旋转，且仅为一段圆弧环。其扇形踏步内侧宽度较大，坡度较缓，可以用来通行较多人流，如图 2-57（b）所示。

按楼梯间的平面形式分，楼梯有封闭式楼梯、非封闭式楼梯（开敞式）、防烟楼梯等，如图 2-58 所示。

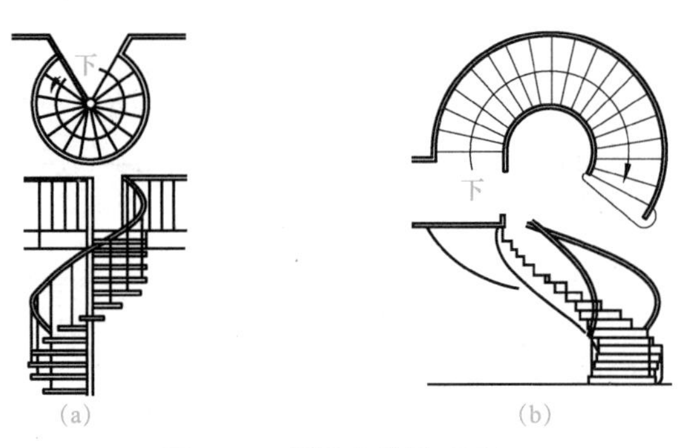

(a)　(b)

图 2-57　楼梯分类图（四）

（a）螺旋形楼梯；（b）弧形楼梯

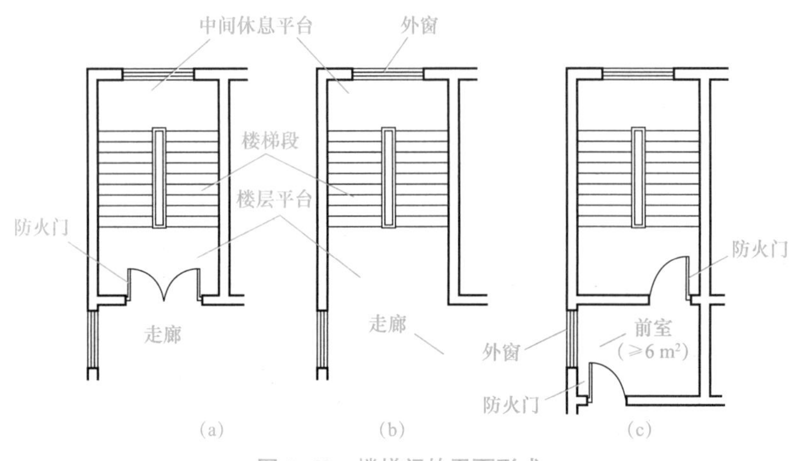

(a)　(b)　(c)

图 2-58　楼梯间的平面形式

（a）封闭式楼梯；（b）非封闭式楼梯；（c）防烟楼梯

按构成材料的不同分，楼梯可分为钢筋混凝土楼梯、木楼梯、钢楼梯和用几种材料制成的组合材料楼梯。其中，钢筋混凝土楼梯最常用。

（三）现浇钢筋混凝土楼梯

钢筋混凝土楼梯按其施工方式不同，可分为现浇钢筋混凝土楼梯和装配式钢筋混凝土楼梯。

1. 现浇钢筋混凝土楼梯

现浇钢筋混凝土楼梯是指楼梯段、楼梯平台整体浇筑在一起的楼梯。根据楼梯段的传力特点及结构形式不同，现浇钢筋混凝土楼梯可分为板式楼梯和梁板式楼梯两种。

（1）板式楼梯。板式楼梯包括普通板式楼梯和折板式楼梯。普通板式楼梯是将楼梯段做成一块板底平整、板面上带有踏步的板，与平台、平台梁现浇在一起。楼梯段相当于是一块斜放的现浇板，平台梁是支座，其作用是将在楼梯段和平台上的荷载同时传递给平台梁，再由平台梁传递到承重横墙或柱上，如图 2-59 所示。

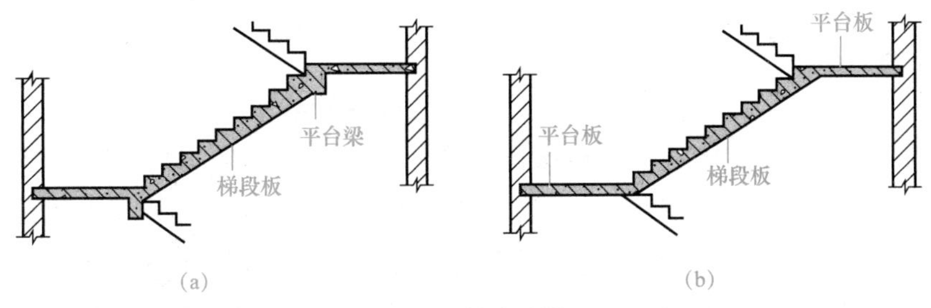

图 2-59　板式楼梯图

（a）板式楼梯；（b）折板式楼梯

（2）梁板式楼梯。梁板式楼梯是指在板式楼梯的梯段板边缘处设有斜梁，斜梁由上下两端平台梁支承的楼梯。根据斜梁与楼梯段位置的不同，可分为明步楼梯段和暗步楼梯段两种。明步楼梯（正梁式）是指斜梁在踏步板的下面，从梯段侧面就能够看见踏步，如图 2-60 所示。明步楼梯在梯段下部形成梁的暗角容易积灰，梯段侧面经常被清洗踏步的脏水污染，影响美观。暗步楼梯（反梁式）是将斜梁反设到踏步板上面，此时梯段下面是平整的斜面，如图 2-61 所示。

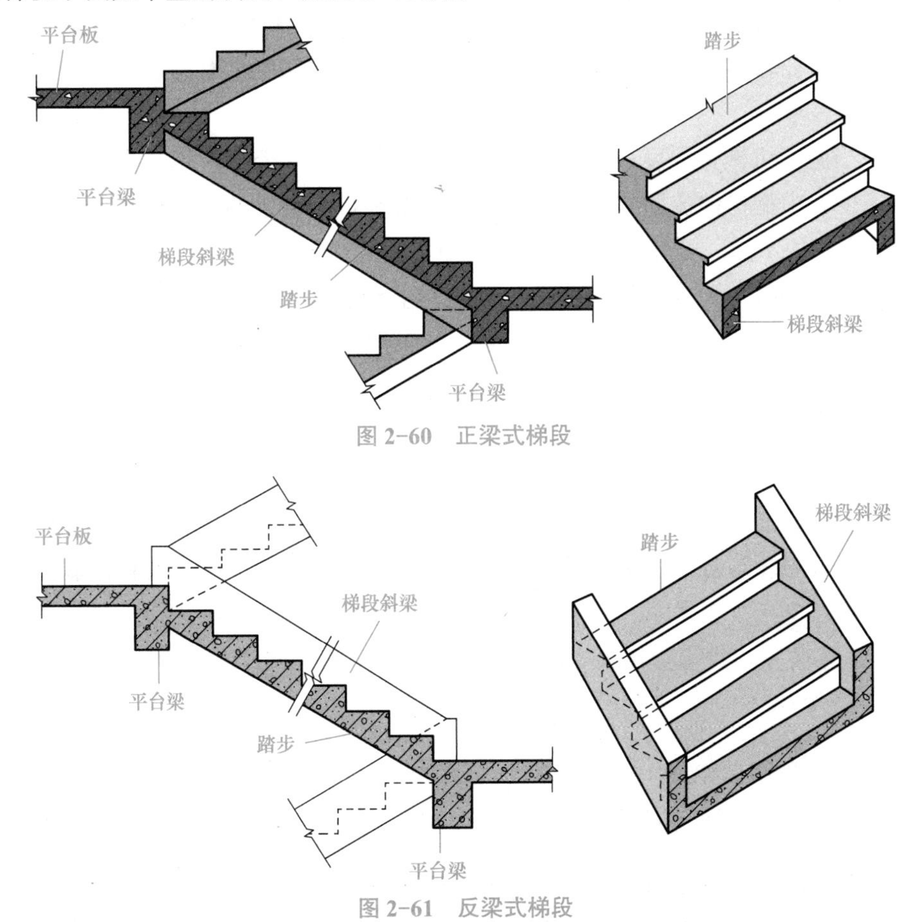

图 2-60　正梁式梯段

图 2-61　反梁式梯段

知识拓展

现浇钢筋混凝土楼梯的特点

现浇钢筋混凝土楼梯是指将楼梯段、楼梯平台等整体浇筑在一起的楼梯。其结构整体性好、刚度大，可塑性强，对抗震较为有利，能适应各种楼梯间平面和楼梯形式，充分发挥钢筋混凝土的可塑性。但在施工过程中，由于需要现场支模，模板耗费较大，施工周期较长且抽孔困难，不便制成空心构件，混凝土用量和自重较大，受外界环境因素影响较大，在拆模前不能进行垂直运输。故现浇钢筋混凝土楼梯比较适合用来制作异形的楼梯或整体要求较高的楼梯，或在预制装配条件不具备时使用。

2. 装配式钢筋混凝土楼梯

装配式钢筋混凝土楼梯按其构件尺寸和施工现场吊装能力的不同，可分为小型构件装配式楼梯和中型构件装配式楼梯及大型构件装配式楼梯。

（1）小型构件装配式楼梯是将楼梯的组成部分划分为若干构件，每个构件体积小、质量轻、易于制作、便于运输和安装。但由于安装时件数较多，因此施工工序多，现场湿作业较多，施工速度较慢，故适用于施工过程中没有吊装设备或只有小型吊装设备的房屋。

（2）当施工机械化程度较高时可采用中型构件装配式楼梯，以减少构件数量，加快施工速度。中型构件装配式楼梯一般由楼梯段和带平台梁的平台板两个构件组成。按其结构形式的不同，可分为板式梯段和梁板式梯段两种。

（3）大型构件装配式楼梯是将整个梯段和平台连接在一起，预制成一个构件。按结构形式的不同，可分为板式楼梯和梁板式楼梯两种。

知识拓展

装配式钢筋混凝土楼梯的特点

装配式钢筋混凝土楼梯是将组成楼梯的各个部分分成若干个小构件，在预制厂或现场预制，再到现场组装。装配式钢筋混凝土楼梯能够提高建筑工业化的程度，具有施工进度快、受气候影响小、构件由工厂生产、质量容易保证等优点，但施工时需要配套起重设备使用，投资金额较高，灵活性差。

（四）楼梯的细部构造

1. 踏步面层

楼梯的踏步面层应光洁、耐磨、防滑，便于清洁，并且要求美观。踏步面层的材料要视装修要求而定，常与门厅或走道的楼地面面层材料一致，常用的有水泥砂浆、水磨石、大理石、缸砖等，如图 2-62 所示。

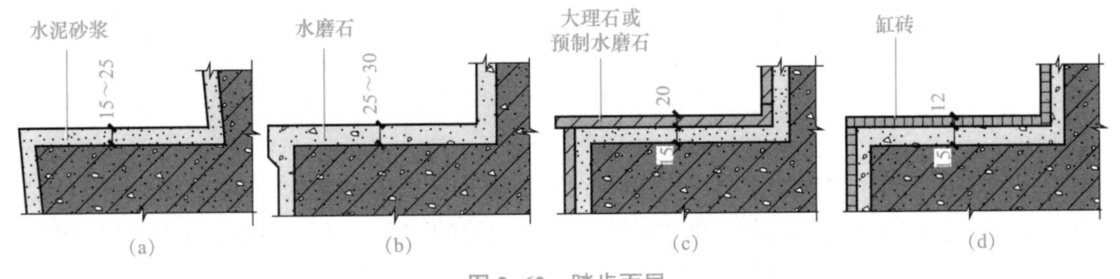

图 2-62　踏步面层

（a）水泥砂浆面层；（b）水磨石面层；（c）天然石材面层；（d）缸砖面层

2．栏杆、扶手

栏杆是布置在楼梯梯段和平台边缘处起一定安全保护作用的围护构件。栏杆或栏板顶部供人们行走倚扶用的连续构件称为扶手，如图 2-63 所示。

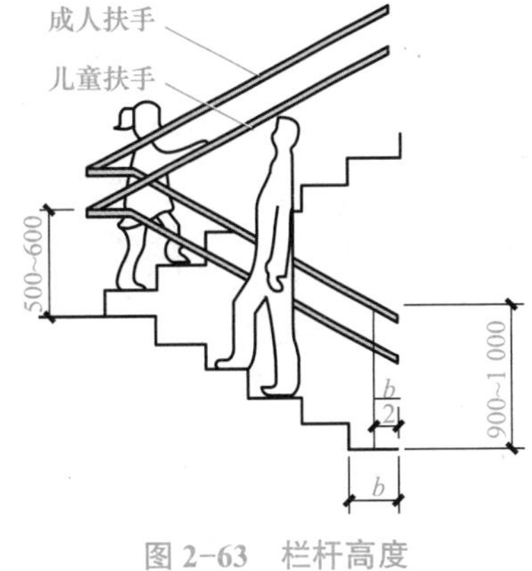

图 2-63　栏杆高度

（1）栏杆。栏杆的形式有空花式、栏板式、混合式。空花式栏杆是指多采用扁钢、圆钢、方钢及钢管等金属型材焊接而成，其杆件形成的空花尺寸不宜过大，通常控制为 120 ～ 150 mm（图 2-64）；栏板式栏杆取消了杆件，一般采用砖钢丝网水泥、钢筋混凝土、有机玻璃或钢化玻璃等材料制作；混合式栏杆是指空花式和栏板式两种的组合。栏杆作为主要的抗侧力构件，常采用钢材或不锈钢等材料。栏板则作为防护和美观装饰构件，常采用轻质美观材料制作，如木板、塑料贴面、铝板、有机玻璃或钢化玻璃等。

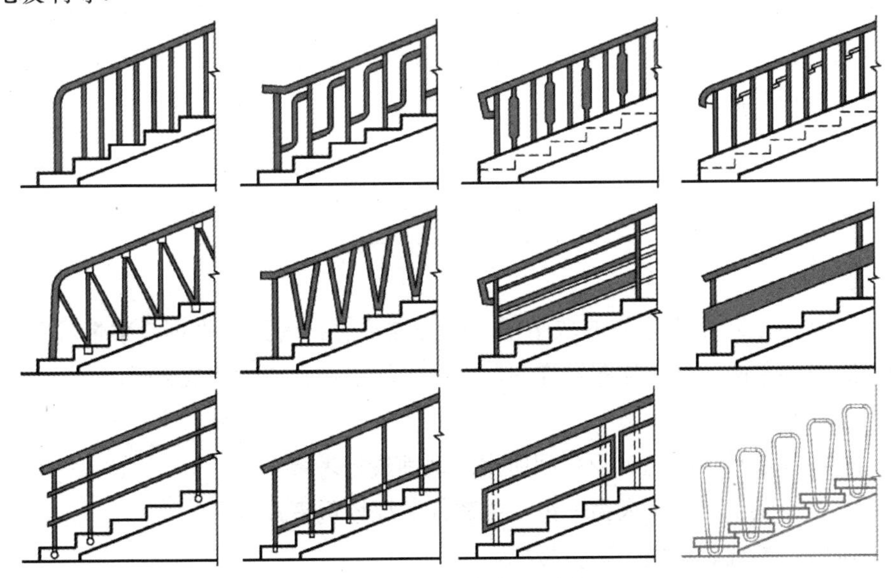

图 2-64　常见的栏杆形式

（2）扶手。扶手位于栏杆的顶部，一般采用硬木、塑料和金属材料制作。

二、室外台阶与坡道

（一）室外台阶

室外台阶的平台为防止雨水积聚或倒溢，其表面应比室内地面低 20 ～ 60 mm，且向外做 3% 左右的坡度，以利于雨水排除。室外台阶的构造与地坪层相似，由面层、结构层和垫层组成。其中，面层应采用耐磨、抗冻材料，如水泥砂浆、水磨石、缸砖、天然石板等，必要时还要考虑防滑处理；结构层应采用抗冻、抗水性好的坚固材料，如砖台阶、石台阶、混凝土台阶、钢筋混凝土台阶等，如图 2-65 所示。

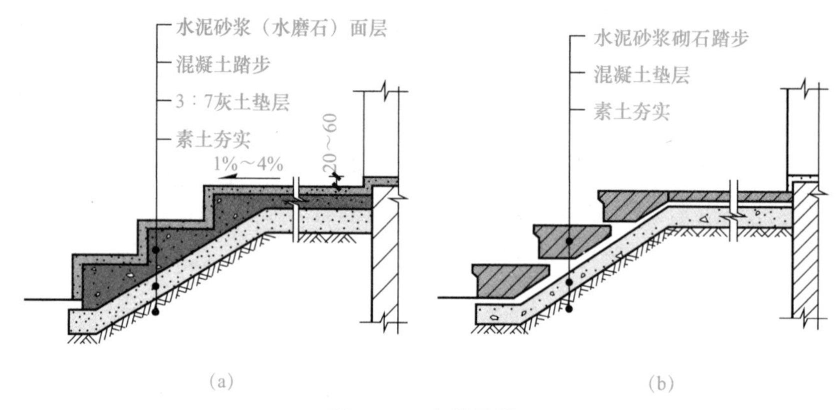

图 2-65　台阶构造

（a）混凝土台阶；（b）石台阶

（二）室外坡道

室外门前为了便于车辆通行，常做成坡道。常见的坡道形式有普通行车坡道和回车坡道。普通行车坡道的宽度要比门口每边宽度不小于 500 mm。回车坡道常用在医院门前，便于救护车辆的通行。

※ 实训十一

1. 实训目的

课后，让学生对所在学校的教学楼、宿舍楼梯进行考察，根据考察情况并绘制出某平行双跑楼梯平面图、立面图及详图，掌握平行双跑楼梯的构成部分。

2. 实训方式

（1）对所在学校的教室、卫生间所用的地面进行考察。

学生分组：以 10 ～ 15 人为一组，由教师或现场负责人指导。

重点考察：参观教学楼、宿舍楼梯。

考察方法：学生结合学校实际情况，在教师或现场负责人指导下，对楼梯的构造进行分析，并结合课本知识对楼梯类型进行判断。

（2）试绘制出某平行双跑楼梯平面图、立面图及详图。

学生分组：单人一组，由教师指导。

重点内容：绘制平面图、立面图及详图。

方法：根据考察结果，自行绘制出某平行双跑楼梯平面图、立面图及详图。

3. 实训内容及要求

（1）认真完成考察日记、填写材料考察报告。

（2）绘制出相应图纸。

（3）写出实训小结。

※习　题

一、选择题

钢筋混凝土（　　）适用于荷载较大、梯段跨度较大的情况。

A. 板式楼梯　　B. 梁式楼梯　　B. 梁板式楼梯　　B. 墙式楼梯

二、填空题

1. 楼梯一般由________、________和________三部分组成。

2. 一个楼梯段的踏步数量一般不宜超过________级，也不宜少于________级。

3. 钢筋混凝土楼梯按施工方式不同，可分为________和________两类。

4. 现浇钢筋混凝土楼梯根据楼梯段的传力与结构形式的不同，可分为________和________两种。

三、名词解释

1. 板式楼梯

2. 梯井

四、简答题

常见的楼梯形式有哪些?

单元六

屋　顶

屋顶是房屋最上部的围护结构，应满足相应的使用功能的要求，为建筑提供适宜的内部空间环境。屋顶也是房屋顶部的承重结构，受到材料、结构、施工条件等因素的影响。屋顶也是建筑体量的一部分，其形式对建筑物的造型有很大影响，因此设计时还应注意屋顶的美观问题。应在满足其他设计要求的同时，力求创造出适合各种类型建筑的屋顶。

【知识目标】

1. 掌握平屋顶的组成和排水形式；
2. 了解屋顶坡度的确定方法；
3. 了解坡屋顶的承重结构类型。

【能力目标】

1. 能够对屋面进行分类；
2. 能够绘制平屋顶节点详图。

【素质目标】

1. 具有协同合作的团队精神；
2. 培养创新创造能力。

【实验实训】

考察学校教学楼的平屋顶情况并完成相关实训要求。

一、概述

屋顶的设计要求

（一）屋顶的作用

屋顶主要有三个作用：一是承重作用；二是围护作用；三是装

饰建筑立面。屋顶还应满足坚固耐久、防水排水、保温隔热、抵御侵蚀等使用要求；同时，还应做到自重轻、构造简单、施工方便、造价经济，并与建筑整体形象协调。

常见屋顶图

（二）屋顶的类型

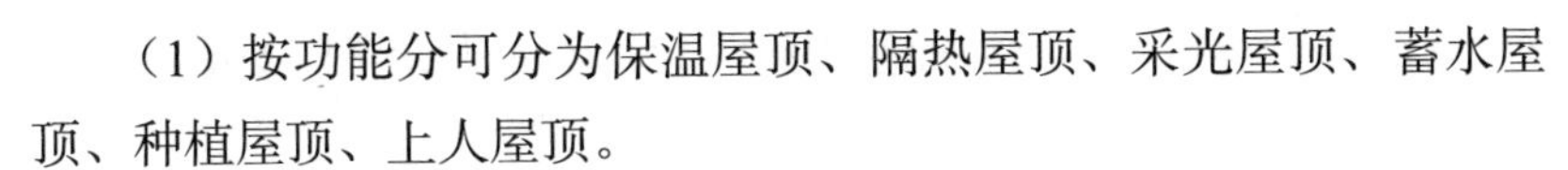

（1）按功能分可分为保温屋顶、隔热屋顶、采光屋顶、蓄水屋顶、种植屋顶、上人屋顶。

1）保温屋顶：屋顶设置保温层，以减少室内热量向外散，达到节能的目的。

2）隔热屋顶：通过采取措施减少室外热量向外散失，保证室内温度适宜。

3）采光屋顶：屋顶采用透光或透明材料，以满足采光和观景的需要。

4）蓄水屋顶：屋顶上做蓄水池，蓄一定深度的水，主要起到隔热降温的作用，也有一定的观景效果。

5）种植屋顶：屋顶上栽种花草、灌木甚至乔木等植物，既起到保温隔热的作用，又美化环境，是生态建筑的一个方面的表现。

6）上人屋顶：屋顶作为室外使用空间，为人们日常休闲活动的场所。

（2）按屋面防水材料可分为卷材防水屋面、涂膜防水屋面、刚性防水屋面、瓦屋面、金属屋面、玻璃屋面等。

（3）按屋面结构类型可分为平面结构屋顶、空间结构屋顶。

（4）按外观形式可分为平屋顶、坡屋顶、曲面屋顶。

1）平屋顶：屋面坡度在 10% 以下的屋顶。

2）坡屋顶：屋面坡度在 10% 以上的屋顶。

3）曲面屋顶：一般适用于大跨度的公共建筑。

（三）屋顶的组成

屋顶主要由屋面、承重结构、顶棚三大部分组成，还包括起保温、隔热作用的各种设施。细部构造则有檐口、女儿墙、泛水、天沟、落水口、屋脊、变形缝等（图 2-66）。

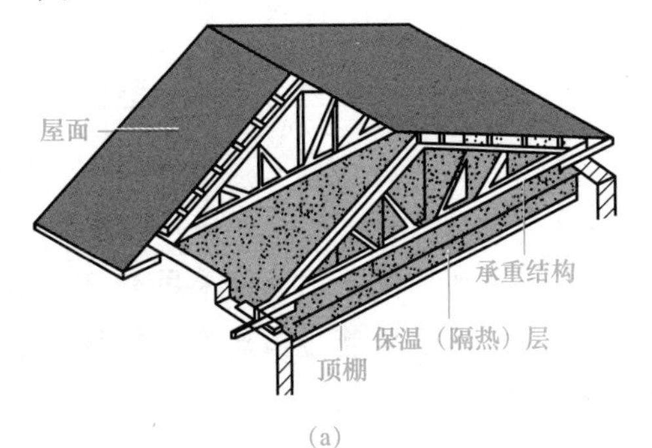

(a)

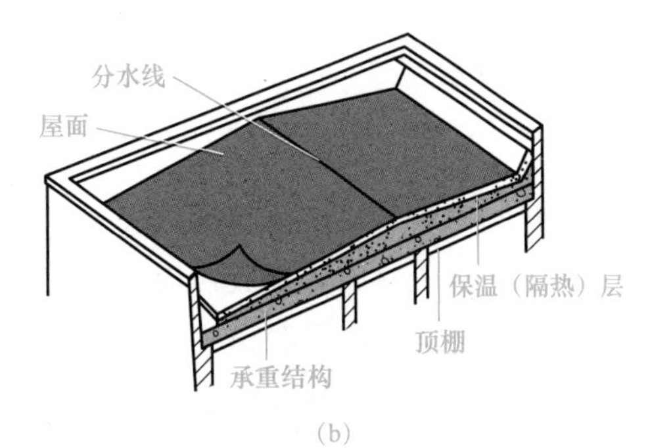

(b)

图 2-66　屋顶的组成

（a）坡屋顶；（b）平屋顶

屋面是屋顶的面层，它暴露在大气中，直接受自然界的影响，所以，屋面材料不仅应有一定的抗渗能力，还应能经受自然界中各种有害因素的长期作用。另外，屋面材料还应该具有一定的强度，以便承受风雪荷载和屋面检修荷载。

屋顶的承重结构承受屋面传来的荷载和屋顶自重，承重结构可以是平面结构也可以是空间结构。当房屋内部空间较小时，多采用平面结构，如屋架、刚架、梁板结构等；大型公共建筑（如体育馆、会堂等）的内部使用空间大，不允许设置柱支承屋顶，故常采用空间结构，如薄壳、悬索、网架结构等。

顶棚位于屋顶的底部，用来满足室内对顶部的平整度和美观要求。

保温层是寒冷地区为了防止冬季室内热量通过屋顶散失而设置的构造层，隔热层是炎热地区为了夏季隔绝太阳辐射热进入室内而设置的构造层；保温层和隔热层均应采用导热系数小的材料，其位置均应设置在顶棚与承重结构之间或承重结构与屋面之间。

（四）屋面排水

屋顶排水方式可分为无组织排水和有组织排水两大类。当平屋顶采用无组织排水时，需把屋顶在外墙四周挑出，形成挑檐，屋面雨水经挑檐自由下落至室外地坪。

在屋顶设置与屋面排水方向垂直的纵向天沟，汇集雨水后，将雨水由雨水口、雨水管有组织地排到室外地面或室内地下排水系统，这种排水方式称为有组织排水。有组织排水的屋顶构造复杂、造价高，但避免了雨水自由下落时对墙面和地面的冲刷与污染。有组织排水按照雨水管位置的不同，可分为外排水和内排水。外排水是屋顶雨水由室外雨水管排到室外的排水方式。这种排水方式构造简单、造价较低、应用最广。按照檐沟在屋顶的位置，外排水的屋顶形式有沿屋顶四周设檐沟、沿纵墙设檐沟、女儿墙外设檐沟、女儿墙内设檐沟等。内排水是屋顶雨水由设在室内的雨水管排到地下排水系统的排水方式。这种排水方式构造复杂、造价及维修费用高，而且雨水管占室内空间，一般适用于大跨度建筑、高层建筑、严寒地区及对建筑立面有特殊要求的建筑物。

知识拓展

排水方式的选择

当建筑物较高或年降雨量较大时，若采用无组织排水，将会出现房檐雨水势如瀑布凌空而降，不仅噪声很大，而且雨水四溅会危害墙身和环境，因此应采用有组织排水。有组织排水是在屋顶设置或垫置天沟，将雨水导入雨水竖管排出建筑。这种做法避免了上述缺点，但构造较复杂，造价较高，且易堵塞和漏雨。

（五）屋面坡度及形成方式

1. 坡度的影响因素

屋面坡度的大小和当地降雨量是影响屋面排水的两个方面因素。防水材料如果尺寸较小，接缝必然就较多，容易产生缝隙渗漏，因此屋面应有较大的排水坡度，以便将屋面积水迅速排除。如果防水材料覆盖面积大，接缝少而且严密，屋面的排水坡度就可以小一些。降雨量大的地区，屋面渗漏的可能性较大，屋顶的排水坡度应适当加大；反之，屋顶排水坡度则宜小一些。

2. 屋面坡度的形成方式

（1）材料找坡。材料找坡又称垫置坡度，是将屋面板水平搁置，然后在上面铺设炉渣等低价轻质材料形成坡度。其特点是结构底面平整，容易保证室内空间的完整性，但垫置坡度不宜太大，宜为 2%，否则会使找坡材料用量过大，增加屋顶荷载。

（2）结构找坡。结构找坡又称搁置坡度，是将屋面板搁置在顶部倾斜的梁上或墙上形成屋面排水坡度的方法。其特点为不需再在屋顶上设置找坡层，屋面其他层次的厚度也不变化，减轻了屋面荷载，施工简单，造价低，坡度宜为 3%。但不符合人们的使用习惯，影响观瞻。

3. 屋面防水等级及年限

防水等级分四级，各自对应的年限分别为 25 年、15 年、10 年、5 年，见表 2-2。

表 2-2　屋面的防水等级和设防要求表

项目	建筑物类别		防水层使用年限	防水选用材料	设防要求
屋面的防水等级	Ⅰ级	特别重要的民用建筑和对防水有特殊要求的工业建筑	25 年	宜选用合成高分子防水卷材、高聚物改性沥青防水卷材、合成高分子防水涂料、细石防水混凝土等材料	三道或三道以上防水设防，其中应用一道合成高分子防水卷材，且只能有一道厚度不小于 2 mm 的合成高分子防水涂膜
	Ⅱ级	重要的工业与民用建筑、高层建筑	15 年	宜选用高聚物改性沥青防水卷材、合成高分子防水卷材、合成高分子防水涂料、高聚物改性沥青防水涂料、细石防水混凝土、平瓦等材料	二道防水设防，其中应有一道卷材；也可采用压型钢板进行一道设防
	Ⅲ级	一般的工业与民用建筑	10 年	应选用三毡四油沥青防水卷材、高聚物改性沥青防水卷材、合成高分子防水卷材、高聚物改性沥青防水涂料、合成高分子防水涂料、沥青基防水涂料、刚性防水层、平瓦、油毡瓦等材料	一道防水设防，或两种防水材料复合使用
	Ⅳ级	非永久性的建筑	5 年	可选用二毡三油沥青防水卷材、高聚物改性沥青防水涂料、沥青基防水涂料、波形瓦等材料	一道防水设防

二、坡屋顶

（一）坡屋顶的承重结构

坡屋顶一般由承重结构和屋面两部分组成。坡屋顶的承重结构用来承受屋面传来的荷载，并将荷载传递给墙或柱。其结构类型有横墙承重、屋架承重、木构架承重和钢筋混凝土屋面板承重等。

（1）横墙承重是将横墙顶部按屋面坡度大小砌成三角形，在墙上直接搁置檩条或钢筋混凝土屋面板支承屋面传来的荷载，又称为硬山搁檩（图 2-67），具有构造简单、施工方便、节约木材、利于防火和隔声等优点，但房间开间尺寸受限制，适用于住宅、旅馆等开间较小的建筑。

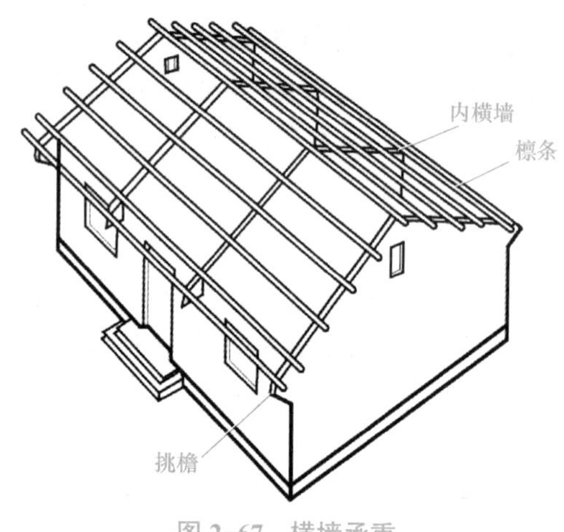

图 2-67　横墙承重

（2）屋架是由多个杆件组合而成的承重桁架，可用木材、钢材、钢筋混凝土制作，形状有三角形、梯形、拱形、折线形等。屋架支承在纵向外墙或柱上，上面搁置檩条或钢筋混凝土屋面板承受屋面传来的荷载。屋架承重与横墙承重相比，可以省去横墙，使房屋内部空间较大，增加了内部空间划分的灵活性，如图 2-68 所示。

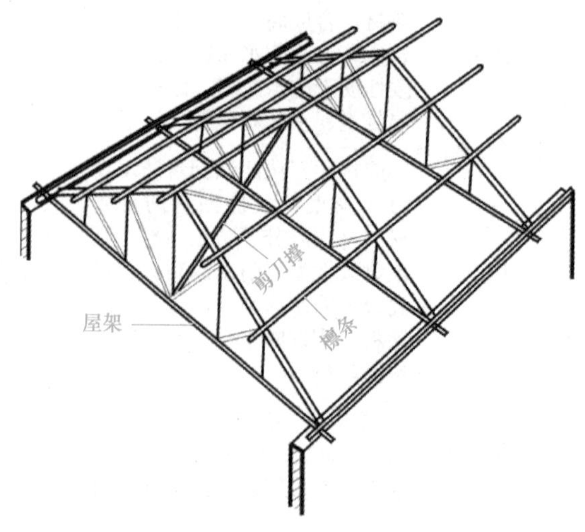

图 2-68　屋架承重

（3）木构架结构是我国古代建筑的主要结构形式，它一般由立柱和横梁组成屋顶和墙身部分的承重骨架，檩条把一排排梁架联系起来形成整体骨架，如图 2–69 所示。这种结构形式的内外墙填充在木构架之间，不承受荷载，仅起分隔和围护作用。构架交接点为榫齿结合，整体性及抗震性较好；但消耗木材量较多，耐火性和耐久性均较差，维修费用高。

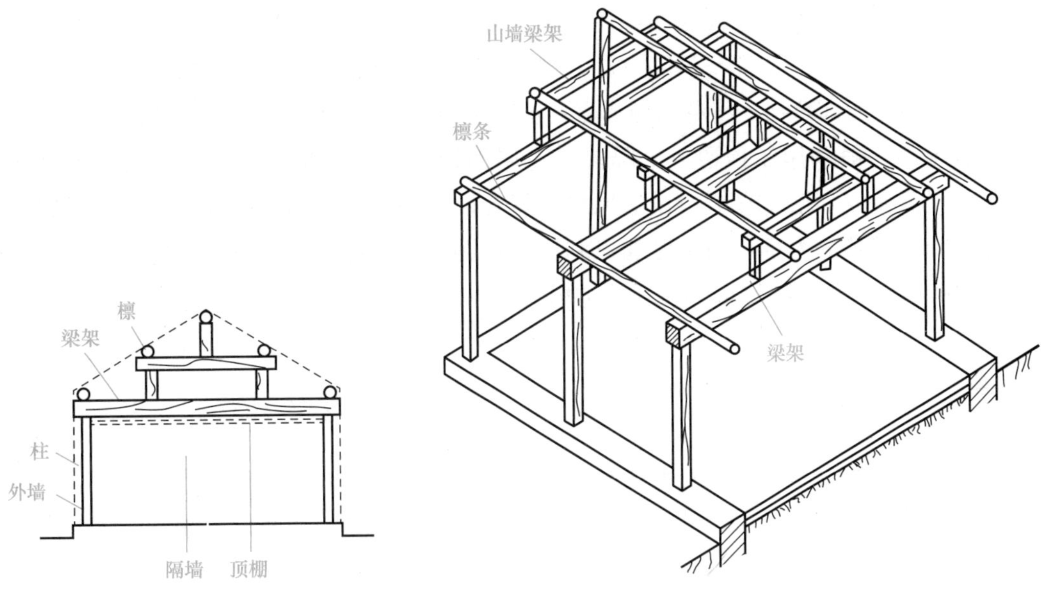

图 2–69　木构架承重

（4）钢筋混凝土屋面板承重即在墙上倾斜搁置现浇或预制钢筋混凝土屋面板（类似于平屋顶的结构找坡屋面板的搁置方式）来作为坡屋顶的承重结构。钢筋混凝土屋面板承重节省木材，提高了建筑物的防火性能，构造简单，近年来常用于住宅建筑和风景园林建筑。

（二）坡屋顶的屋面

坡屋顶的屋面分为平屋瓦面、油毡瓦屋面、压型钢板屋面三种。

1．平屋瓦面

平屋瓦面主要有木望板平瓦屋面和钢筋混凝土板平瓦屋面。木望板平瓦屋面是在檩条或椽木上钉木望板，木望板上干铺一层油毡，用顺水条固定后，再钉挂瓦条挂瓦所形成的屋面；钢筋混凝土板平瓦屋面是以钢筋混凝土板为屋面基层的平瓦屋面。

2．油毡瓦屋面

油毡瓦是以玻璃纤维为胎基，经浸涂石油沥青后，面层热压各色彩砂，背面撒以隔离材料而制成的瓦状材料，形状有方形和半圆形。油毡瓦适用于排水坡度大于 20% 的坡屋面，可铺设在木板基层和混凝土基层的水泥砂浆找平层上。

3．压型钢板屋面

压型钢板是指将镀锌钢板轧制成型，表面涂刷防腐涂层或彩色烤漆而成的屋面材料，具有多种规格，有的中间填充了保温材料，成为夹芯板，可提高屋顶的保温效果。压型钢板屋面具有自重轻、施工方便、装饰性与耐久性强的优点，一般用于对屋顶的装饰性要求较高的建筑。压型钢板屋面一般与钢屋架相配合。

（三）坡屋顶的保温与隔热

坡屋顶的保温有顶棚保温和屋面保温两种。顶棚保温是在坡屋顶的悬吊顶棚上加铺木板，上面干铺一层油毡做隔汽层，然后在油毡上面铺设轻质保温材料；传统的屋面保温是在屋面铺草秸，将屋面做成麦秸泥青灰顶，或将保温材料设在檩条之间。

坡屋顶一般利用屋顶通风来隔热，有屋面通风和吊顶棚通风两种方式，屋面通风是把屋面做成双层，在檐口设进风口，屋脊设出风口，利用空气流动带走间层的热量，以降低屋顶的温度。吊顶棚通风利用吊顶棚与坡屋面之间的空间作为通风层，在坡屋顶的歇山、山墙或屋面等位置设进风口。

三、平屋顶

平屋顶一般由屋面（此处不展开介绍）、顶棚（此处不展开介绍）、结构层、找坡层、保温（隔热）层、找平层、隔汽层、结合层、防水层、保护层等基本层次组成，如图 2-70 所示。

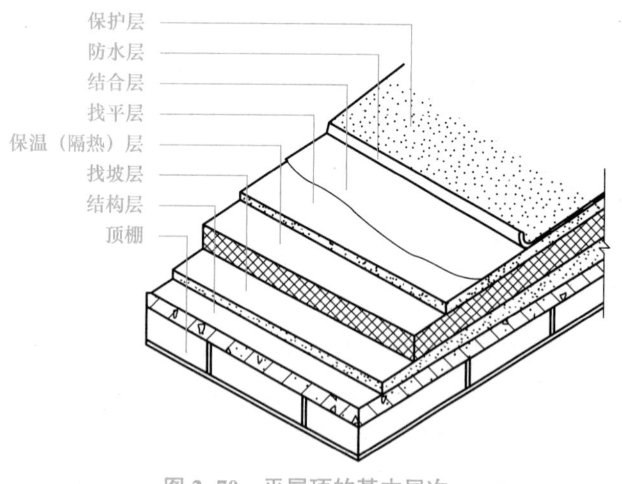

图 2-70　平屋顶的基本层次

1. 结构层

结构层一般采用钢筋混凝土梁板，要求具有足够的承载力、刚度，减少板的挠度和形变，可以在现场浇筑，也可以采用预制装配结构。为满足屋面防水和防渗漏要求（需接缝少），以采用现浇式屋面板为佳。

2. 找坡层

找坡层多用 1 ：（6 ～ 8）水泥焦碴拍实，按设计要求找坡，最薄处不小于 40 mm，也可用保温（隔热）材料铺设。

3．保温（隔热）层

保温（隔热）层多用水泥珍珠岩、水泥蛭石、泡沫混凝土等多孔材料，其厚度应按当地室外设计最低（最高）气温与设计室内温度的差额计算而得。

4．找平层

找平层设在保温（隔热）层或找坡层之上，其作用是便于后续铺设防水层或隔汽层。常用 1 ：3 水泥砂浆涂抹 20 ～ 30 mm 厚。

5．隔汽层

当屋面下为有水蒸气的房间，或寒冷地区的普通建筑，应在保温层下面设置隔汽层以防水蒸气渗透至保温（隔热）层内影响保温（隔热）效果。甚至进入油毡层下引起鼓泡，导致防水层的破裂。隔汽层较高标准做法是一毡二油（即沥青、油毡、沥青，也称三层做法）；较低标准做法是刷热沥青两道。

6．结合层

在水泥砂浆找平层上涂刷沥青不易粘牢，应先涂刷结合层，一般常用冷底子油做结合层，冷底子油是将沥青浸泡在温热的柴油或煤油内（按 3 ：7 的比例）熔化，即冷底子油。当将冷底子油涂刷在水泥砂浆面时便渗入其内，以作为与上面将施工的沥青与水泥砂浆面的中间介质。

7．防水层

防水层可分为柔性防水层和刚性防水层。柔性防水层是指采用有一定韧性的防水材料隔绝雨水，防止雨水渗漏到屋面下层。由于允许柔性材料有一定的变形，因此，只有在屋面基层结构变形不大的条件下才可以使用。柔性防水层的材料主要有防水卷材和防水涂料两类，如图 2–71 所示。刚性防水层是采用密实混凝土现浇而成的防水层。刚性防水层按材料的不同有普通细石混凝土防水层、补偿收缩防水混凝土防水层、块体刚性防水层和配筋钢纤维刚性防水层，如图 2–72 所示。

8．隔离层

隔离层设置在两种材料之间，主要是起到防止两种材料发生化学反应和保护材料的作用。在屋面建筑做法中，隔离层一般设置在防水层与上面的刚性保护层之间。

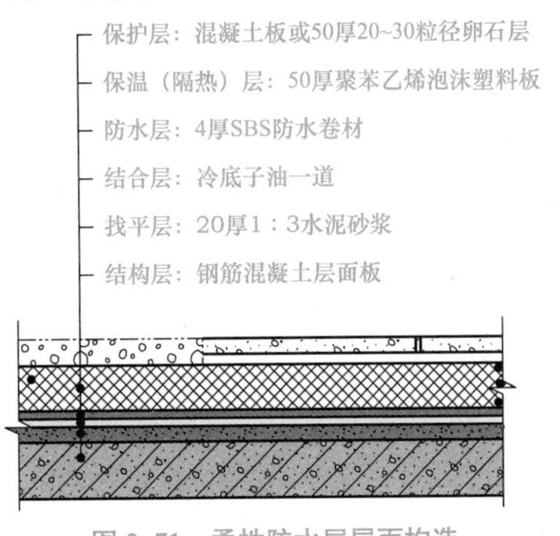

图 2–71　柔性防水层屋面构造

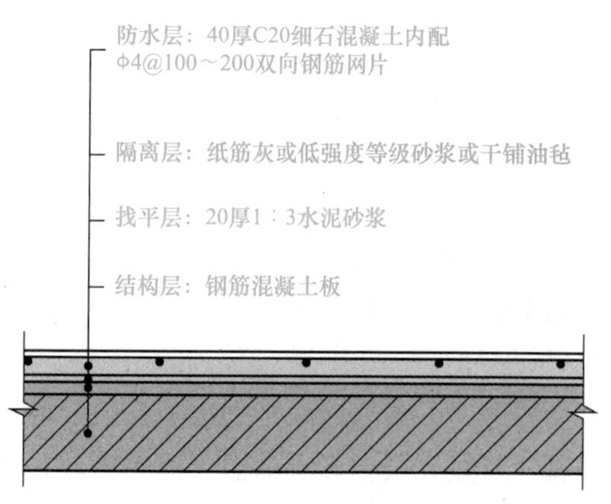

图 2-72　刚性防水层屋面构造

9. 保护层

当柔性防水层置于最上层时，为防止阳光的照射使防水材料日久老化，上层屋面应在防水层上加保护层。其保护层的材料和做法应根据防水层所用材料与屋面的利用情况来定。上人屋面保护层的做法有两种：一种是在防水层上浇筑厚度为 30 ～ 50 mm 的细石混凝土层（每 2 m 左右留分格缝，缝内用沥青胶嵌满）；另一种是用水泥砂浆、沥青砂浆或干砂层铺设预制混凝土板或水泥花砖、缸砖等。

※ 实训十二

1. 实训目的

课后，让学生在保证安全的情况下到教学楼屋面考察，了解屋面整体情况，掌握屋面的构造及使用材料。

2. 实训方式

教学楼屋面的调研。

学生分组：以 10 ～ 15 人为一组，由教师或现场负责人指导。

重点调研：参观屋面并对其组成进行分析。

调研方法：结合现场实际情况，在教师或现场负责人的指导下，熟知屋面的构造，并对其进行分类。

3. 实训内容及要求

（1）认真完成调研日记。

（2）填写材料调研报告。

（3）写出实训小结。

※习　题

一、选择题

平屋顶的常见坡度为（　　）。

A. 1% ～ 2%　　B. 2% ～ 3%　　C. 2% ～ 4%　　D. 2% ～ 5%

二、填空题

屋顶按功能可分为____________、隔热屋顶、____________、蓄水屋顶、种植屋顶、____________；按结构类型可分为____________和____________屋面。

三、名词解释

1. 平屋顶
2. 坡屋顶
3. 刚性防水屋面
4. 有组织排水

四、简答题

屋顶排水方式有哪几种？各有什么特点?

模块三　园林建筑基本构造

园林建筑构造是园林专业中的一门综合性工程技术学科，它阐述了建筑构造的基本理论和应用等问题。本模块可以让学生掌握建筑构造的基本理论和方法，并具有建筑构造设计的能力。本模块通过对园林建筑基本构造的学习，并结合对新建筑、新结构体系的工程实例的剖析，让学生对建筑结构与建筑造型内在关系有系统的了解，也让学生熟悉了解建筑结构的有关设计标准与规范，让学生在日后的工作中能够把现代建筑的结构规定与建筑构思有机结合起来，拓宽建筑结构的知识面，培养学生多专业多工种的综合协调能力并使其养成解决复杂工程结构技术问题的思维方法。

单元一

在园林中，亭兼有实用和观赏价值，具有休息、赏景、点景、专用四种功能。亭既作点缀景观又作观景之需，又是供游人驻足休息之处，可防日晒、避雨淋、消暑纳凉，畅览园林景色。明《园冶》中写着“亭者，停也。所以停憩游行也。”说明亭是供人歇息的地方。

【知识目标】

1. 掌握亭的类型；
2. 了解亭的构造。

【能力目标】

1. 能够区分亭的类型；
2. 能够识别亭的构造。

【素质目标】

1. 培养团队合作和创新能力；
2. 具有良好的实践执行能力。

【实验实训】

考察学校附近的亭并完成相关实训要求。

一、亭的类别

亭的造型优美，形象生动活泼。亭的造型之精美，堪称我国古建艺术中的一朵奇葩，尤其表现在屋顶的造型上，小小园亭几乎包括了我国古建屋顶的所有类型，亭的造型反映出我国传统文化的脉络与特征，现代新形式的亭更是千姿百态，在传统的基础上更增添了时代的气息。优美、轻巧、活泼、多姿是园林亭造型的特色，因此，亭在造型上易于与园林环境融为一体。亭以优美的造型点染园林，令景观增色、生辉。

亭按使用性能分为路亭、街亭、桥亭、井亭、凉亭和钟鼓亭等；按平面形式分为多角亭、圆形亭、扇形亭和矩形等；按建筑材质分为木构亭、砖石亭、金属亭等；按高低层次分为单檐亭、重檐亭、多层亭等。

二、传统亭的构造

1. 单檐亭

单檐亭即指只有一层屋檐的亭，它体态轻盈活泼，处置机动灵活，所以在园林中得到了广泛应用。单檐亭按平面形状可分为多角亭、圆形亭和异形亭等。

按材料给亭分类

中国古代十大名亭

多角亭是园林建筑中采用最为普遍的一种形式，它的水平投影由若干个边所组成的相应角数而成，一般多为正多边几何形，可做成三角、四角、五角、六角、八角等形式，还有个别为九角形的，三角形显得轻盈飘浮，四边形表示方正规矩，六边形、八边形安居稳重，如何选择，具体根据总体规划设计的配景需求，进行灵活选用，如图 3-1 所示。

圆形亭是按水平投影圆边形进行布置的亭子，圆是天伦地理的象征，适合多种场合采用，如图 3-2 所示。

异形亭是指除正多边形和圆形外的其他形式，如扇形、扁多边形等，一般多用作在整体布局上防止千篇一律，而有所变异地穿插建筑，如图 3-3 所示。

2. 组合亭

组合亭是由两个形状的亭子拼接组合而成的，如图 3-4 所示。

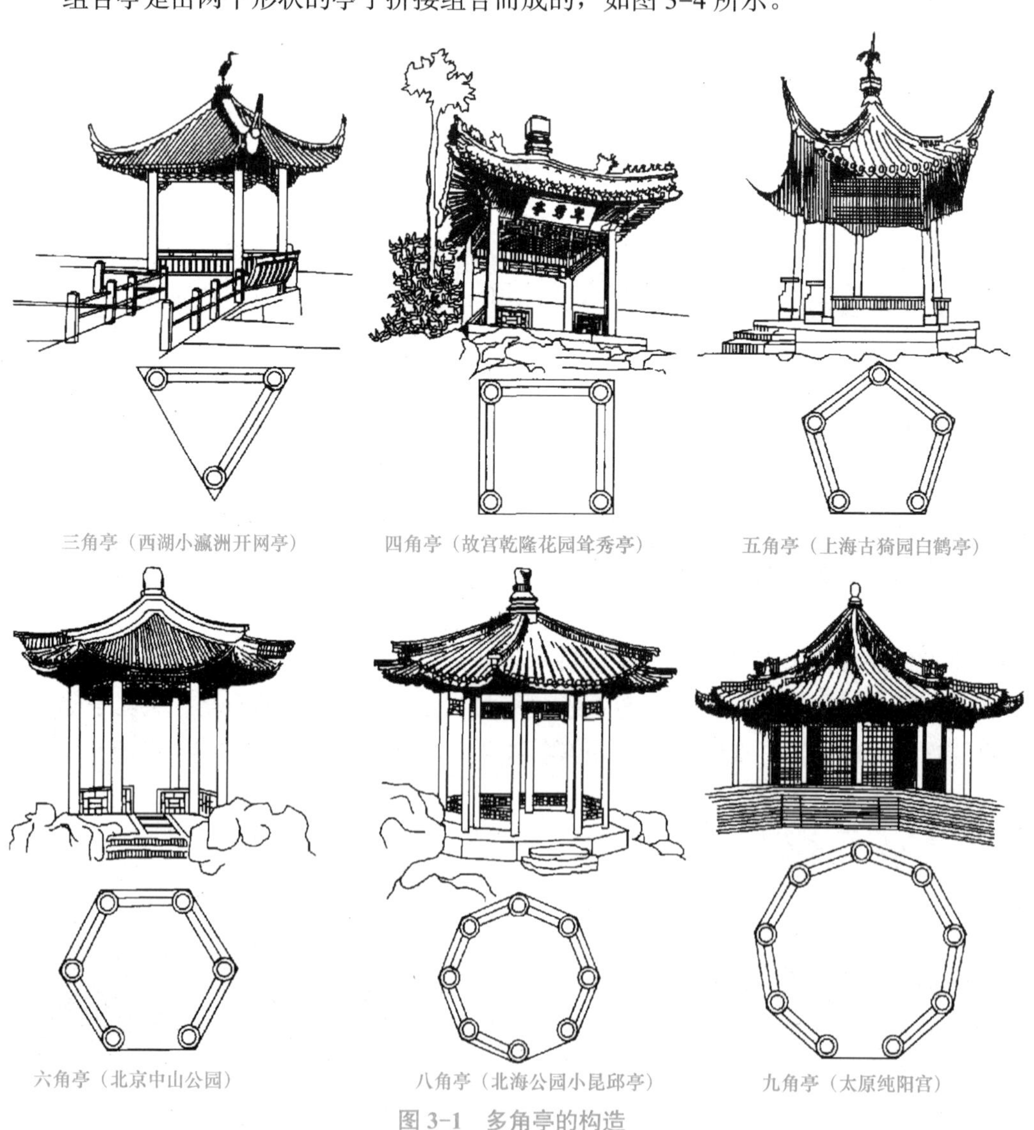

图 3-1　多角亭的构造

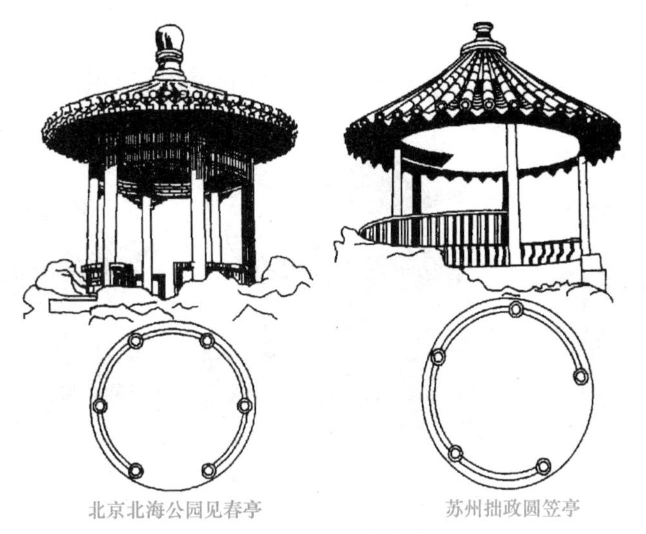

北京北海公园见春亭　　苏州拙政圆笠亭

图 3-2　圆形亭构造

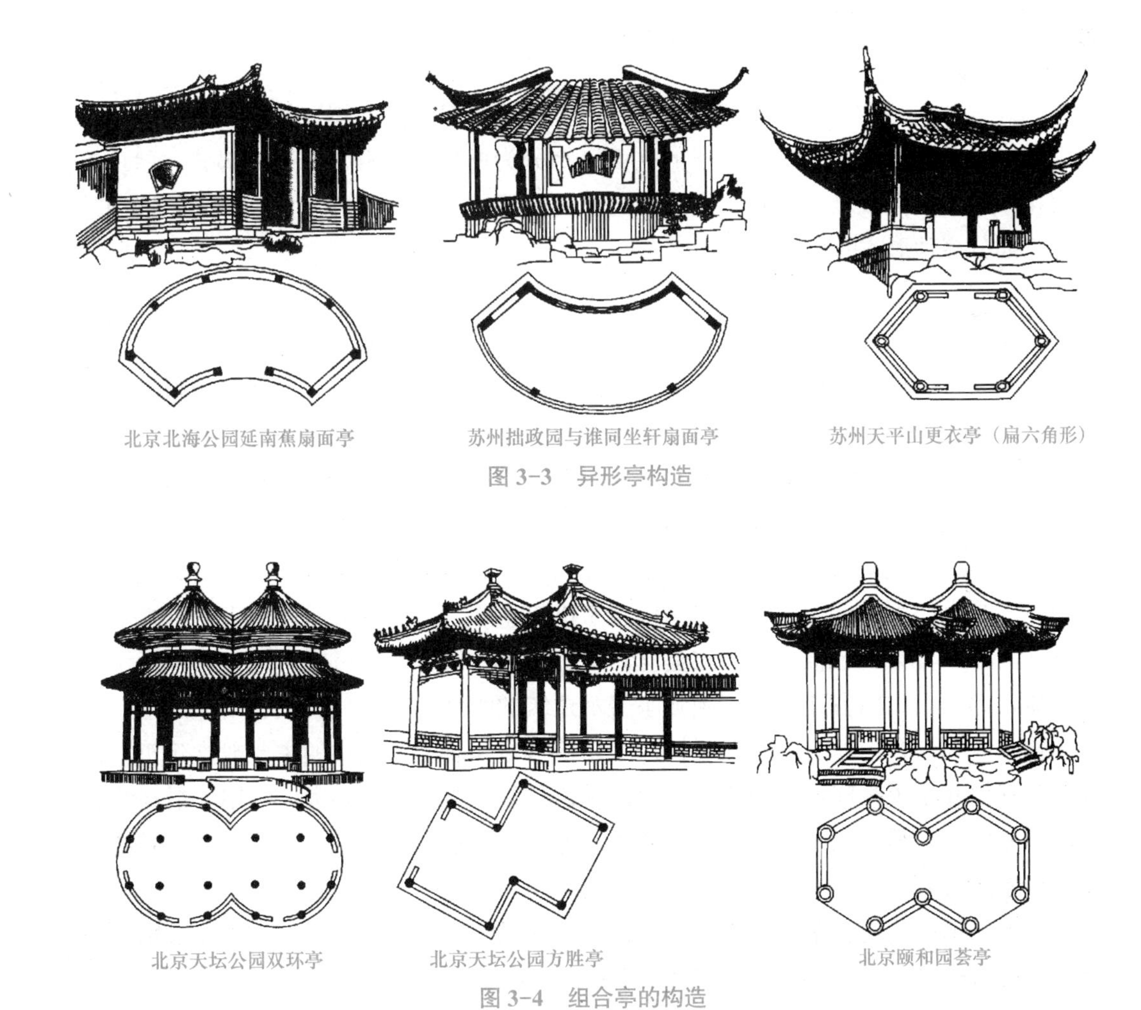

北京北海公园延南蕉扇面亭　　苏州拙政园与谁同坐轩扇面亭　　苏州天平山更衣亭（扁六角形）

图 3-3　异形亭构造

北京天坛公园双环亭　　北京天坛公园方胜亭　　北京颐和园荟亭

图 3-4　组合亭的构造

3．重檐亭

由两层或两层以上屋檐所组成的亭子称为“重檐亭”，如图 3-5 所示。

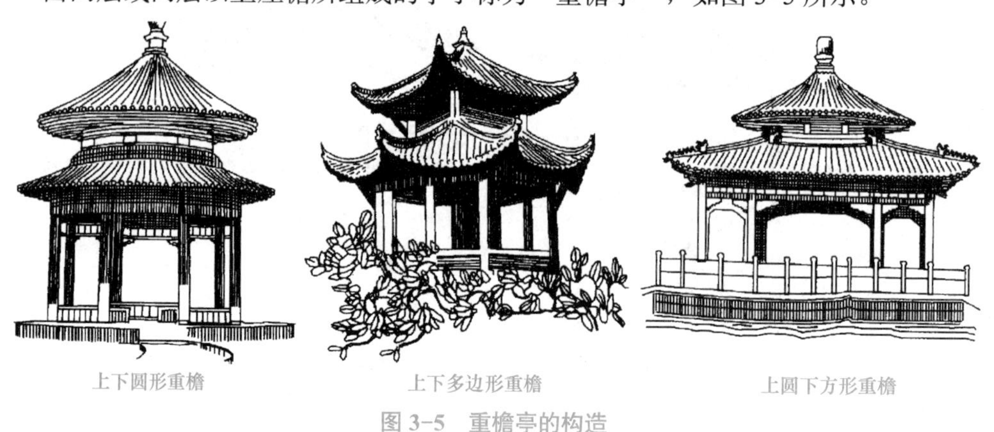

上下圆形重檐　　上下多边形重檐　　上圆下方形重檐

图 3-5　重檐亭的构造

三、现代亭的构造实例

现代亭常采用竹、木、茅草、瓦、石、混凝土、轻钢、金属、铝合金、玻璃钢、镜面玻璃和帆布等制作而成。亭子的立面可划分为屋顶、柱身、台基三部分。屋顶形式变化丰富；柱身仅几根立柱，空灵通透或可虚可实；台基随环境而异。亭的造型是上述三部分多种形式的组合搭配。

（一）台基

台基又称基座、台明，是指高出地面的建筑物底座。台基用以承托建筑物，并使其防潮、防腐，同时可弥补中国古建筑单体建筑不甚高大雄伟的欠缺。台基大致有普通台基、较高级台基、更高级台基和最高级台基四种。普通台基是用素土或灰土或碎砖三合土夯筑而成，约高一尺，常用于小型建筑。较高级台基常在台基上边建汉白玉栏杆，用于大型建筑或宫殿建筑中的次要建筑。更高级台基即须弥座，又名金刚座。“须弥”是古印度神话中的山名，相传位于世界中心，是宇宙间最高的山，日月星辰出没其间，三界诸天也依傍它层层建立。须弥座用作佛像或神龛的台基，用以显示佛的崇高、伟大。中国古建筑采用须弥座表示建筑的级别。一般用砖或石砌成，上有凹凸线脚和纹饰，台上建有汉白玉栏杆，常用于宫殿和著名寺院中的主要殿堂建筑。最高级台基由几个须弥座相叠而成，从而使建筑物显得更为宏伟高大，常用于最高级建筑，如故宫三大殿和山东曲阜孔庙大成殿，即耸立在最高级台基上。台基地面做法同建筑楼地面做法。

亭子的钢筋混凝土基础多采用独立柱基或板式柱基的构造形式，较多地采用钢筋混凝土的结构方法。基础的埋置深度一般应不小于 500 mm。

（二）柱身

以常见的矩形平面建筑而言，其较长的一边叫作“宽”，较短的一边叫作“深”，沿“宽”的方向，每相邻两根柱之间的距离叫作“面阔”，一个面阔即为一间的宽。沿“深”的方向每相邻两柱间的距离叫作“进深”，一个进深即一间的深。一幢建筑，沿宽的方向所有间的面阔之和叫作“通面阔”；沿深的方向所有间的进深之和叫作“通进深”。面阔俗称“开间”。民间建筑常用三开间（俗称一明两暗）或五开间；宫殿、庙宇、官署常用五开间或七开间；特别重要的建筑用九开间；建筑中各开间的名城因位置不同而异。正中一间叫作“明间”（宋代称“当心间”）；明间左右两侧相邻的间叫作“次间”；次间外侧位于建筑物两端的间叫作“梢间”。九开间以上的建筑增加次间数。整个建筑的四周或前后可以设亭子。各间面阔在商代宫殿中都是相等的。后来逐渐演变成当心间最宽，次间次之，梢间同次间宽或更次之，亭最窄，这样可以突出当心间的地位，加强中轴线。当然也有各间相等或各间不均的。

柱按外形分为直柱、棱柱之别；按断面形式分为圆柱、方柱、八角柱、凹棱柱等；按所处位置可分为外柱和内柱两大类，主要有檐柱、金柱、中柱、山柱、童柱、角柱和雷公柱。

（1）位于建筑最外围的柱子叫作檐柱。其主要功能为承载屋檐部分的质量。

（2）位于檐柱以内的柱子，除顺建筑物面阔方向中线上的柱以外，都叫作金柱。金柱依位置不同又有外围金柱和里围金柱之分。相邻檐柱的金柱称外围金柱（又叫作“老檐柱”）在外围金柱以内的金柱称里围金柱。若一座建筑中没有用里围金柱，则外围金柱（简称“金柱”）。金柱承受屋檐部分以上的屋面质量。在重檐建筑中，金柱上端向上延伸，直达上层屋檐，并承受上层屋檐质量，这样的金柱叫作重檐金柱。

（3）位于顺着建筑物面阔方向中线上的柱叫作中柱。中柱直接支撑脊檩，将建筑物进深方向的梁架分为两段。中柱常用在门庑建筑中，而殿堂建筑一般不用，以扩大室内空间。

（4）位于建筑物两山的中柱叫作山柱。山柱常用于硬山或悬山建筑的山面。在门庑建筑或民居中常可看到。

（5）下端落在横梁（如桃间梁、桃间顺梁、趴梁上），上端像檐柱或金柱一样乘托梁坊的柱叫作童柱。其下端不落地。这类柱常见于重檐或多重檐建筑中。

（6）凡位于建筑物的转角处，承托不同角度的梁坊的柱叫作角柱。按位置不同，角柱又分为角檐柱、角金柱、重檐角金柱、角童柱之分。

（7）用于避雷的雷公柱有两种：一种是庑殿建筑正脊两端用于支撑向外挑出的脊桁的短柱子；另一种用于圆攒尖或多角攒尖建筑中的保顶中心下方，用由戗支撑的短柱子。

亭子的柱身部分一般为几根承重立柱，形成比较空灵的亭内空间。柱的断面常为圆形或矩形，其断面尺寸一般为 ϕ250 ～ 350 mm 或 250 mm×250 mm ～ 370 mm×370 mm，具体数值应根据亭子的高度与所用结构材料而定。

柱可以直接固定于台基中的柱基，也可搁置在台基上的柱基础石上。

（三）屋顶

屋顶在单座建筑中占的比例很高，一般可达到立面高度的一半左右。古代木结构的梁架组合形式，很自然地可以使坡顶形成曲线，巨大的体量和柔和的曲线，使屋顶成为中国建筑中最突出的形象。屋顶的基本形式虽然很简单，但可以有许多变化。

中国古代木结构，主要有三种形式：一是井干式，即是以圆木或方木四边重叠结构如井字形，这是一种最原始而简单的结构，现在除山区林地外，已很少见到了。二是“穿斗式”，是用穿枋、柱子相穿通接斗而成，便于施工，最能抗震，但较难建成大型殿阁楼台，所以，我国南方民居和较小的殿堂楼阁多采用这种形式。穿斗式构架的特点是沿房屋的进深方向按檩数立一排柱，每柱上架一檩，檩上布椽，屋面荷载直接由檩传至柱，不用梁。每排柱子靠穿透柱身的穿枋横向贯穿起来，成为一榀构架。每两榀构架之间使用斗枋和纤子连接起来，形成一间房间的空间构架。三是“抬梁式”（也称为叠梁式），即在柱上抬梁，梁上安柱（短柱），柱上又抬梁的结构方式。这种结构方式的特点是可以使建筑物的面阔和进深加大，以满足扩大室内空间的要求，成为大型宫殿、坛庙、寺观、王府、宅第等豪华壮丽建筑物所采取的主要结构形式。有些建筑物还采用了抬梁与穿斗相结合的形式，更为灵活多样。

屋面是屋顶结构层的上覆盖层，直接承受风雨、冰冻和太阳辐射等大自然气候的作用；防水材料为各种瓦材及与瓦材配合使用的各种涂膜防水材料和卷材防水材料。屋面的种类根据瓦的种类而定，如块瓦屋面、油毡瓦屋面、块瓦形钢板彩瓦屋面等。

1．块瓦屋面

块瓦包括彩釉面和素面西式陶瓦、彩色水泥瓦及一般的水泥平瓦、黏土平瓦等能钩挂、钉、绑固定的瓦材，如图 3–6 所示。

2．小青瓦屋面

小青瓦断面呈弧形。铺盖方法是分别将瓦仰覆（阴阳）铺排，仰铺成沟，覆盖成陇，如图 3–7 所示。

图 3–6　块瓦屋面

图 3–7　小青瓦屋面

3．合成树脂瓦屋面

合成树脂瓦是运用高新化学化工技术研制而成的新型建筑材料，具有质量轻、强度大、防水防潮、防腐、阻燃、隔声、隔热等多种优良特性，普遍适用开发区平改坡、农贸市场、商场、住宅小区、新农村建设居民高档别墅、雨篷、遮阳篷、仿古建筑等，如图 3-8 所示。

图 3-8　合成树脂瓦屋面

4．油毡瓦屋面

油毡瓦为薄而轻的片状瓦材。油毡瓦以玻璃纤维为基架，覆以特别沥青涂层，上附石粉，表面为隔离保护层组成的片材。规格为 1 000 mm×333 mm×2.8 mm。铺瓦方式采用钉黏结合，以钉为主的方法，如图 3-9 所示。

5．钢板彩瓦屋面

钢板彩瓦用厚度为 0.5 ～ 0.8 mm 的彩色钢板冷压形成，呈连片快瓦型屋面防水板材，如图 3-10 所示。

图 3-9　油毡瓦屋面

图 3-10　钢板彩瓦屋面

※ 实训十三

1．实训目的

课后，让学生在保证安全的情况下到学校附近的园林工程考察，了解亭使用类型整体情况，掌握亭的构造及使用材料。

2．实训方式

园林工程亭的调研。

学生分组：以 10 ～ 15 人为一组，由教师或现场负责人指导。

重点调研：参观亭并对其组成进行分析。

调研方法：结合现场实际情况，在教师或现场负责人指导下，熟知亭的构造，并对其进行分类。

3. 实训内容及要求

（1）认真完成调研日记。

（2）填写材料调研报告。

（3）写出实训小结。

单元二

廊

廊是一种“虚”的建筑形式，由两排列柱顶着一个不太厚实的屋顶，其作用是把园内各单体建筑连在一起。廊一边通透，利用列柱、横楣构成一个取景框架，形成一个过渡空间，造型别致曲折、高低错落。我国建筑中的廊，不但是厅厦内室、楼、亭台的延伸，也是由主体建筑通向各处的纽带；而园林中的廊，既起到园林建筑的穿插和联系作用，又是园林景色的导游线。

【知识目标】

1. 掌握廊的类型；
2. 了解廊的构造。

【能力目标】

1. 能够区分廊的类型；
2. 能够识别廊的构造。

【素质目标】

1. 培养创新创造能力；
2. 具有协同合作的团队精神。

【实验实训】

考察学校附近园林工程中的廊并完成相关实训要求。

一、廊的类型

廊（图 3-11）是指屋檐下的过道、房屋内的通道或独立有顶的通道，包括回廊和游廊，具有遮阳、防雨、小憩等功能。廊既是建筑的组成部分，也是构成建筑外观特点和划分空间格局的重要手段。如围合庭院的回廊，对庭院空间的处理、体量的美化十分关键；园林中的游廊则可以划分景区，形成空间的变化，增加景深和引导游人。

中国古代建筑中的廊常配有几何纹样的栏杆、坐凳、鹅项椅（美人靠）、挂落、彩画；隔墙上常饰以什锦灯窗、漏窗、月洞门、瓶门等各种装饰构件。我国建筑中的走廊，不但是厅厦内室、楼、亭台的延伸，也是由主体建筑通向各处的纽带，而园林中的廊，既起到园林建筑的穿插、联系的作用，又是园林景色的导游线。

从横剖面的形状看，廊可分为双面空廊（两边通透）、单面空廊、复廊（在双面空廊的中间加一道墙）、双层廊（上下两层）四种类型。从整体造型及所处位置，廊又可分为直廊、曲廊、回廊、爬山廊和桥廊等。

双面空廊是指两侧均为列柱，没有实墙，在廊中可以观赏两面景色。双面空廊无论直廊、曲廊、回廊、抄手廊等都可采用，无论在风景层次深远的大空间中，或在曲折灵巧的小空间中都可运用。单面空廊有两种：一种是在双面空廊的一侧列柱间砌上实墙或半实墙而成的；另一种是一侧完全贴在墙或建筑物边沿上。单面空廊的廊顶有时做成单坡形，以利于排水。双层廊特指上下两层的廊，又称“楼廊”。它为游人提供了在上下两层不同高程的廊中观赏景色的条件，也便于联系不同标高的建筑物或风景点以组织人流，可以丰富园林建筑的空间构图。

(a)　(b)　(c)

(d)

图 3-11　廊的类型（一）

（a）双面空廊；（b）单面空廊；（c）双层廊；（d）复廊

直廊是指走廊的栏杆笔直向前方延伸，此种廊多为过道，以方便游人行走为主，给人以干净整齐的感觉，增强了建筑无限延伸的空间感。曲廊依墙又离墙，因而在廊与墙之间组成各式小院，空间交错，穿插流动，曲折有法或在其间栽花置石，或略添小景而成曲廊，不曲则成修廊。回廊是指在建筑物门斗、大厅内设置在二层或二层以上的回形走廊。桥廊是在桥上布置亭子，既有桥梁的交通作用，又有廊的休息功能。廊顺地势起伏蜿蜒曲折，犹如伏地游龙而成爬山廊。常见的有跌落爬山廊和竖曲线爬山廊，如图 3-12 所示。

(a) (b) (c)

(d) (e)

图 3-12　廊的类型（二）

（a）直廊；（b）曲廊；（c）回廊；（d）桥廊；（e）爬山廊

二、廊的构造

廊的构造可分为木结构、钢结构、钢筋混凝土结构和竹结构等。木结构有利于发扬江南传统的园林建筑风格，形体玲珑小巧，视线通透，如图 3-13 所示；钢结构是用钢的或钢与木结合构成的画廊，在园林工程中也是很多见的，有着轻巧、灵活、机动性强等特点，如图 3-14 所示；钢筋混凝土结构多为平顶与小坡顶，如图 3-15 所示；竹结构廊如图 3-16 所示。

图 3-13　木结构廊

图 3-14　钢结构廊

图 3-15　钢筋混凝土结构廊

图 3-16　竹结构廊

三、廊的构造实例

廊具有引导人流，引导视线，连接景观节点和供人休息的功能，其造型和长度也形成了自身有韵律感的连续景观效果。廊与景墙、花墙相结合增加了观赏价值和文化内涵。

廊的形式以玲珑轻巧为上，尺度不宜过大，一般净宽为 1.2 ～ 1.5 m，柱距为 3 m，柱径为 15 cm 左右，柱高为 2.5 m 左右。沿墙走廊的屋顶多采用单面坡式，其他廊子的屋面形式多采用两坡顶。

更多廊构造实例

廊的宽度和高度设定应按人的尺度比例关系加以控制，避免过宽过高，一般高度宜为 2.2 ～ 2.5 m，宽度宜为 1.8 ～ 2.5 m。居住区内建筑与建筑之间的连廊尺度控制必须与主体建筑相适应。

柱廊是以柱构成的廊式空间，是一个既有开放性，又有限定性的空间，能增加环境景观的层次感。柱廊一般无顶盖或在柱头上加设装饰构架，靠柱子的排列产生效果，柱间距较大，纵列间距以 4 ～ 6 m 为宜，横列间距以 6 ～ 8 m 为宜，柱廊多位于广场、居住区主入口处。

1. 天坛公园七十二长廊

北京天坛公园地处原北京外城的东南部，故宫正南偏东，正阳门外东侧，始建于明朝永乐十八年（1420 年），是中国古代明、清两代历代皇帝祭天之地。这个建筑综合体是帝王祭天的场所，它创造了一个象征性的联系，来加强孔子的社会的等级制度。总面积为 273 公顷，是明、清两代帝王用以“祭天”“祈谷”的建筑。1961 年国务院公布天坛为“全国重点文物保护单位”；1998 年被联合国教科文组织确认为“世界文化遗产”；2009 年，北京天坛入选中国世界纪录协会中国现存最大的皇帝祭天建筑。祈谷坛的神厨、神库和宰牲亭与祈谷坛之间由长廊相连，长廊由东砖门至东北方的宰牲亭呈曲尺形，共 72 间，与祈年殿大小 36 根柱子相对应，象征 72 地煞，又称“七十二连房”。长廊宽为 5 m，总长为 350 m，连檐通脊，覆绿色琉璃瓦，是祭祀时将宰牲亭、神厨、神库存放的祭器、祭品送至祈谷坛的通道。进东砖门后，再临时搭建走牲棚至祈谷坛南侧东台阶，如图 3-17 所示。

图 3-17　天坛公署公园七十二长廊

2. 苏州拙政园波形水廊

水廊跨凌于水面之上，能使水面上的空间半通半透，增加水池深度，给人水有源而流长的感觉。廊的下部架空，犹如栈道一般，依水势做成高低起伏、弯转曲折状，使景观空间富于弹性，具有韵律美和节奏美。廊的由南往北，经过一系列形态变化之后，突然出现大幅度转折，把它拉离园墙一段距离，使之突出于水池之上，低贴水面，左右凌空，廊顶变化如亭盖，临水处立小石栏柱两根，犹如钓台一般，在波形廊靠近倒影楼的近终点处，在其下部设一孔水洞，让廊跨越而过，使园的中、西部水系相通，廊体也拔高至最高点。若远看水廊，便似长虹卧波，气势不凡，如图 3-18 所示。

图 3-18　苏州拙政园波形水廊

※ 实训十四

1. 实训目的

课后，让学生课在保证安全的情况下到学校附近的园林工程考察，了解廊使用类型整体情况，掌握廊的构造及使用材料。

2. 实训方式

园林工程廊的调研。

学生分组：以 10 ～ 15 人为一组，由教师或现场负责人指导。

重点调研：参观廊并对其组成进行分析。

调研方法：结合现场实际情况，在教师或现场负责人的指导下，熟知廊的构造，并对其进行分类。

3. 实训内容及要求

（1）认真完成调研日记。

（2）填写材料调研报告。

（3）写出实训小结。

单元三

花　架

花架可用于遮阴休息，并可点缀园景。花架设计要了解所配置植物的原产地和生长习性，以创造适宜植物生长的条件和造型的要求。现在的花架有两方面作用：一方面可供人歇足休息、欣赏风景；另一方面可创造攀缘植物生长的条件。因此可以说，花架是最接近自然的园林小品。

【知识目标】

1. 掌握花架的类型；
2. 了解花架的构造。

【能力目标】

1. 能够区分花架的类型；
2. 能够识别花架的构造。

【素质目标】

1. 具有一丝不苟、精益求精的职业精神；
2. 培养良好的团队合作和创新能力。

【实验实训】

考察学校附近园林工程花架并完成相关实训要求。

一、花架的类型

花架是指用刚性材料构成一定形状的格架供攀缘植物攀附的园林设施，又称棚架、绿廊。花架的形式有廊式花架、片式花架和独立式花架。

（1）廊式花架是最常见的形式，片板支承于左右梁柱上，游人可入内休息，如图 3-19 所示。

（2）片式花架的片板嵌固于单向梁柱上，两边或一面悬挑，形体轻盈活泼，如图 3-20 所示。

图 3-19　廊式花架

图 3-20　片式花架

（3）独立式花架以各种材料做空格，构成墙垣、花瓶、伞亭等形状，用藤本植物缠绕成型，供观赏用，如图 3-21 所示。

图 3-21　独立式花架

二、花架的构造

1．花架的应用

花架可应用于各种类型的园林绿地，常设置在风景优美的地方供休息和点景，也可以与亭、廊、水榭等结合，组成外形美观的园林建筑群；在居住区绿地、儿童游戏场中花架可供休息、遮阴、纳凉；用花架代替廊子，可以联系空间；用格子垣攀缘藤本植物，分隔景物；园林中的茶室、冷饮部、餐厅等，也可以用花架做凉棚，设置座席；也可用花架做园林的大门。

2．花架的构造

花架一般由基础、柱、梁、椽四个构件组成。有些亭架的梁和柱合成一体，篱架的花格实际上代替了椽子的作用，所以是一种结构相当简单的建筑。常用材料有竹木材、钢筋混凝土材料、石材、金属材料。竹木材朴实、自然、价低、易于加工，但耐久性差；竹材限于强度及断面尺寸，梁柱间距不宜过大；钢筋混凝土材料是最常见的材料，可根据设计要求浇灌成各种形状，也可做成预制构件，现场安装，灵活多样，经久耐用，使用最为广泛；石材厚实耐用，但运输不便，常用块料做花架柱；金属材料常用于独立的花柱、花瓶等，造型活泼，通透，多变，现代、美观，只是需要经常养护油漆，且阳光直晒下温度较高。

知识拓展

花架的作用

由于布置位置不同，花架的作用也不同，如在地形起伏处布置花架，其本身可以随地形的变化而变化，形成一种类似山廊的效果，从远处观赏效果最佳。而环绕花坛、水池、山石布置圆形的单挑花架可以为中心的景观提供良好的观赏点，或起到烘托中心主景的作用。

三、花架的构造实例

1. 仿木花架和实木花架

（1）仿木花架。仿木花架色泽、纹理逼真；坚固耐用；免维护；防偷盗 ；可给文化广场、公园、小区增添浓厚的艺术气息。

（2）实木花架。现代人越来越追求高品质健康的生活，实木的花架也渐渐走进人们的生活。实木花架所采用的材质均为纯天然木材，无油漆，无甲醛。组装和拆分都非常简单，如图 3–22 所示。

图 3–22　仿木花架和实木花架

2. 紫藤花架

紫藤，枝粗叶茂老态龙钟，尤宜观赏，北京恭王府中有二三百年前藤萝架，设计紫藤花架，要采用能负荷、永久性材料，显古朴，简练的造型，如图 3–23 所示。

3. 葡萄架

葡萄浆果有许多耐人深思的寓言、童话，也可作为构思参考。种植葡萄时，要求有充分的通风、光照条件，还要翻藤修剪，因此要考虑留出合理的种植间距，如图3-24所示。

图 3-23　紫藤花架

图 3-24　葡萄架

4. 茎杆草质的攀缘植物花架

葫芦、茑萝、牵牛等，往往要借助牵绳而上。因此，种植池要近，在花架柱梁板之间也要有支撑固定，方可爬满全棚，如图 3-25 所示。

图 3-25　茎杆草质的攀缘植物花架

※ 实训十五

学生在保证安全的情况下，到学校附近的园林工程考察，掌握常见花架的类型，并能够识别花架构造。

1. 实训目的

课后，让学生在保证安全的情况下到学校附近园林工程考察，了解花架使用类型整体情况，掌握花架的构造及使用材料。

2. 实训方式

园林工程花架的调研。

学生分组：以 10 ～ 15 人为一组，由教师或现场负责人指导。

重点调研：参观花架并对其组成进行分析。

调研方法：结合现场实际情况，在教师或现场负责人的指导下，熟知花架的构造，并对其进行分类。

3. 实训内容及要求

（1）认真完成调研日记。

（2）填写材料调研报告。

（3）写出实训小结。

单元四

景　墙

景墙也称园墙，是园林工程中划分空间、组织景色、安排导游而布置的围墙，是一种能够反映文化，兼有美观、隔断、通透的作用的景观墙体。景墙不仅可以营造公园内的景点，而且还是改善市容市貌及城市文化建设的重要手段。而“文化墙”这一概念更是把景墙在城市文化建设中的特殊作用做了概念性总结。

【知识目标】

1．掌握景墙的组成；

2．了解景墙的构造。

【能力目标】

1．能够熟知建造景墙使用的材料；

2．能够识别景墙的构造。

【素质目标】

1．具有吃苦耐劳的职业精神；

2．具有认真负责的工作态度和严谨细致的工作风。

【实验实训】

考察学校附近园林工程中的景墙并完成相关实训要求。

一、概述

1．景墙的作用、形式及常用材料

景墙具有隔断、划分组织空间的作用，也具有围合、标识、衬景的功能。本身还具有装饰、美化环境、制造气氛并获得亲切、安全感等多功能作用。景墙的高度一般控制在 2 m 以下，使之成为园景的一部分，景墙的名称也由此而来。景墙和围篱的形式繁多，根据其材料和剖面的不同可分为土、石、砖、瓦、绿篱、轻钢等，如图 3-26 所示。景墙从外观上又有高矮、曲直、虚实、光洁与粗糙、有檐与无檐之分。景墙一般由基础、墙体、顶饰、墙面饰、墙面窗洞等组成。

(a)

(b)

(c)

(d)

(e)

图 3-26　景墙的材质

(a) 砖瓦景墙；(b) 毛石景墙；(c) 石笼景墙；(d) 绿篱景墙；(e) 轻钢景墙

2．景墙的组成

景墙是由基础、墙体、门窗洞口、墙面装饰和顶饰等几部分组成的，如图 3–27 所示。

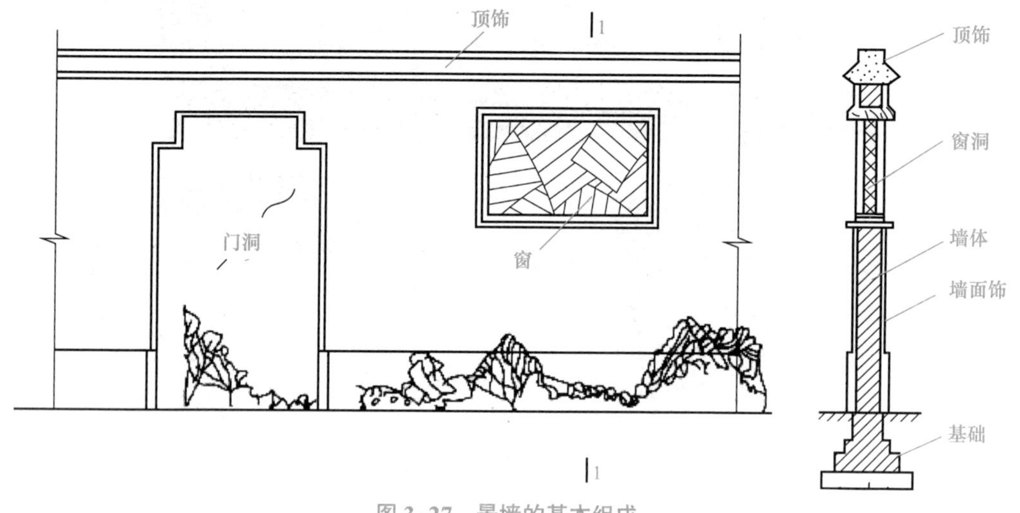

图 3–27　景墙的基本组成

二、景墙的构造

景墙的构造在基础、墙体、墙饰面等方面与普通墙体基本一致，此处不再赘述，主要对墙洞口装饰进行介绍。

墙洞口装饰指的是景墙上开设的洞门口、窗洞口及其他洞口的装饰构造做法。园林意境的空间构思与创造，往往通过洞门（又称墙洞）、空窗（又称月洞）、漏窗（又称漏墙或花墙窗洞）等小品设施的设计作为空间的分隔、穿插、渗透、陪衬来增加景深变化，扩大空间，使方寸之地能小中见大，并在园林艺术上又巧妙地作为取景的画框，步移景异，既可遮移视线，又可成为情趣横溢的造园布景。

（一）洞门

洞门仅有门框而没有门扇，其作用不仅引导游览、沟通空间，本身又成为园林中的装饰。通过洞门透视景物，可以形成焦点突出的框景。采取不同角度交错布置园墙、洞门，在强烈的阳光下会出现多样的光影变化。常见的有矩形洞门、圆洞门、异形洞门等，如图 3–28 所示。

在传统式庭园中，一般洞门内壁为满磨青砖，边缘只留厚度为一寸（约 3.3 cm）多的“条边”，做工精细，线条流畅，格调优美秀雅。在现代公共庭园中，洞门边框多用水泥粉刷，条边则用白水泥，以突出门框线条。洞门内壁也有用磨砖、水磨石、斧凿石（斩假石）、贴面砖或大理石等。洞门边框与墙边相平或凸出墙面少许，显得清晰、明快。

(a) (b) (c) (d)

图 3-28 洞门的类型

(a) 矩形洞门；(b) 圆洞门；(c) 宝瓶形洞门；(d) 海棠花洞门

（二）洞窗

在园墙上设置洞窗也是中国园林的一种装饰方法。洞窗不设窗扇，有六角、方胜、扇面、梅花、石榴等形状，常在墙上连续开设，形状不同，称为“什锦窗”。洞窗与某一景物相对，形成框景；位于复廊隔墙上的，往往尺寸较大，多制成方形、矩形等，内外景色通透。中国北方园林有的在“什锦窗”内外安装玻璃的灯具，称为“灯窗”，白天可以观景，夜间可以照明，形成漏窗。

漏窗又名花窗，是窗洞内有镂空图案的窗，也是中国园墙上的一种装饰。窗洞形状多样，花纹图案多用瓦片、薄砖、木竹材等制作，有套方、曲尺、回文、万字、冰纹等，清代更以铁片、铁丝做骨架，用灰塑创造出人物、花鸟、山水等美丽的图案，仅苏州一地的花样就超过千种。近代和现代园林漏窗图案也有用钢筋混凝土或琉璃制的。

漏窗是构成园林景观的一种建筑艺术处理工艺，俗称花墙头、花墙洞、花窗。

1. 分布位置

漏窗大多设置在园林内部的分隔墙面上，长廊和半通透的庭院中使用得多。透过漏窗，景区似隔非隔，似隐还现，光影迷离斑驳，可望而不可即，随着游人的脚步移动，景色也随之变化，平直的墙面有了它，便增添了无尽的生气和流动变幻感。

2. 窗框形状

漏窗窗框形状较为丰富，有方形、多边形、圆形、扇形、海棠形及其他各种不规则形状，还有两个或多个形体结合使用的。

虽然漏窗的形状复杂多样，但其使用仍有规律可循。由于外形优美，漏窗多单独出现在廊道的转折处或视线宜于集中的地方，以点的形式展现，从而形成视觉和审美。

（1）几何形体。几何形体图案多由直线、弧线、圆形等组成，有单独使用一种形体的，也有混合使用的。混合使用一般都是以一种形体为主，可以避免无序、混乱。直线形图案常见有方形、万字形、冰裂纹等；弧线形有海棠、如意等，而两种或两种以上线条结合构成的图案形式有万字海棠、六角梅花等。

（2）自然形体。自然形体的图案取材范围较为广泛，多以植物花卉、虫鱼鸟兽、人物故事等为题材。属于植物花卉题材的有梅、石榴、葡萄、竹等。属于虫鱼鸟兽的有蝙蝠、虎、狮等。属于人物故事的则多以三国、水浒中的人物等为题材。

（3）图案形式。最具文化意义的，当推苏州园林狮子林的“四雅”漏窗。所谓“四雅”，指的是古代文人所喜爱的琴、棋、书、画四桩雅事，也可以称之为中华文明独特的四大内容。四个不同形状的漏窗中，依次塑有古琴、围棋棋盘、函装线书、画卷，这些富于鲜明文化特色的图案内容，为园林增添了不少的文雅之气。再加上窗下栽植的南天竹、石竹、罗汉松，四季常绿，与粉墙漏窗相配，既具有形式美，又饱含耐人寻味的幽雅情调。

漏窗高度一般在 1.5 m 左右，与人眼视线相平，透过漏窗可隐约看到窗外景物，取得似隔非隔的效果，用于面积小的园林，可以减少小空间的闭塞感，增加空间的层次，做到小中见大。江南宅园中应用很多，如图 3-29 所示。

图 3-29　漏窗与洞门、景墙组合

※ 实训十六

1. 实训目的

课后，让学生在保证安全的情况下到学校附近园林工程考察，了解景墙使用材料，掌握景墙的构造。

2．实训方式

园林工程景墙的调研。

学生分组：以 10 ～ 15 人为一组，由教师或现场负责人指导。

重点调研：参观景墙并对其组成进行分析。

调研方法：结合现场实际情况，在教师或现场负责人的指导下，熟知景墙的构造，并对其进行分类。

3．实训内容及要求

（1）认真完成调研日记。

（2）填写材料调研报告。

（3）写出实训小结。

单元五

园　桥

园桥特指园林中的桥，在园路穿过园林水体处、岛屿和湖岸的连接处、无路可通的陡岸峭壁处及横跨风景区的山沟处等地方都需要设置园桥。园桥总和园路紧密联系在一起，成为园路上的一种结点或一种端点，可以联系风景点的水陆交通，组织游览线路，变换观赏视线，点缀水景，增加水面层次，有交通和艺术欣赏的双重作用。

【知识目标】

1. 掌握园桥的类型；
2. 了解园桥的构造。

【能力目标】

1. 能够区分园桥的类型；
2. 能够识别园桥的构造。

【素质目标】

1. 具有认真负责的工作态度和严谨细致的工作作风；
2. 培养自主学习意识和自学能力。

【实验实训】

考察学校附近园林工程园桥并完成相关实训要求。

一、园桥的作用

金水桥

园桥具有三个重要作用：一是悬空的道路，起组织游览线路和交通功能，并可变换游人景观的视线角度；二是凌空的建筑。点缀水景，本身常常就是园林一景，在景观艺术上有很高价值，往往超过其交通功能。加建了亭廊的桥，则称为亭桥或廊桥，如扬州瘦西湖的五亭桥，桥上五亭，翼角飞翔，风铃叮当，桥墩高耸，桥孔衔月，桥身高跨，风姿流盼，既是桥，也是建筑，又是立体的路，自成一景。三是分割水面，增加水景层次，赋予构景的功能。

二、园桥的类型

（一）按材料分类

1. 汀步

汀步又名步石、飞石，是指溪滩浅水中按一定步距布设微露水面的石块，供游人跨步而过，别有一番野趣，将步石设计成荷叶形或仿石板形，则质朴自然，又有一番情趣。竹桥与木桥，就地取材与环境融为一体，然易损坏、腐朽，养护工程量大，一般可用于小水面和临时性的桥位上。

2. 砌筑石桥

砌筑石桥一般建于盛产石材的风景区，便于就地取材，也较耐使用。

3. 钢筋混凝土桥

钢筋混凝土桥经久耐用，适用场合广泛，但在一般情况下造价高于砌筑石桥。

4. 预应力混凝土桥

预应力混凝土桥的基本情况与钢筋混凝土桥相同，但跨度较钢筋混凝土桥更大，对施工条件要求较高，需要准备预应力加工工场。

5. 钢桥和钢索桥

钢桥和钢索桥在风景区特殊地段（诸如沟壑断崖）架设，既能显示山势的险峻，又能令人感叹“天堑变通途”的奇胜。

（二）按力学分类（含支承方式）

1. 简支桥

简支桥即桥面梁两端的支承方式为简支静定结构，按桥面的厚度和桥的宽度又可分为板式和梁式。一般桥面厚度小于 250 mm 的称为“板式”；大于 250 mm 的称为“梁式”。孔径大小和孔径数量不限。

2. 悬（伸）臂桥

悬（伸）臂桥即桥面梁两端或一端外伸悬空，一般做法是在简支桥的基本结构上，将两端延伸成为外伸静定结构。为争取中间桥孔加大，既可以满足通过桥孔净空的要求，又能减少邻跨的跨中距，可使用悬臂挂孔桥结构。

3. 桁架桥

桁架桥是由桁架所组成的桥，杆件多为受拉或受压的轴力杆件，取代了弯矩产生条件，使杆件的受力特征得以充分发挥，杆件节点多为铰结，造型纤秀轻巧，富有韵律。

4．拱桥

拱桥是由拱券受力结构所形成的桥，结构各截面上多为压力，因此可采用价格低的诸如砖石等材料，充分发挥它们受压强度高的特点。拱桥造型宜佳，常有一举多得的功效，为了适应地基要求，通常设计成三铰拱、两铰拱、无铰拱的结构模式。

5．刚构桥

刚构桥是由梁和桥墩刚接构成的桥，可以使桥的断面减小，使造型既有力度又有简练、挺拔的轻快感，当桥墩设计成外倾的八字形立柱时，清晰的表明力从梁转移到柱的传递线路，尤其当桥立于风景区两山峰之间，下为深谷或立交的道路，这样可以更充分地显示其雄踞屹立的形象。

6．斜拉桥

斜拉桥是用斜拉索将长长的水平横梁悬拉塔柱或塔门上的组合体系结构。斜拉索常用平行的钢丝缆索或放射式的钢索构成，更便于悬臂施工，当桥面上缆索锚固的间距缩短到 6 ～ 12 m 时，梁的弯矩值变得很小，梁的截面就更纤细，具有了极其纤柔的长细比，其为竖琴弦丝的缆索，在斜拉桥整体造型上极富魅力，斜拉桥的刚度比吊桥大，这可调整拉索间距与索力，以使设计合理与经济。

7．吊桥

吊桥又称悬索桥，由受拉的悬索作为承重结构的桥。其中一根主缆索，在前面的荷载作用下，构成了赏心悦目的抛物线（塔柱支承、索端锚固）。吊桥由悬索（主索、边索和锚索）、桥塔、吊杆加劲梁和桥面锚定所组成。

8．栈桥

栈桥是在风景区水边或悬崖处，临水或架空悬吊的桥，受力方式多为一端悬空，另一端插入山体固定，成为悬臂梁，或两端支承，有时还可带有休息或眺望的加宽平台，也有在临水处兼作钓鱼台的。

9．浮桥

浮桥利用木排或铁筒或船只，排列于水面作为浮动的桥墩使用，为了防止水流的冲移，可在水面下系索以固定这浮动桥墩的位置。

10．连续桥梁

在水面较大处，用连续梁桥可做较大的跨越，借此减少跨中弯矩，节省工程投资，属超静定结构。

三、园桥的结构与构造

桥由横跨水上的梁或拱和承担它的荷载桥台基础两大部分组成。水面宽时用梁、拱跨度有限制，水中可设桥墩支撑，使梁每个分段跨度减短。

1．上部结构

桥的上部结构是桥的主体。要考虑当地水文地质和技术条件选择适合要求跨度载重的材料与结构，选择坚固、经济、美观的设计方案。

桥梁也是过水道路的延续，所以桥梁上部也有路面，在梁拱承重结构上设路面层、基层、防水层。

2. 桥台、桥墩支撑部分

要使桥坚固耐久，耐水流冲刷，就要有坚固的桥台、桥墩基础。桥台、桥墩要有深入地基的基础，上面要用耐水流冲刷材料，又尽量减少对水流的阻力，常做成45°分水金刚墙。

※ 实训十七

1. 实训目的

课后，学生可在保证安全的情况下到学校附近的园林工程考察，了解园桥使用类型整体情况，掌握园桥的构造及使用材料。

2. 实训方式

园林工程园桥的调研。

学生分组：以10～15人为一组，由教师或现场负责人指导。

重点调研：参观园桥并对其组成进行分析。

调研方法：结合现场实际情况，在教师或现场负责人的指导下，熟知园桥的构造，并对其进行分类。

3. 实训内容及要求

（1）认真完成调研日记。

（2）填写材料调研报告。

（3）写出实训小结。

参 考 文 献

［1］中华人民共和国住房和城乡建筑部．JG/T 537—2018 建筑及园林景观工程用复合竹材［S］．北京：中国标准出版社，2018．

［2］中华人民共和国住房和城乡建筑部．11J930 住宅建筑构造［S］．北京：中国建筑标准设计研究院，2011．

［3］中华人民共和国住房和城乡建筑部．15J012—1 环境景观—室外工程细部构造［S］．北京：中国计划出版社，2016．

［4］徐德秀．园林建筑材料与构造［M］．重庆：重庆大学出版社，2019．

［5］李瑞冬．风景园林工程设计［M］．北京：中国建筑工业出版社，2020．

［6］吴戈军．园林工程材料及其应用［M］．2 版．北京：化学工业出版社，2019．

［7］杨至德．园林工程［M］．5 版．武汉：华中科技大学出版社，2021．

［8］肖芳．建筑构造（活页式）［M］．3 版．北京：北京大学出版社，2021．

［9］崔东方，焦涛．建筑装饰材料［M］．3 版．北京：北京大学出版社，2020．